应用型高等院校（高职高专）土建类"十三五"系列教材

建筑工程测量

主　编　裴俊华

副主编　王利军　谢爱萍

中国水利水电出版社
www.waterpub.com.cn
·北京·

内 容 提 要

本教材共分为12章，第1章介绍测量学的基本概念、基本理论；第2章至第4章介绍获取高差、角度、距离的基本知识及仪器使用方法；第5章简要介绍测量误差的基本理论；第6章介绍平面和高程控制的测量与计算方法；第7章以GPS静态数据解算为案例介绍GNSS测量技术的基本原理和方法；第8章介绍大比例尺地形图测绘和数字化测图的方法及其在工程中的应用；第9章介绍施工测量的基本工作；第10章介绍工业建筑和民用建筑工程施工测量的常见方法；第11章介绍线路工程测量的基本方法；第12章介绍建筑变形测量。书中部分章节增设了拓展阅读，读者可结合学习要求，扫描二维码观看。

本教材符合高等学校土建学科高等职业教育教学大纲的要求，可作为建筑工程、市政工程、园林工程、工程造价、建设项目信息化管理、城乡规划、给水与排水、供热与通风、房地产管理等专业测量学课程的教学用书，也可供相关土建工程技术人员参考。

图书在版编目（CIP）数据

建筑工程测量 / 裴俊华主编. -- 北京 ：中国水利
水电出版社，2020.10
应用型高等院校（高职高专）土建类"十三五"系列
教材
ISBN 978-7-5170-8915-5

Ⅰ. ①建… Ⅱ. ①裴… Ⅲ. ①建筑测量-高等职业教
育-教材 Ⅳ. ①TU198

中国版本图书馆CIP数据核字(2020)第185179号

书　　名	应用型高等院校（高职高专）土建类"十三五"系列教材 **建筑工程测量** JIANZHU GONGCHENG CELIANG
作　　者	主编　裴俊华　副主编　王利军　谢爱萍
出版发行	中国水利水电出版社 （北京市海淀区玉渊潭南路1号D座　100038） 网址：www.waterpub.com.cn E-mail：sales@waterpub.com.cn 电话：(010) 68367658（营销中心）
经　　售	北京科水图书销售中心（零售） 电话：(010) 88383994、63202643、68545874 全国各地新华书店和相关出版物销售网点
排　　版	中国水利水电出版社微机排版中心
印　　刷	清淞永业（天津）印刷有限公司
规　　格	184mm×260mm　16开本　19.75印张　481千字
版　　次	2020年10月第1版　2020年10月第1次印刷
印　　数	0001—2000册
定　　价	**49.00元**

前　言

随着科技进步和测绘新技术的广泛应用，建筑工程测量在理论、方法和技术上也发生了巨大变化。为了更好地适应高等职业教育教学改革需要，按照全国高职高专土建类专业教学指导委员会的相关精神，组织编写本教材。

建筑工程测量是土建类专业的一门专业基础课程，具有很强的实践性。教材编写过程中，编者对照现行测量标准规范，吸取有关教材长处，注重把握学生认知规律，结合教学与实践经验，广泛征求行业意见，紧跟生产实际，强调学生技能的培养，突出高职教育的特点。教材编写中未采用已经被生产单位淘汰的测量技术方法，弱化了传统仪器的原理构造和检验校正等内容，强化了现代测量生产中常用的仪器操作和技术方法，如电子水准仪、全站仪和 GPS-RTK 操作应用、CASS 成图系统等方面的内容。编写过程围绕测、算、绘三方面能力开展，"测"的重点是常规测量仪器和电子水准仪、全站仪及 GPS-RTK 的操作及应用；算的重点是在掌握高程、坐标值传统计算方法的基础上能够利用建工计算器、平差软件、Excel 等计算工具实现数值计算；"绘"的重点是会用测图软件进行数字化测图及数字地形图的应用。此外，建筑物与线路中线坐标的批量化计算和测设数据处理与传输也是需要掌握的核心技能。

本教材具有以下特点：①技能性，注重测量基本技能的叙述，概念阐述准确、简明扼要、图文配合紧密，仪器操作和观测方法步骤的叙述条理清晰、通俗易懂，强调操作的关键点和技巧；②实用性，按照高职高专教育的培养标准，结合现代生产实际和测量规范，做到案例习题与工程实际相结合，让所学知识技能紧密对接生产实际；③先进性，尽可能反映测绘新知识、新方法、新技术和新标准，强化了数字化测图、GPS-RTK 等测绘新技术及其应用方法介绍，保持了较高的"技术跟随度"；④启发性，通过掌握关键实训知识点，融入对学生创新精神和自主学习能力的培养，使学生能够把所学知识灵活地应用于实际，创造性地解决问题。

本书由甘肃林业职业技术学院裴俊华担任主编，甘肃工业职业技术学院王利军、甘肃林业职业技术学院谢爱萍担任副主编，陕西省交通规划设计研究院孙兴华、兰州理工大学李旺平、杨凌职业技术学院邹娟茹、甘肃林业职业技术学院王宗辉、汪江萍参与编写。编写分工如下：裴俊华编写第1、6、10、11章和第4章4、5、6节内容；王利军编写第2章；汪江萍编写第3章；王宗辉编写第4章1、2、3节和第7章4、5、6节内容；邹娟茹编写第5章；李旺平编写第7章1、2、3节内容；孙兴华编写第8章；谢爱萍编写第9、12章。全书由裴俊华统稿。

本书由全国测绘地理信息职业教育教学指导委员会委员张晓东教授担任主审，感谢精心审阅并提出宝贵意见。

本书在编写过程中，参考了大量文献，引用了相关规范、技术标准，产品使用手册和说明书的部分内容，在此，谨向有关作者和单位表示衷心的谢意。同时，得到了中国水利水电出版社相关人员的支持和帮助，在此一并表示感谢。

由于编者水平有限，书中难免有疏漏和不足之处，敬请读者批评指正，欢迎提出宝贵意见和建议。联系邮箱：634037327@qq.com。

编者

2020 年 3 月

目　　录

前言

第1章　绪论 ·· 1

1.1　测量学概述 ··· 1

1.2　地球的形状和大小 ·· 6

1.3　测量坐标系与地面点位的确定 ··· 7

1.4　地球曲率对测量工作的影响 ··· 13

1.5　测量工作概述 ·· 15

思考题与练习题 ·· 18

第2章　水准测量 ··· 19

2.1　水准测量原理 ·· 19

2.2　水准测量的仪器与工具 ·· 21

2.3　水准测量的实施与数据处理 ·· 26

2.4　DS$_3$型水准仪的检验与校正 ··· 32

2.5　自动安平水准仪 ··· 35

2.6　精密水准仪和精密水准尺 ··· 36

2.7　数字水准仪及其工作原理 ··· 39

2.8　水准测量的误差及注意事项 ·· 41

思考题与练习题 ·· 43

第3章　角度测量 ··· 45

3.1　角度测量原理 ·· 45

3.2　经纬仪的构造与使用方法 ··· 46

3.3　水平角测量 ··· 55

3.4　竖直角测量 ··· 58

3.5　经纬仪的检验与校正 ··· 61

3.6　角度测量的误差分析及注意事项 ·· 65

思考题与练习题 ·· 68

第4章　距离测量 ··· 70

4.1　钢尺量距 ·· 70

4.2　视距测量 ·· 74

4.3　电磁波测距 ··· 77

4.4　直线定向 ·· 83

4.5　坐标计算原理 ·· 86

4.6　全站型电子速测仪 ·· 88

思考题与练习题 ·· 93

第 5 章　测量误差 ·· 95

5.1　测量误差的概念 ·· 95

5.2　评定精度的指标 ··· 100

5.3　误差传播定律及其应用 ··· 102

5.4　等精度独立观测量的最可靠值与精度评定 ································ 107

5.5　不等精度独立观测量的最可靠值与精度评定 ······························ 109

思考题与练习题 ·· 113

第 6 章　控制测量 ·· 115

6.1　控制测量概述 ··· 115

6.2　导线测量 ··· 119

6.3　三等、四等水准测量 ··· 129

6.4　三角高程测量 ··· 133

6.5　软件平差计算 ··· 136

思考题与练习题 ·· 136

第 7 章　GNSS 测量技术 ·· 139

7.1　卫星定位系统概述 ··· 139

7.2　GPS 系统的组成及坐标系统 ··· 140

7.3　GPS 定位原理 ·· 147

7.4　GPS 控制测量 ·· 154

7.5　GPS‐RTK 点位测定与测设 ··· 167

7.6　GPS 测量误差来源对定位精度的影响 ······································ 176

思考题与练习题 ·· 178

第 8 章　大比例尺地形图测绘与应用 ··· 180

8.1　地形图基本知识 ··· 180

8.2　地形图的分幅与编号 ·· 191

8.3　数字地形图测绘 ··· 195

8.4　大比例尺地形图的应用 ·· 198

思考题与练习题 ·· 204

第 9 章　施工测量的基本工作 ·· 206

9.1　施工测量概述 ··· 206

9.2　测设的基本工作 ··· 208

9.3　点的平面位置测设方法 ·· 212

9.4　已知坡度直线的测设 ……………………………………………………… 217

思考题与练习题 ……………………………………………………………… 218

第 10 章　建筑工程施工测量 ………………………………………………… 219

10.1　施工场地控制测量 …………………………………………………… 219

10.2　民用建筑施工测量 …………………………………………………… 225

10.3　工业建筑施工测量 …………………………………………………… 233

10.4　竣工测量 ………………………………………………………………… 240

思考题与练习题 ……………………………………………………………… 242

第 11 章　线路工程测量 ……………………………………………………… 243

11.1　线路工程测量概述 …………………………………………………… 243

11.2　道路中线测量 …………………………………………………………… 244

11.3　圆曲线的测设 …………………………………………………………… 248

11.4　缓和曲线的测设 ………………………………………………………… 253

11.5　道路中线逐桩坐标计算 ……………………………………………… 259

11.6　全站仪、RTK 测设道路中线 ………………………………………… 263

11.7　道路纵断面测量 ………………………………………………………… 266

11.8　道路横断面测量 ………………………………………………………… 274

11.9　道路施工测量 …………………………………………………………… 279

思考题与练习题 ……………………………………………………………… 285

第 12 章　建筑变形测量 ……………………………………………………… 287

12.1　建筑变形测量概述 …………………………………………………… 287

12.2　建筑变形控制测量 …………………………………………………… 290

12.3　沉降观测 ………………………………………………………………… 296

12.4　位移观测 ………………………………………………………………… 299

思考题与练习题 ……………………………………………………………… 305

参考文献 ………………………………………………………………………… 306

第 1 章

绪论

学习目标

通过本章的学习，了解测绘科学发展史及学科分类，了解建筑工程测量技术的发展现状，了解地理坐标系、旋转椭球体、测量的基本工作；熟悉地球曲率对距离、角度和高程测量的影响及测量工作的基本原则；掌握大地水准面、独立平面直角坐标系、高斯平面直角坐标系、高程系统等概念。

1.1 测量学概述

1.1.1 测量学及其任务

测量学是研究获取反映地球形状，地球重力场，地球上自然和社会要素的位置、形状、空间关系及区域空间结构数据的科学和技术。它的内容包括两个部分，即测定和测设。测定是指使用测量仪器和工具，通过测量计算，得到一系列测量数据，或把地球表面的地形缩绘成地形图，供经济建设、规划设计、科学研究和国防建设使用。测设又称施工放样，是指把图纸上规划设计好的建筑物、构筑物的平面和高程位置在地面上标定出来，作为施工的依据。

测量学的主要任务有三个方面：一是研究确定地球的形状和大小，为地球科学提供必要的数据和资料；二是将地球表面的地物地貌测绘成图；三是将图纸上的设计成果测设至现场。

按照研究的范围和对象的不同，传统上又将测量学分为以下几个主要分支学科：

（1）大地测量学。大地测量学是研究和确定地球形状和大小、重力场、整体与局部运动和地表面点的几何位置以及它们的变化的理论和技术的学科。其基本任务是建立国家大地控制网，测定地球的形状、大小和重力场，为地形测图和各种工程测量提供基础起算数据；为空间科学、军事科学及研究地壳变形、地震预报等提供重要资料。按照测量手段的不同，大地测量学又分为常规大地测量学、卫星大地测量学及物理大地测量学等。

（2）地形测量学。地形测量学又称普通测量学，是在不考虑地球曲率影响和地球重力场的微小影响的条件下，研究测量理论和技术的学科。

（3）摄影测量与遥感学。摄影测量与遥感学是研究利用电磁波传感器获取目标物的影像数据，从中提取语义和非语义信息，并用图形、图像和数字形式表达的学科。其基本任务是通过对摄影像片或遥感图像进行处理、量测、解译，以测定物体的形状、大小和位置，进而制作成图。根据获得影像的方式及遥感距离的不同，该学科又分为地面摄影测量学、航空摄影测量学和航天遥感测量学等。

（4）工程测量学。工程测量学是研究在工程建设的设计、施工和运营管理各阶段中进行测量工作的理论、方法和技术的学科。其在技术方法上可分为普通工程测量和精密工程测量，是测绘科学与技术在国民经济和国防建设中的直接应用，是综合性的应用测绘科学与技术。工程测量的服务领域非常广阔，有建筑工程测量、线路工程测量、桥梁与隧道测量、矿山测量、城市测量和水利工程测量等。此外，还将用于大型设备的高精度定位和变形观测称为高精度工程测量；将摄影测量技术应用于工程建设称为工程摄影测量；将以电子全站仪或地面摄影仪为传感器在电子计算机支持下的测量系统称为三维工业测量。

（5）海洋测量学。海洋测量学是以海洋水体和海底为测绘对象，研究测量及海图编制的理论和方法的学科。同陆地测绘相比，海洋测绘具有其不同的特点，主要有：测量内容综合性强，要同时完成多种观测项目，需多种仪器配合施测；测区条件复杂，大多为动态作业；肉眼不能通视水域底部，精确测量难度较大等。因此，海洋测绘的基本理论、技术方法和测量仪器设备有许多不同于陆地测量之处。

（6）地图制图学。地图制图学是研究各种地图的制作理论、原理、工艺技术和应用的一门学科。其研究内容主要包括地图编制、地图投影、地图整饰、印刷等。现代地图制图学向着制图自动化、电子地图制作及与计算机信息科学的结合和建立地理信息系统方向发展。

本教材主要介绍普通测量学及部分工程测量学的内容。

1.1.2 测绘科学发展历史与趋势

1. 测绘科学的发展简史

测绘科学的发展历史源远流长，我国早在夏商时代，为了治水就开始了实际的测量工作。《史记·夏本纪》记载了大禹治水"左准绳，右规矩，载四时，以开九州，通九道，陂九泽，度九山"的情况，其中"准""绳"是一种测量距离、引画直线和定平用的工具，"规""矩"是校正圆形和方形的工具，这里所记录的就是当时勘测的情景。《周髀算经》《九章算术》《管子·地图篇》《孙子兵法》等历史文献均记载有测量技术、计算方法和军事地形图应用的内容。

公元前5世纪至3世纪，我国已有利用磁石制成最早的指南工具"司南"的记载。长沙马王堆汉墓出土的公元前2世纪的地形图、驻军图和城邑图，是迄今发现的世界上最古老、翔实的地图。魏晋时期的刘徽著《海岛算经》，论述了有关测量和计算海岛距离及高度的方法。十六国后秦的姜岌发现了蒙气差即大气折射现象，并给予正确的解说。西晋的裴秀（224—271年）主持编绘了《禹贡地域图》，提出了科学制图六要素的"制图六体"，被后世尊称为"中国地图学之父"。唐代在僧一行的主持下，在河南平原地区沿南北方向约200km长的同一子午线进行了世界上最早的子午线测量，得出子午线一度的弧长为132.31km，为人类正确认识地球作出了贡献。北宋时期的沈括在《梦溪笔谈》中记载了磁偏角的发现。元代郭守敬在全国进行了天文测量，通过多年的修渠治水，总结了水准测量的经验，且创造性地提出了海拔高程的概念。明代郑和七次下西洋，首次绘制了航海图。清朝康熙年间，开展了大规模的经纬度测量和地形测量，编绘了著名的《皇舆全览图》。

17 世纪末，牛顿和惠更斯提出了地扁说，并在 18 世纪中期由法国科学院测量证实了地扁说，使人类对地球的认识从球体推进到了椭球体。19 世纪初，拉普拉斯和高斯都提出了更精确的地球描述——非椭球性，研究结果证明地球总体应该为梨状。1873 年，利斯廷创造了"大地水准面"一词，以水准面封闭形成的球体大地体来描述地球。1945 年，莫洛坚斯基创立了用地面重力测量数据直接研究真实地球表面形状的理论。由此，人类对地球的认识越来越准确，由天圆地方，经过了圆形、椭球形的认识过程。

1930 年，我国首次与德国汉莎航空公司合作，进行了航空摄影测量。1932 年同济大学设立测量系开始培养专业技术人才。1954 年建立了 1954 北京坐标系，1956 年建立了黄海高程系。1958 年颁布了我国 1：10000、1：25000、1：50000、1：100000 比例尺地形图测绘基本原则（草案）。1988 年 1 月 1 日，我国正式启用"1985 国家高程基准"，并在我国西安泾阳县永乐镇建立了新的大地坐标原点，用国际大地测量与地球物理学联合会（IUGG）1975 参考椭球，建立了我国独立的参心坐标系，称为"1980 西安坐标系"。2008 年 7 月 1 日起，启用"2000 国家大地坐标系"（简称"2000 坐标系"）。

20 世纪 40 年代，自动安平水准仪问世，标志着水准测量自动化研究的开始。1947 年，光波测距仪问世，20 世纪 60 年代激光器作为光源用于电磁波测距，使长期以来艰苦的测距工作发生了根本性的变革，改变了测量工作中以测角换算距离的状况，如今，测距仪已普遍应用于测绘生产。伴随着电子技术、微处理器技术的广泛应用，测角仪器的发展也十分迅速。经纬仪使用电子度盘和电子读数，完成了自动化测角进程。电子经纬仪与测距仪组合形成的电子速测仪（全站仪），其体积小、重量轻、功能全、自动化程度高。20 世纪 70 年代，除了用飞机进行航空摄影测量测绘地形图外，还通过人造卫星拍摄地球的照片，检测自然现象的变化，并利用遥感技术测绘地图。由于计算机技术的发展，用数字摄影测量技术进行摄影测量工作，不仅使摄影测量的成果更加稳定、可靠，而且自动化程度高。20 世纪 80 年代，全球定位系统（GPS）问世，采用卫星直接进行空间点的三维定位，引起了测绘工作的重大变革，开创了测绘科学技术的新时代。

2. 现代测绘科学的发展趋势

近十几年来，随着空间科学技术、计算机技术和信息科学的发展，传统的测绘技术已基本被现代测绘技术"3S"（即 GPS、GIS、RS）所代替，测绘产品应用范围不断拓宽，并向用户提供"4D"（DEM、DOM、DLG、DRG）数字产品。现代测绘科学总的发展趋势为：测量数据采集和处理向一体化、实时化、数字化方向发展；测量仪器向精密化、自动化、智能化、信息化方向发展；测量产品向多样化、网络化发展；测绘技术体系从模拟转向数字、从地面转向空间、从静态转向动态，并进一步向网络化和智能化方向发展；测绘领域从陆地扩展到海洋、空间，由地球表面延伸到地球内部；测绘成果已从三维发展到四维，从静态发展到动态。具体表现在以下几方面：

（1）测（成）图数字化。地形图的测绘是测量的主要内容和任务之一。工程建设规模扩大、城市迅速发展以及土地利用、地籍测量的紧迫要求，都希望缩短成图周期和实现成图自动化。数字成图首先是测图，即野外数据采集、处理到绘图的数字化系统，包括全站型仪器、卫星定位设备、计算机和数控绘图仪，整个系统形成一个数据流，而且是双向的。实际上数字成图是一个组合式的系统，包括测图系统和工程软件两部分。前者主要是获得原始地形资料，而后者可以生成彩色或单色的各种图件，如地形图、等高线图、带状平面图、立体透视图、纵横断面图、剖面图、地籍图、竣工图、地下管网图等，可以进行工程量计算和土地规划及工程设计。

（2）施工测量和变形测量的自动化和智能化。施工测量的工作量大，现场条件复杂，所以施工测量的自动化、智能化是人们期盼已久的目标。由 GPS 和智能全站仪构成的自动测量和控制系统在施工测量自动化方面已迈出了可喜的一步，在大型设备安装、航空航天工业以及汽车、船舶制造业中得到了广泛的应用，出现了工业测量学科方向。大型工程建筑物的建设，使安全监测、变形分析和预报成为测绘学科研究的又一重要方向。

（3）工程测量数据处理自动化。随着计算机技术的发展，测量数据处理正在逐步走向自动化。主要表现在对各种控制网整体平差、控制网的最优化设计和变形观测的数据处理和分析等方面。测量工作者更好地使用和管理海量测量信息的最有效途径是建立测量数据库或与 GIS 技术结合建立各种工程信息系统。目前，许多测量部门已经建立了各种用途的数据库和信息系统，如控制测量数据库、地下管网数据库、道路数据库、土地资源信息系统、城市基础地理信息系统等，为管理部门进行信息、数据检索与使用管理的科学化、实时化和现代化创造了条件。

（4）摄影测量和遥感（RS）技术。摄影测量是用量测相机或非量测相机对目标摄影解析出空间坐标。它是通过直接线性变换法而获得的，不必进行正规的相片内、外方位定向。根据这些点位的空间坐标，绘制出目标的等值线图及其状态。它的应用范围非常广泛，可应用于文物、考古、园林、环境保护、医学等。遥感就是在一定的平台上，利用电磁波对观察对象的信息进行非接触的感知、采集、分析、识别，揭示其几何空间位置形状、物理性质的特征及相互联系，并采用定期的遥感获得所采集的变化规律。由于遥感设备都采用飞机、卫星等高速运转的运载工具，在高空进行，视场大，可在大范围观察采集信息，效率非常高，可以说为全面和及时动态地观察地球提供了技术手段。伴随技术的进步，遥感影像的分辨率不断提高，民用的遥感图片几何分辨率已经达到米级和分米级，因此应用范围在不断推广。

（5）GNSS 定位测量。全球导航卫星系统是对中国的北斗系统（BDS）、美国的 GPS、俄罗斯的 GLONASS、欧盟的 GALILEO 系统等这些单个卫星导航定位系统的统一称谓，也可指代他们的增强型系统，又指代所有这些卫星导航定位系统及其增强型系统的相加混合体。GNSS 定位测量是以在轨卫星为基础的无线电导航定位系统，具有全能性（陆地、海洋、航空和航天）、全球性、全天候、连续性和实时性的导航、定位和定时的功能。为全球陆、海、空、天的各类军民载体提供全天候、高精度的位置、速度和时间信息。

（6）地理信息系统（GIS）。GIS 是在计算机技术支持下，把采集的各种地理空间信息按照空间分布及属性进行输入、存储、检索、更新、显示、制图，并与其他相关专业的专家系统、咨询系统相结合，形成方便的综合应用技术系统。通过 GIS，利用互联网可将采集的地理信息数据实现共享，为政府、各种社会经济组织，乃至个人的地理信息的需求提供服务，从而使采集的地理信息数据可以最大限度地发挥作用。

（7）三维激光扫描技术。其也称为三维激光成图系统，主要由三维激光扫描仪和系统软件组成。其工作目标是快速、方便、准确地获取近距离静态物体的空间三维坐标模型，利用软件对模型进行进一步的分析和数据处理。三维激光扫描技术是一项新兴的测量技术，具有精度高、测量方式灵活方便的特点，特别适合于建筑物的三维建模、大型工业设备的三维模型建立以及小范围数字地面模型的建立等，其应用前景广泛。

1.1.3　建筑工程测量的任务及作用

建筑工程测量属于工程测量的范畴，是测量学的一个组成部分。建筑工程测量学是研究建筑工程在勘测设计、施工建设和运营管理各阶段所进行的各种测量工作的理论和技术的学科。工程项目一般分为规划与勘测设计、施工、运营管理三个阶段，测量工作贯穿于工程项目建设的全过程，根据不同的施测对象和阶段，建筑工程测量主要有以下任务：

（1）地形图测绘。要进行勘测设计，必须要有设计底图。而该阶段测量工作的任务就是为勘测设计提供地形图，进行地形图测绘，也即测定。地形图测绘是使用各种测量仪器和工具，按一定的测量程序和方法，将地面上局部区域的各种地物和地势高低起伏的形态、大小，按规定的符号及一定的比例尺缩绘在图纸上，供工程建设使用。工程竣工后，为了便于工程验收和运营管理、维修，还需测绘竣工图。

（2）地形图应用。地形图的应用是利用成图的基本原理，如构图方法、坐标系统、表达方式等，在图上进行量测，以获得建设项目所需要的资料（如地面点的三维坐标、两点间的距离、地块面积、地面坡度、断面形状），或将图上量测的数据反算成实地相应的测量数据，以解决设计和施工中的实际问题。例如利用有利的地形来选择建筑物的布局、形式、位置和尺寸，在地形图上进行方案比较、土方量估算、施工场地布置与平整等。用图是成图的逆反过程。

工程建设项目的规划设计方案，力求经济、合理、实用、美观。这就要求在规划设计中，充分利用地形，合理使用土地，正确处理建设项目与环境的关系，做到规划设计与自然的结合，使建筑物与自然地形形成协调统一的整体。因而，用图贯穿于工程规划设计的全过程。同时在工程项目改（扩）建的施工阶段、运营管理阶段也需要用图。

（3）施工放样。在工程施工建设之前，测量人员要根据设计图提供的数据，按照设计精度要求，通过测量手段将建（构）筑物的特征点、线、面等标定到实地工作面上，为施工提供准确位置，指导施工。施工放样又称施工测设，它是测图的逆反过程。施工放样贯穿于施工阶段的全过程。

（4）变形监测。在建筑物施工过程中，还需利用测量的手段监测建（构）筑物的三维坐标、构件与设备的安装定位等，进行变形监测。对于一些大型的、重要的建（构）筑物，对建筑物的稳定性及变化情况需要在建设阶段和建成后的运营管理阶段进行监测，了解其变形规律，以便及时掌握其沉降、位移、倾斜、裂缝和挠度等变形情况，用动态监测的手段，及时采取相应的技术措施，确保工程安全。同时也为改进设计、施工提供科学依据。

总之，在工程建设的规划与勘测设计、施工和运营管理各个阶段都要进行测量工作，测量工作贯穿于整个工程建设的始终。因此，从事工程建设的工程技术人员，必须掌握工程测量的基本知识和技能。

1.2　地球的形状和大小

1.2.1　自然球体

测量工作在地球表面上进行。地球的自然表面有高山、丘陵、平原、盆地、湖泊、河流和海洋等高低起伏的形态，世界第一高峰珠穆朗玛峰高出海平面 8844.43m，而在太平洋西部的马里亚纳海沟低于海水面达 11022m。尽管有这样大的高低起伏，但相对于南北极稍扁、赤道稍长、平均半径约为 6371km 的地球椭球体来说仍可忽略不计。地球表面大部分是海洋，其面积约占 71%，陆地面积约占 29%。由此可见，地球表面 2/3 以上被海水覆盖。因此，测量中把地球总的形状看成是由静止的平均海水面向陆地延伸所包围的自然球体。

1.2.2　大地水准面与大地球体

在地面进行测量工作应掌握重力、铅垂线、水准面、大地水准面、参考椭球面和法线的概念及关系。如图 1.2.1（a）所示，由于地球的自转，其表面的质点 P 除受万有引力的作用外，还受到离心力的作用。P 点所受的万有引力与离心力的合力称为**重力**，重力的方向称为铅垂线方向。

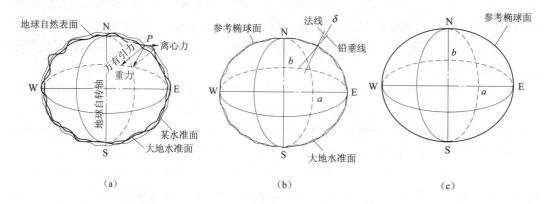

（a）　　　　　　　　　　　（b）　　　　　　　　　　　（c）

图 1.2.1　地球自然表面、水准面、大地水准面、参考椭球面、铅垂线、法线间的关系

假想静止不动的水面延伸穿过陆地，包围整个地球，形成一个封闭曲面，这个封闭曲面称为水准面。水准面是受地球重力影响形成的，是重力等位面，物体沿该面运动时，重力不做功（如水在这个面上不会流动），其特点是曲面上任意一点的铅垂线垂直于该点的曲面。根据这个特点，水准面也可以定义为：处处与铅垂线垂直的连续封闭曲面。由于水准面的高度可变，因此，符合该定义的水准面有无数个，其中与平均海水面相吻合的水准面称为大地水准面。大地水准面是唯一的。大地水准面和铅垂线是测量外业工作所依据的**基准面和基准线**。

1.2.3　旋转椭球体面与地球椭球体

地球内部物质的密度分布不均匀，造成地球各处万有引力的大小不同，致使重力方向产生变化，所以，大地水准面是有微小起伏的、不规则的、很难用数学方程表示的复杂曲面。如果将地球表面上的物体投影到这个复杂曲面上，计算起来将非常困难。为了解决投影计算问题，通常是选择一个与大地水准面非常接近的、能用数学方程表示的椭球面作为投影的基准面，这个椭球面是由长半轴为 a、短半轴为 b 的椭圆 NESW 绕其短轴 NS 旋转而成的旋转椭球面，如图 1.2.1（c）所示，旋转椭球又称参考椭球。测量中把与大地球体最接近的地球椭球称为总地球椭球；把与某个区域或一个国家大地水准面最为密合的椭球称为参考椭球，其椭球面称为参考椭球面。由此可见，参考椭球有许多个，而总地球椭球只有一个。确定参考椭球体与大地体之间的相对位置关系，称为椭球体定位。参考椭球体面只具有几何意义而无物理意义，它是严格意义上的测量计算基准面。

由地表任一点向参考椭球面所作的垂线称**法线**，地表点的铅垂线与法线一般不重合，其夹角 δ 称为垂线偏差，如图 1.2.1（b）所示。参考椭球面与其法线是测量计算和制图的**基准面和基准线**。

决定参考椭球面形状和大小的元素是椭圆的长半轴 a、短半轴 b，如图 1.2.1（c）所示。此外，根据 a 和 b 还定义了扁率 f：

$$f = \frac{a^2 - b^2}{a^2} \tag{1.2.1}$$

我国采用过的参考椭球元素值及 GPS 测量使用的参考椭球元素值列于表 1.2.1。

表 1.2.1 　　　　　　　　　　　　　　　　**参 考 椭 球 元 素**

序号	坐标系名称	椭球体名称	长半轴 a/m	扁率 f	计算年代	备 注
1	1954 北京坐标系	克拉索夫斯基椭球	6378245	1∶298.3	1940 年苏联	1954 年北京坐标系采用（参心）
2	1980 西安坐标系	IUGG① 1975 椭球	6378140	1∶298.257	IUGG 第 16 届大会推荐	1980 年国家大地坐标系采用（参心）
3	WGS－84 坐标系	WGS－84	6378137	1∶298.2572	IUGG 第 17 届大会推荐	1984 年美国 GPS 采用（地心）
4	2000 国家大地坐标系	CGCS2000	6378137	1∶298.2572		2008 年中国采用（地心）

① IUGG——国际大地测量与地球物理联合会（International Union of Geodesy and Geophysics）。

由于参考椭球体的扁率很小，当测区范围不大时，在普通测量中可以将参考椭球近似看作半径为 6371km 的圆球。

1.3 测量坐标系与地面点位的确定

无论是测定还是测设，都需要通过确定地面点的空间位置来实现。空间是三维的，因此，表示地面点在某个空间坐标系中的位置需要 3 个参数，确定地面点位的实质就是确定其在某个空间坐标系中的三维坐标。测量中，将空间坐标系分为参心坐标系和地心坐标系。"参心"意指参考椭球的中心，由于参考椭球的中心一般不与地球质心重合，所以它属于非地心坐标系，表 1.2.1 中的前两个坐标系是参心坐标系。"地心"意指地球的质心，表 1.2.1 中 GPS 使用的 WGS－84 和 2000 国家大地坐标系属于地心坐标系。

1.3.1   地面点位的确定

测量的基本任务就是确定地面点位。在测量工作中，地面点位通常采用地面点在基准面上的投影位置，以及该点沿投影方向到基准面的距离来表示。在一般测量工作中，常常将地面点的空间位置用大地经度、纬度（或高斯平面直角坐标）和高程表示，它们分别从属于大地坐标系（或高斯平面直角坐标系）和指定高程系统，即用一个椭球面或平面（二维）与高程系（一维）坐标系组合来表示。

由于卫星大地测量的迅速发展，地面点的空间位置也可采用三维空间直角坐标表示。

1. 地理坐标系

按坐标系所依据的基本线和基本面的不同以及求坐标方法的不同，地理坐标系可分为天文地理坐标系和大地地理坐标系两种。

（1）天文地理坐标系。天文地理坐标又称天文坐标，表示地面点在大地水准面上的位置，其基准是铅垂线和大地水准面，它用天文经度 λ 和天文纬度 φ 来表示地面点在球面上的位置。

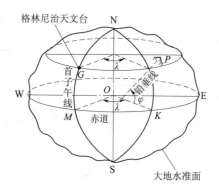

图 1.3.1   天文地理坐标系

如图 1.3.1 所示，过地表任一点 P 的铅垂线与地球旋转轴 NS 所组成的平面称为该点的天文子午面，天文子午面与大地水准面的交线称为天文子午线，也称经线。设 G 点为英国格林尼治（Greenwich）天文台的位置，称过 G 点的天文子午面为首子午面。P 点天文经度 λ 的定义是：过 P 点的天文子午面 NPKS 与首子午面 NGMS 的二面角，从首子午面向东或向西计算，取值范围是 $0°\sim180°$，在首午线以东为东经，以西为西经。同一子午线上各点的经度相同。过 P 点垂直于地球旋转轴的平面与地球表面的交线称为 P 点的纬线，过球心 O 的纬线称为赤道。P 点天文纬度 φ 的定义是：P 的铅垂线与赤道平面的夹角，自赤道起向南或向北计算，取值范围为 $0°\sim90°$，在赤道以北为北纬，以南为南纬。可以应用天文测量方法测定地面点的天文经度 λ 和天文纬度 φ。

（2）大地地理坐标系。大地地理坐标又称大地坐标，表示地面点在参考椭球面上的位置，它的基准是法线和参考椭球面，它用大地经度 L 和大地纬度 B 表示地面点投影到旋转椭球面上的位置；P 点的大地经度 L 是过 P 点的大地子午面和首子午面所夹的两面角，P 点的大地纬度 B 是过 P 点的法线与赤道面的夹角。大地经、纬度是根据起始大地点（又称大地原点，该点的大地经纬度与天文经纬度一致）的大地坐标，按大地测量所得的数据推算而得。我国以陕西省泾阳县永乐镇北洪流村大地原点为起算点，由此建立的大地坐标系，称为"1980 西安坐标系"，简称"80 西安系"；通过与苏联 1942 年普尔科沃坐标系联测，经我国东北传算过来的坐标系称"1954 北京坐标系"，简称"54 北京系"，其大地原点位于苏联列宁格勒普尔科沃天文台圆形大厅中央。

2. 平面直角坐标系

（1）独立测区的平面直角坐标。在实际测量工作中，若用以角度为度量单位的球面坐标来表示地面点的位置是不方便的，通常是采用平面直角坐标。测量工作中所用的平面直角坐标与数学上的直角坐标基本相同，只是测量工作是以南北方向为纵轴（x 轴），向北为正，东西方向为横轴（y 轴），向东为正，象限为顺时针编号，直线的方向都是从纵轴北端按顺时针方向度量的。测量直角坐标系与数学平面直角坐标系的区别分别如图 1.3.2（a）和图 1.3.2（b）所示。这样的规定，使数学中的三角公式在测量坐标系中完全适用。

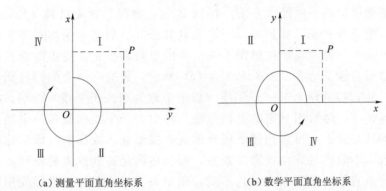

（a）测量平面直角坐标系　　　　　　　　（b）数学平面直角坐标系

图 1.3.2　两种平面直角坐标系的比较

当测区的范围较小时，经过估算在距离 D 为 10km 的多边形范围内，能够忽略该区地球曲率的影响而将其当作平面看待时，可在此平面上建立独立的直角坐标系。一般选定子午线方向为纵轴，即 x 轴，原点设在测区的西南角，以避免坐标出现负值。测区内任一地面点用坐标（x，y）来表示，它们与本地区统一坐标系没有必然的联系，为独立的平面直角坐标系。如有必要可通过与国家坐标系联测而纳入统一坐标系。

（2）高斯平面直角坐标系。

1）高斯投影。大地坐标系是大地测量的基本坐标系，它对于大地问题的解算、研究地球形状和大小、编制地形图都是极其有用的。但若将其直接用于地形测绘或各种工程建设，是不方便的。如果将椭球面上的大地坐标按一定的数学法则归算到平面上，再在平面上进行各种数据运算，要比椭球面上方便得多。将椭球面上的图形、数据按一定的数学法则转换到平面上的方法，就是地图投影，地图投影有多种方法，我国采用的是高斯-克吕格正形投影，简称"高斯投影"。其过程可用方程表示为

$$\left.\begin{aligned} x &= F_1(L,B) \\ y &= F_2(L,B) \end{aligned}\right\} \tag{1.3.1}$$

式中　L、B——椭球体面上某点的大地坐标；

　　　x、y——该点投影到平面上的直角坐标。

由于旋转椭球体面是一个不可直接展开的曲面，如果将该面上的元素投影到平面上，其变形是不可避免的。投影变形一般分为角度变形、长度变形和面积变形三种。因此，地图投影也有等角投影、等面积投影和任意投影。尽管投影变形不可避免，但是人们可根据要求来加以控制。选择适当的投影方法，可使某一种变形为零，亦可使整个变形减小到某一适当程度。

等角投影又称正形投影。在投影中，使原椭球面上的微分图形与平面上的图形始终保

持相似。正形投影有两个基本条件：一是它的保角性，即投影前后保持角度大小不变；二是它的伸长固定性，即长度投影虽然会发生变化，但在任一点上各方向的微分线段投影前后比为一常数。高斯投影的实质是椭球面上微小区域的图形投影到平面上以后仍与原图形相似，即不改变原图形的形状。例如，椭球面上一个三角形投影到平面上以后，其三个内角保持不变。

高斯投影是德国学者高斯（Gauss）在 1820—1830 年间为解决德国汉诺威地区大地测量投影问题而提出的一种投影方法。1912 年起，德国学者克吕格（Kruger）将高斯投影公式加以整理和扩充，并推导出了实用计算公式。后来，保加利亚学者赫里斯托夫（W. K. Hristow）等对高斯投影作了进一步的更新和扩充。使用高斯投影的国家主要有德国、中国与俄罗斯等。如图 1.3.3（a）所示，设想有一个椭圆柱面横套在地球椭球体外面，使它与椭球上某一子午线（该子午称为中央子午线）相切，椭圆柱的中心轴通过椭球体中，然后用一定的投影方法，将中央子午线两侧各一定经差范围内的地区投影到椭圆柱面上，再将此柱面展开即成为投影面。故高斯投影又称横轴椭圆柱投影。这种投影不但满足等角投影的条件，而且还满足高斯投影的条件：①中央子午线投影后为一条直线，且其长度保持不变。距中央子午线越远，投影变形越大。②在椭球体上，除中央子午线外，其余子午线投影后均为凹向中央子午线的对称曲线，并收敛于两极。③在椭球面上凡是对称于赤道的纬圈，其投影后仍然为对称的曲线，且垂直于子午线的投影曲线，并凹向两极。

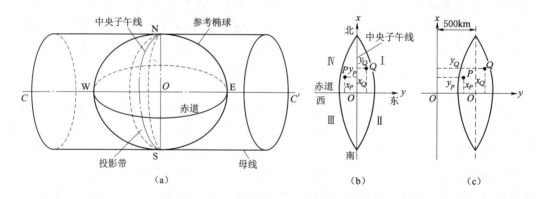

图 1.3.3　高斯平面坐标系的投影图

2）高斯平面直角坐标系。在投影面上，中央子午线和赤道的投影都是直线。以中央子午线和赤道的交点 O 作为坐标原点，以中央子午线的投影为纵坐标轴 x，规定 x 轴向北为正；以赤道的投影为横坐标轴 y 轴，y 轴向东为正，这样便形成了高斯平面直角坐标系，图 1.3.3（b）。

高斯投影中，除中央子午线外，其余各点均存在长度变形，且距中央子午线越远，长度变形越大。为了控制长度变形，将地球椭球面按一定的精度差分成若干范围不大的带（称为投影带）。带宽一般分为经差 6°、3°，分别称为统一 6°带、统一 3°带。

a. 统一 6°带投影。从首子午线起，每隔经度 6°划分为一带，如图 1.3.4 所示，自西向东将整个地球划分为 60 个投影带，带号从首子午线开始，用阿拉伯数字表示。第一个

6°带的中央子午线的经度为 3°，任意带的中央子午线经度 L_0 与投影带号 N 的关系为

$$L_0 = 6N - 3 \tag{1.3.2}$$

反之，已知地面任一点的经度 L，要计算该点所在的统一 6°带编号的公式为

$$N = \text{Int}\left(\frac{L+3}{6} + 0.5\right) \tag{1.3.3}$$

式中，Int 为取整函数。

我国位于北半球，x 坐标值恒为正值，y 坐标值则有正有负，当测点位于中央子午线以东时为正，以西时为负。例如图 1.3.3（b）中的 P 点位于中央子午线以西，其 y 坐标值为负。对于 6°带高斯平面坐标系坐标的最大负值约为 -334km。为了避免 y 坐标出现负值，我国统一规定将每带的坐标原点西移 500km，即给每个点的 y 坐标值加上 500km，使之恒为正，如图 1.3.3（c）所示。

例如，B 点的坐标 $x_b = 3275611.188$m；$y_b = 19123456.789$m。y_b 坐标最前面的数字 19，表示该点位于 6°带第 19 个带内，则 B 点 Y 坐标的自然值为 -376543.211m。

b. 统一 3°带投影。统一 3°带投影的中央子午线经度 L_0' 与投影带号 n 的关系为

$$L_0' = 3n \tag{1.3.4}$$

反之，已知地面任意一点的经度 L，要计算该点所在的统一 3°带编号的公式为

$$n = \text{Int}\left(\frac{L}{3} + 0.5\right) \tag{1.3.5}$$

统一 6°带投影与统一 3°带投影的关系如图 1.3.4 所示。

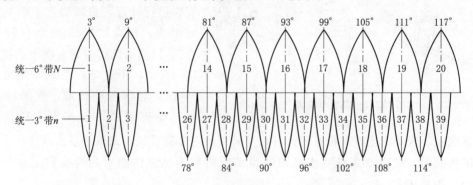

图 1.3.4 统一 6°带投影与统一 3°带投影的关系

我国领土所处的概略经度范围为东经 $73°27' \sim 135°09'$，根据式（1.3.4）和式（1.3.5）求得统一 6°带投影的带号范围为 $13 \sim 23$，共 11 个带；统一 3°带投影的带号范围为 $24 \sim 45$，共 21 个带。在我国领土范围内，统一 6°带与统一 3°带的投影带号不重叠。

c. 1.5°带投影。1.5°带投影的中央子午线经度与带号的关系，国际上没有统一规定，通常是使 1.5°带投影的中央子午线与统一 3°带投影的中央子午线或边缘子午线重合。

d. 任意带投影。任意带投影通常用于建立城市独立坐标系。例如，可以选择过城市中心某点的子午线为中央子午线进行投影，这样，可以使整个城市范围内的距离投影变形都比较小。

1.3.2　高程系统

1. 高程

在一般测量工作中是以大地水准面作为高程基准面。地面上某点沿铅垂线方向到大地水准面的距离称为该点的绝对高程或海拔，简称"高程"，用 H 加点名作下标表示。如图 1.3.5 所示，A、B 点的高程分别表示为 H_A、H_B。

由于海水面受潮汐、风浪等的影响，它的高低时刻在变化。通常是在海边设立验潮站进行长期观测，将求得的海水面平均高度作为高程零点，以通过该点的大地水准面为高程基准面，即该点大地水准面上的高程为零。我国在青岛设立验潮站，用以长期观测和记录黄海海水面的高低变化，取其平均值作为大地水准面的位置，作为我国计算高程的基准面。并于 1954 年在青岛观象山建立水准原点，通过水准测量的方法将验潮站确定的高程零点引测到水准原点，得到水准原点的高程，以它为基准进行全国各地的高程测算。

根据青岛验潮站 1950—1956 年 7 年验潮资料求定的高程基准面，称为"1956 年黄海平均高程面"，以其引测得到的水准原点高程为 72.289m，并建立了"1956 年黄海高程系"，我国自 1959 年开始，全国统一采用 1956 年黄海高程系。

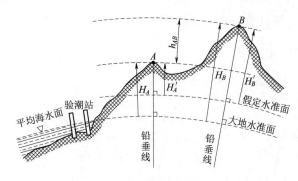

图 1.3.5　高程和高差

由于海洋潮汐长期变化周期为 18.6 年，1956 年黄海高程系验潮资料时间较短等原因，20 世纪 80 年代，我国又对 1952—1979 年间青岛验潮站资料进行计算，重新确定了新的平均海水面，称为"1985 国家高程基准面"。以其引测得到的水准原点高程为 72.260m，并建立了"1985 国家高程基准"，经国务院批准，我国自 1987 年开始采用"1985 国家高程基准"。

在局部地区，若采用绝对高程有困难时，可采用假定高程系统，即以任意水准面作为起算高程的基准面。地面点到任一水准面的铅垂距离称为该点的相对高程或假定高程。如图 1.3.5 中的 H'_A、H'_B。

2. 高差

地面上两点间的高程之差称为高差，用 h 表示。高差有方向且有正负之分，如图 1.3.5 所示，A、B 两点的高差为

$$h_{AB} = H_B - H_A = H'_B - H'_A \tag{1.3.6}$$

由此可见，两点间的高差与高程起算面无关。当 h_{AB} 为正时，B 点高于 A 点；当 h_{AB} 为负时，B 点低于 A 点。B、A 两点的高差为

$$h_{BA} = H_A - H_B = H'_A - H'_B \tag{1.3.7}$$

由此可见，A、B 两点的高差与 B、A 两点的高差绝对值相等，符号相反，即

$$h_{AB} = -h_{BA} \tag{1.3.8}$$

1.3.3　空间直角坐标系

随着卫星定位技术的发展，采用空间直角坐标系表示空间任意一点的位置已经得到广泛的应用。空间直角坐标系（图1.3.6）也称地心坐标系，它可与大地坐标系进行换算，是以地球的质心为原点 O。Z 轴指向北极，X 轴指向格林尼治子午面与地球赤道的交点，过 O 点与 XOZ 面垂直的轴线为 Y 轴，Y 轴正方向按右手法则确定。美国的全球定位系统（GPS）用的 WGS-84 坐标系及我国的 2000 国家大地坐标系（CGCS2000）都属空间直角坐标系。

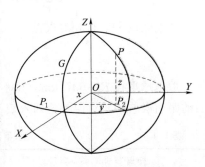

图 1.3.6　空间直角坐标系

如 WGS-84 地心坐标系可以与"1954 北京坐标系"或"1980 西安坐标系"等参心坐标系相互变换，其方法之一是：在测区内，利用至少 3 个以上公共点的两套坐标列出坐标变换方程，采用最小二乘原理解算出 7 个变换参数就可以得到变换方程。7 个变换参数是指 3 个平移参数、3 个旋转参数和 1 个尺度参数。具体详见有关文献。

1.4　地球曲率对测量工作的影响

当测区范围较小时，可用水平面代替大地水准面，直接把地面点沿铅垂线投影到平面上，以确定其位置。不过以水平面代替水准面有一定限制，只有投影后产生的距离和高差变形不超过测量和制图要求的限差时才可采用。本节就主要讨论用水平面代替水准面对距离、水平角和高程的影响。

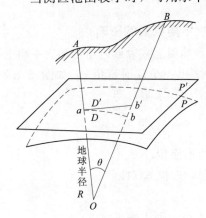

图 1.4.1　用水平面代替水准面的限度

1.4.1　地球曲率对距离测量的影响

如图 1.4.1 所示，在测区中部选一点 A，沿铅垂线到大地水准面 P 上为 a，过 a 作切平面 P'。B 为地上任意一点，其垂直投影到大地水准面和切平面上的点分别为 b、b'，地面上 A、B 两点投影到水准面上的弧长为 D，在水平面上的距离为 D'，A、B 两点所对应的圆心角为 θ，地球半径为 R。则

$$\left.\begin{array}{l} D=R\theta \\ D'=R\tan\theta \end{array}\right\} \tag{1.4.1}$$

以水平长度 D' 代替球面弧长 D 产生的误差为

$$\Delta D=D'-D=R(\tan\theta-\theta) \tag{1.4.2}$$

将 $\tan\theta$ 按级数展开，并略去高次项，得

$$\tan\theta=\theta+\frac{1}{3}\theta^3+\cdots \tag{1.4.3}$$

将式（1.4.3）代入式（1.4.2）并考虑式（1.4.1）得

$$\Delta D = R\left[\theta + \frac{\theta^3}{3} + \cdots - \theta\right] = R\frac{\theta^3}{3} = \frac{D^3}{3R^2} \tag{1.4.4}$$

两端除以 D，得相对误差

$$\frac{\Delta D}{D} = \frac{1}{3}\left(\frac{D}{R}\right)^2 \tag{1.4.5}$$

取地球半径 $R = 6371\text{km}$，用不同 D 值代入式（1.4.5），可计算出用水平面代替水准面的距离误差和相对误差，列入表 1.4.1 中。

表 1.4.1　　　　　　　　　　　水平面代替水准面对距离的影响

距离 D/km	距离误差 $\Delta D/\text{cm}$	相对误差 $\Delta D/D$
1	0.00	—
5	0.10	1/5000000
10	0.82	1/1217700
15	2.77	1/541516

由表 1.4.1 可见，当距离为 10km 时，以水平面代替曲面所产生的距离误差为 0.82cm，相对误差约为 1/120 万，这样小的误差，即使是精密量距也是允许的。因此，在以 10km 为半径的圆面积之内进行距离测量时，可以用切平面代替大地水准面，而不考虑地球曲率对距离的影响。

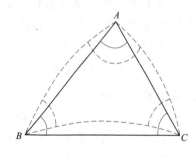

图 1.4.2　球面超角

1.4.2　地球曲率对水平角测量的影响

从球面三角可知，球面上多边形内角之和比平面上相应多边形内角之和多出一个球面超角 ε，如图 1.4.2 所示。其值可用多边形面积求得，即

$$\varepsilon = \frac{P}{R^2}\rho'' \tag{1.4.6}$$

式中　P——球面多边形面积；

　　　R——地球半径，取值 6371km；

　　　ρ''——206265″。

以不同球面多边形代入上式，可计算出球面超角的大小，列入表 1.4.2 中。

表 1.4.2　　　　　　　　　　　水平面代替水准面对角度的影响

球面面积 P/km^2	球面角超 $\varepsilon/('')$	球面面积 P/km^2	球面角超 $\varepsilon/('')$
10	0.05	100	1.51
50	0.25	500	2.54

计算结果表明，当测区范围在 100km² 时，用水平面代替水准面，对角度影响仅为 1.51″，在普通测量工作中可以忽略不计。

1.4.3　地球曲率对高程测量的影响

由图 1.4.1 可见，bb' 为水平面代替水准面对高程产生的误差，称为地球曲率对高程

的影响。令其为 Δh，有

$$(R+\Delta h)^2 = R^2 + D'^2$$

$$2R\Delta h + \Delta h^2 = D'^2$$

$$\Delta h = \frac{D'^2}{2R+\Delta h}$$

上式中，用 D 代替 D'，而 Δh 相对于 $2R$ 很小，可忽略不计，则

$$\Delta h = \frac{D^2}{2R} \qquad\qquad (1.4.7)$$

以不同距离 D 代入上式，则得高程误差，列入表 1.4.3 中。

表 1.4.3　　　　　　　　　　　**水平面代替水准面对高程的影响**

距离 D/m	10	50	100	200	500	1000
高程误差 Δh/mm	0.0	0.2	0.8	3.1	19.6	78.5

从表 1.4.3 中可见，水平面代替水准面时，200m 的距离对高程影响达 3.1mm。因此，地球曲率对高差的影响很大。在高程测量中，即使在很短的距离内也必须考虑地球曲率的影响。

综上所述，面积在 $100km^2$ 范围内，不论是进行水平距离或水平角测量，都可以不考虑地球曲率的影响。在精度要求较低的情况下，这个范围还可以相应扩大，但地球曲率对高程测量的影响是不能忽视的。

1.5　测量工作概述

1.5.1　测量的基本工作

凡是需要确定物体（静态或动态）三维空间位置的工作都需要依靠测量技术。对于面向建筑工程等土木工程的测量工作，归纳起来有两大类，即测定（又称测图）和测设（又称放样）。为了使测量工作有条不紊，保证测量结果的质量，测量工作必须遵循一定的原则和规范、规程。

点与点之间构成的几何元素有距离、角度和高差，这三个基本元素称为测量三要素。如图 1.5.1 所示，a、b、c 为地面点在水平面上的投影位置，确定这些点的位置不是直接在地面上定它们的坐标和高程，而是首先测定相邻点间的几何元素，距离 D_1、D_2、D_3，水平角 β_1、β_2、β_3 和

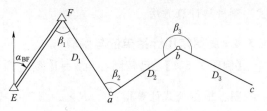

图 1.5.1　测量的三要素

高差 h_{Fa}、h_{ab}、h_{bc}。再根据已知点 E、F 的坐标及高程来推算 a、b、c 各点的坐标和高程。由此可见，距离、角度和高差是确定地面点位置的三个基本元素，而距离测量、角度测量和高程测量是测量的基本工作。

测量工作有外业和内业之分，在测区进行的实地勘察选点以及测定距离、角度和高程

的工作称为外业；根据野外测量成果，在室内进行整理、计算和绘图的工作，称为内业。

1.5.2   测量工作的原则

为了使测量工作有条不紊地进行，并保证测量成果的质量，实测时必须遵循一定的原则。测量工作应遵循以下两个原则：

(1) 布局上"由整体到局部"，次序上"先控制后碎部"，精度上"先高级后低级"。任何测绘工作都应先总体布置，然后再分阶段、分区、分期实施。在实施过程中要先布设平面和高程控制网，确定控制点平面坐标和高程，建立全国、全测区的统一坐标系。在此基础上再进行细部测绘和具体建（构）筑物的施工测量。只有这样，才能保证地形图具有统一的坐标系统和高程系统，使地形图可以分幅测绘，减少测量误差的积累，保证测量成果的质量。

(2) 测量与计算过程必须"步步检核"。对测绘工作的每一个过程、每一项成果都必须检核。在保证前期工作无误的条件下，方可进行后续工作，否则会造成后续工作难以实施，甚至全部返工。只有做到步步检核，才能使测绘成果合乎技术规范要求，保证测绘成果的可靠性。

1.5.3   控制测量的概念

为了测定控制点的坐标和高程所进行的测量工作称为控制测量。它包括平面控制测量和高程控制测量。控制测量是整个测量过程中的重要环节，起着控制全局的作用。对于任何一项测量任务，必须先进行整体性的控制测量，然后以控制点为基础进行局部或碎部测量。例如建（构）筑物的施工测量，首先建立施工控制网，进行符合精度要求的控制测量，然后在控制点上安置仪器进行建（构）筑物位置等的放样。

在我国广大的区域内，测绘部门已布设了高精度的国家平面控制网和国家高程控制网。国家基本的平面和高程控制按照精度的不同，分为一等、二等、三等、四等，由高级到低级逐级布设。

由于国家基本的平面和高程控制点的密度（如四等平面控制点的平均间距为4km）远不能满足地形测图测绘和工程建设的需要，因此，在国家基本控制点的基础上还需进行小区域的平面和高程控制测量。本书将在后续章节中详细讲述小区域控制测量的布网形式、测量与计算方法。

1.5.4   测量常用计量单位与换算

【例题1.5.1】 已知圆心角 $\alpha = 1'15''$，圆半径 $R = 150\text{m}$，试求弧长 l。

解：根据公式计算得：$l = R \cdot \alpha = 150\text{m} \times \dfrac{75''}{206265''} = 0.05454\text{m}$

【例题1.5.2】 已知圆半径 $R = 10.125\text{m}$，弧长 $l = 8.5\text{mm}$，试求圆心角 α。

解：根据公式计算得：$\alpha = \dfrac{l}{R} = \dfrac{8.5\text{mm}}{10125\text{mm}} \times 206265'' = 173.161''$

测量常用的角度单位制及换算关系见表1.5.1。面积等几种法定计量单位的换算关系以表格形式分别列出。

表 1.5.1　　　　　　　　　　　　**常用角度单位制及换算关系**

60 进制	弧度制
1 圆周＝360° 1°＝60′ 1′＝60″	1 圆周＝2π 弧度 1 弧度＝180°/π＝57.29577951° ＝$\rho°$ ＝3438＝ρ' ＝206265″＝ρ''

测量常用的长度单位制及换算关系见表 1.5.2。

表 1.5.2　　　　　　　　　　　　**常用长度单位制及换算关系**

公　制	英　制
1km＝1000m 1m＝10dm ＝100cm ＝1000mm	1 英里 (mile，简写 mi) 1 英尺 (foot，简写 ft) 1 英寸 (inch，简写 in) 1km＝0.6214mi＝3280.8ft 1m ＝3.2808ft＝39.37in

测量常用的面积单位制及换算关系见表 1.5.3。

表 1.5.3　　　　　　　　　　　　**常用面积单位制及换算关系**

公　制	市　制	英　制
1km²＝1×10⁶ m² 1m²＝1×10² dm² ＝1×10⁴ cm² ＝1×10⁶ mm²	1km²＝1500 亩 1m²＝0.0015 亩 1 亩＝666.6666667m² ＝0.06666667hm² ＝0.1647 英亩	1km²＝247.11 英亩 ＝100hm² 10000m²＝1hm² 1m²＝10.764ft² 1cm²＝0.1550in²

1.5.5　测量数据计算的凑整规则

测量数据在成果计算过程中，往往涉及凑整问题。为了避免凑整误差的积累而影响测量成果的精度，通常采用以下凑整规则：

（1）被舍去数值部分的首位大于 5，则保留数值最末位加 1。

（2）被舍去数值部分的首位小于 5，则保留数值最末位不变。

（3）被舍去数值部分的首位等于 5，则视 "5" 前数值的奇偶性而定，奇进偶不进。

综上原则，可表述为：大于 5 则进，小于 5 则舍，等于 5 视前一位数字而定，奇进偶不进。例如：下列数字凑整后保留 3 位小数时，3.1415 小数点后保留 3 位有效数字 3.142（"5" 前是 "1"，奇进），7.1425 小数点后保留 3 位有效数字 7.142（"5" 前是 "2"，偶不进）。

？思考题与练习题

1. 测绘在社会发展中有哪些作用？

2. 测量学研究的对象和任务是什么？

3. 熟悉和理解铅垂线、水准面、大地水准面、参考椭球面、法线的概念。

4. 绝对高程和相对高程的基准面是什么？何谓高差？

5. "1956年黄海高程系"使用的平均海水面与"1985国家高程基准"使用的平均海水面有何关系？

6. 表示地面点位的坐标系统有哪几种？各有什么用途？

7. 测量中所使用的平面坐标系与数学上使用的坐标系有何区别？为何这样规定？

8. 某省行政区域所处的概略经度范围是东经 $92°13'\sim108°46'$，试分别求其在统一6°投影带与统一3°投影带中的带号范围。

9. 我国领土内某点 P 的高斯平面坐标为：$x_P = 2497019.17\text{m}$，$y_P = 19710154.33\text{m}$，试说明 P 点所处的6°投影带和3°投影带的带号、各自的中央子午线经度，计算 P 点在6°带中央子午线的位置和距中央子午线的距离。

10. 天文经纬度的基准是大地水准面，大地经纬度的基准是参考椭球面。在大地原点处，大地水准面与参考椭球面相切，其天文经纬度分别等于其大地经纬度。"1954北京坐标系"的大地原点在哪里？"1980西安坐标系"的大地原点在哪里？

11. 用水平面代替水准面，对距离、水平角和高程有何影响？

12. 确定地面点位的三项基本测量工作是什么？

13. 测量工作的基本原则是什么？

14. 在半径 $R = 60\text{m}$ 的圆周上有一段150m长的圆弧，其所对应的圆心角为多少弧度？试用度分秒表示。

第 2 章

水准测量

📖 学习目标

　　本章学习水准测量原理、水准测量的施测方法及成果计算等。通过学习，了解自动安平水准仪、精密水准仪、电子水准仪以及微倾式水准仪的检验与校正；熟悉水准测量原理和微倾式水准仪、自动安平水准仪的构造与使用；熟悉水准测量误差来源及注意事项；掌握高程测量网形布设、外业观测和内业成果计算。

2.1　水准测量原理

　　测定地面点高程的工作，称为高程测量，它是测量的基本工作之一。高程测量按所使用的仪器和施测方法的不同，可以分为水准测量、三角高程测量、GPS 高程测量和气压高程测量。水准测量也称几何水准测量，是获得点位高程的常用测量手段，也是目前精度较高的一种高程测量方法，它广泛应用于国家高程控制测量、工程勘测和施工测量中，本章主要介绍水准测量。

2.1.1　水准测量原理

　　水准测量的基本原理是利用水准仪提供一条水平视线，读取垂直竖立于两点上的水准标尺的读数，以测定两点之间的高差，从而由已知点高程推算出未知点的高程。

　　如图 2.1.1 所示，在 A、B 两点竖立水准标尺 A 尺和 B 尺，在两尺之间安置一台水准仪，利用水准仪提供一条水平视线，设水平视线在 A、B 水准标尺上的读数分别为 a、b，则 A、B 两点之间的高差为

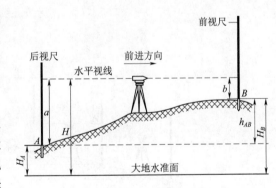

图 2.1.1　水准测量原理

$$h_{AB} = a - b \qquad (2.1.1)$$

2.1.2　计算高程的方法

　　设水准测量的前进方向为 $A \rightarrow B$，则称 A 点为后视点，其水准尺读数 a 为后视读数；称 B 点为前视点，其水准尺读数 b 为前视读数；两点间的高差等于后视读数－前视读数。如果后视读数大于前视读数，则 $h_{AB} > 0$，表示 B 点比 A 点高；若后视读数小于前视读

数，则 $h_{AB} < 0$，表示 B 点比 A 点低。

如果 A、B 两点相距不远，且高差不大，则安置一次水准仪，就可以测得 h_{AB}。此时 B 点高程为

$$H_B = H_A + h_{AB} \qquad (2.1.2)$$

B 点高程也可以用水准仪的视线高程 H 计算，即

$$\left. \begin{array}{l} H = H_A + a \\ H_B = H - b \end{array} \right\} \qquad (2.1.3)$$

当架设一次水准仪要测量出多个前视点 B_1，B_2，$\cdots$，B_n 的高程时，采用视线高程 H 计算就非常方便。设 B_1，B_2，$\cdots$，B_n 点水准尺上的读数分别为 b_1，b_2，$\cdots$，b_n，则高程计算公式为

$$\left. \begin{array}{l} H = H_A + a \\ H_{B_1} = H - b_1 \\ H_{B_2} = H - b_2 \\ \vdots \\ H_{B_n} = H - b_n \end{array} \right\} \qquad (2.1.4)$$

若 A、B 两点相距较远或高差较大，安置一次仪器无法测得其高差时，就需要在两点间增设若干个传递高程的临时立尺点，称为转点（简称 TP），如图 2.1.2 中的 TP_1，TP_2，$\cdots$，TP_{n-1} 点，依次连续设站观测，设测出的各站高差为

$$\left. \begin{array}{l} h_{A1} = h_1 = a_1 - b_1 \\ h_{12} = h_2 = a_2 - b_2 \\ \vdots \\ h_{(n-1)B} = h_n = a_n - b_n \end{array} \right\} \qquad (2.1.5)$$

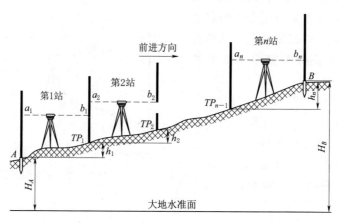

图 2.1.2　连续设站水准测量原理

则 A、B 两点间高差的计算公式为

$$h_{AB} = \sum_{i=1}^{n} h_i = \sum_{i=1}^{n} a_i - \sum_{i=1}^{n} b_i \qquad (2.1.6)$$

式（2.1.6）表明，A、B 两点间的高差等于各测站后视读数之和减去前视读数之和。

该式可用来检核高差计算的正确性。

2.2 水准测量的仪器与工具

水准测量所使用的仪器为水准仪，工具有水准尺、尺垫等。

水准仪按其精度可分为 $DS_{0.5}$、DS_1、DS_3 和 DS_{10} 等型号。其中 D、S 分别为"大地测量"和"水准仪"汉语拼音的第一个字母。数字 0.5、1、3、10 是指仪器的精度，即每千米往返测高差中数的偶然中误差（mm）。$DS_{0.5}$ 和 DS_1 水准仪称为精密水准仪，用于国家一等、二等水准测量；DS_3 和 DS_{10} 水准仪称为普通水准仪，常用于国家三等、四等水准测量或等外水准测量。工程建设中，使用较多的是 DS_3 水准仪。

2.2.1 水准仪的构造

根据水准测量的原理，水准仪的主要作用是提供一条水平视线，并能照准水准尺进行读数。水准仪主要由望远镜、水准器及基座三部分构成。图 2.2.1 所示是我国生产的 DS_3 型微倾式水准仪。

1. 望远镜

望远镜用于瞄准远处的水准尺进行读数，主要由物镜、透镜、十字丝分划板和目镜组成。物镜和目镜多采用复合透镜组，十字丝分划板上刻有两条互相垂直的长线，如图 2.2.2 中的 7，竖直的一条称竖丝，横向的称为中丝，是为了瞄准目标和读取读数用的。在中丝的上下还对称地刻有两条与中丝平行的短横线，称为上丝和下丝，用来测定水准仪与水准尺之间的距离，上下丝统称为视距丝，用视距丝测量获取的距离称为视距。十字丝分划板是由平板玻璃圆片制成的，平板玻璃片装在分划板座上，分划板座由止头螺丝固定在望远镜筒上。

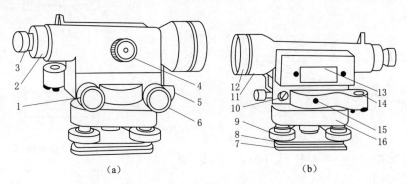

图 2.2.1 望远镜构造

1—微倾螺旋；2—分划板护罩；3—目镜；4—物镜对光螺旋；5—制动螺旋；
6—微动螺旋；7—底板；8—三角压板；9—脚螺旋；10—弹簧帽；11—望远镜；
12—物镜；13—管水准器；14—圆水准器；15—连接小螺丝；16—轴座

十字丝交点与物镜光心的连线，称为视准轴或视线，如图 2.2.2 中的 C-C 轴。水准测量是在视准轴水平时，用十字丝的中丝截取水准尺上的读数。

图 2.2.3 为望远镜成像原理图。目标 AB 经过物镜后形成一个倒立而缩小的实像 ab，

移动调焦凹透镜可使不同距离的目标均能成像在十字丝分划板上。再通过目镜，便可同时看清放大了的十字丝和目标影像 a_1b_1。

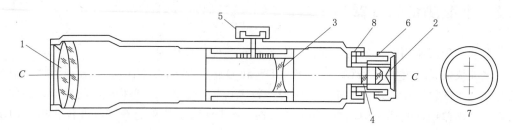

图 2.2.2　望远镜

1—物镜；2—目镜；3—调焦凹透镜；4—小十字丝分划板；5—物镜对光螺旋；

6—目镜对光螺旋；7—十字丝放大像；8—分划板座止头螺丝

　　从望远镜内看到的目标影像的视角与肉眼直接观察该目标的视角之比，称为望远镜的放大率。如图 2.2.3 所示，从望远镜内看到目标的像所对应视角为 β，用肉眼看目标所对应的视角可近似地认为是 α，故放大率 $V = \beta/\alpha$。DS$_3$ 型水准仪望远镜的放大率一般为 28。

　　2. 水准器

　　水准器是用来指示视准轴是否水平或竖轴是否竖直的装置，有管水准器和圆水准器两种。管水准器用来指示视准轴是否水平，圆水准器用来指示竖轴是否竖直。

　　（1）管水准器。管水准器又称水准管，是一纵向内壁磨成圆弧形（圆弧半径一般为 7～20mm）的玻璃管，管内装有酒精和乙醚的混合液，加热融封冷却后留有一个气泡，如图 2.2.4 所示，由于气泡较轻，故恒处于管内最高位置。

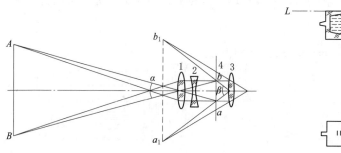

图 2.2.3　望远镜成像原理

1—物镜；2—对光凹透镜；3—目镜；4—十字丝平面

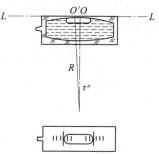

图 2.2.4　管水准器

　　水准管上一般刻有间隔为 2mm 的分划线，分划线的中点 O 称为水准管零点（图 2.2.4）。通过零点作水准管圆弧的纵向切线，称为水准管轴（图 2.2.4 中 $L-L$）。当水准管的气泡中点与水准管零点重合时，称为气泡居中，这时水准管轴 $L-L$ 处于水平位置。水准管圆弧 2mm（$O'O = 2mm$）所对的圆心角 τ''，称为水准管分划值。用公式表示为

$$\tau'' = \frac{2}{R} \cdot \rho'' \tag{2.2.1}$$

其中
$$\rho'' = 206265''$$

式中　R——水准管圆弧半径，mm。

式（2.2.1）说明圆弧的半径 R 越大，角值 τ 越小，则水准管灵敏度越高，仪器置平的精度也就越高，反之置平精度就越低。安装在 DS_3 水准仪上的水准管，其分划值不大于 $20''/2mm$。

微倾式水准仪在水准管的上方安装一组符合棱镜，如图 2.2.5（a）所示。通过符合棱镜的反射作用，使气泡两端的像反映在望远镜旁的符合气泡观察窗中。若气泡两端的半像吻合时，则表示气泡居中，如图 2.2.5（b）所示；若气泡的半像错开，则表示气泡不居中，如图 2.2.5（c）所示。这时，应转动微倾螺旋，使气泡的半像吻合。

管水准器一般安装在圆柱形上面开有窗口的金属管内，用石膏固定。一端用球形支点固定，另一端用 4 个校正螺丝将金属管连接在仪器上。用校正针拨动校正螺丝，可以使管水准器相对于球形支点做升降或左右移动，从而校正管水准器轴平行于望远镜的视准轴。

（2）圆水准器。如图 2.2.6 所示，圆水准器顶面的内壁是球面，其中有圆分划圈，圆圈的中心为水准器的零点。通过零点的球面法线为圆水准器轴。当圆水准器气泡居中时，圆水准器轴处于竖直位置。当气泡不居中时，气泡中心偏离零点时，轴线所倾斜的角值，称为圆水准器的分划值 τ''，一般为 $8'\sim10'$。由于它的精度较低，圆水准器的 τ'' 大于管水准器的 τ''，故只用于仪器的粗略整平。

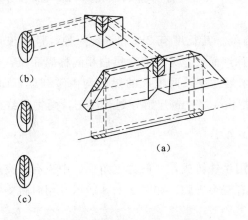

图 2.2.5　水准管的符合棱镜系统

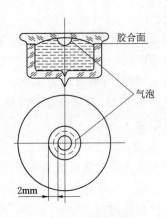

图 2.2.6　圆水准器

3. 基座

基座的作用是支承仪器的上部并通过中心螺旋与三脚架连接。它主要由轴座、脚螺旋、底板和三角压板构成，如图 2.2.1 所示。

2.2.2　水准尺和尺垫

1. 水准尺

水准尺是水准测量时使用的标尺，其质量好坏直接影响水准测量的精度。因此，水准尺须用不易变形且干燥的优质木材制成；要求尺长稳定，分划准确。常用的水准尺有塔尺、双面直尺和折尺（图 2.2.7）三种。

塔尺多用于等外水准测量，其长度有 2m 和 5m 两种，用两节或三节套接在一起。尺

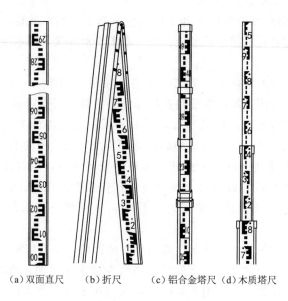

(a)双面直尺　　　(b)折尺　　　(c)铝合金塔尺 (d)木质塔尺

图 2.2.7　水准尺

的底部为零点，尺上黑白格相间，每格宽度为 1cm（有的为 0.5cm），每一米和分米处均有注记。

双面水准尺多用于三等、四等水准测量。其长度有 2m 和 3m 两种，且两根尺为一对。尺的两面均有刻划，一面为红白相间称红面尺，另一面为黑白相间称黑面尺（也称主分划尺），两面的刻划均为 1cm，并在分米处注字。两根尺的黑面均由零开始；而红面，一把尺由 4.687m 开始分划和注记，另一把由 4.787m 开始分划和注记，两把尺红面注记的零点差为 0.1m。

2. 尺垫

尺垫是在转点处放置水准尺用的。它用生铁铸成，一般为三角形，中央有一突起的半球体，突起的半球顶点竖立水准尺。下方有三个支脚，如图 2.2.8 所示。用时将支脚踩入土中，以固稳防沉。

2.2.3　水准仪的使用

水准仪的使用包括仪器的安置、粗略整平、瞄准水准尺、精平和读数等操作步骤。

（1）安置水准仪。打开三脚架并使其高度适中，目测使架头大致水平，检查脚架腿是否安置稳固，脚架伸缩螺旋是否拧紧，然后打开仪器箱取出水准仪，置于三脚架头上。用连接螺旋将仪器牢固地连接在三脚架头上。

（2）粗略整平。粗略整平是借助圆准器的气泡居中，使仪器竖轴大致铅直，从而使视准轴粗略水平。如图 2.2.9（a）所示，气泡未居中而位于 a 处，则先按图上箭头所指的方向用两手相对转动脚螺旋①和②，使气泡移到 b 的位置，如图 2.2.9（b）所示，再转动脚螺旋③，即可使气泡居中。在整平的过程中，气泡的移动方向与左手大拇指运动的方向为：左手旋转脚螺旋时，左手大拇指移动方向即为水准气泡移动方向；右手移动脚螺旋时，右手食指移动方向为水准气泡移动方向。

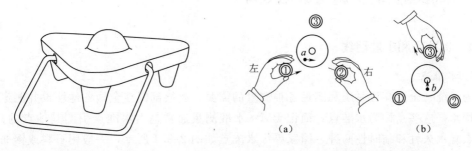

图 2.2.8 尺垫   图 2.2.9 圆水准器整平方法

（3）瞄准水准尺。首先进行目镜对光，即把望远镜对着明亮的背景，转动目镜对光螺旋，使十字丝清晰。再松开制动螺旋，转动望远镜，用望远镜筒上的照门和准星瞄准水准尺，拧紧制动螺旋。然后从望远镜中观察，转动物镜对光螺旋进行对光，使目标清晰，再转动微动螺旋，使竖丝对准水准尺。

当眼睛在目镜端上下微微移动时，若发现十字丝与目标像有相对运动，如图 2.2.10（b）所示，这种现象称为视差。产生视差的原因是目标成像的平面与十字丝平面不重合。由于视差的存在会影响到读数的正确性，必须加以消除。消除的方法是：旋转目镜调焦螺旋，使十字丝非常清晰；旋转物镜对光螺旋，使成像清晰，交替调节螺旋，直到眼睛上下移动，读数不变为止。此时，从目镜端见到十字丝与目标的像都十分清晰，如图 2.2.10（a）所示。

（4）精平与读数。眼睛通过位于目镜左方的符合气泡观察窗看水准管气泡，右手转动微倾螺旋，使气泡两端的像吻合，即表示水准仪的视准轴已精确水平。这时，即可用十字丝的中丝在尺上读数。先估读毫米数，然后全部读数，如图 2.2.11 读数分别为 1608mm 和 6295mm。

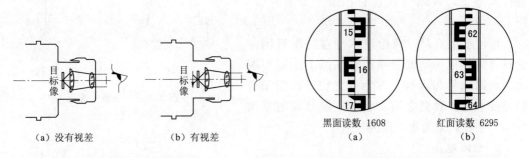

（a）没有视差   （b）有视差   黑面读数 1608   红面读数 6295
                                                （a）   （b）

图 2.2.10 视差产生原因   图 2.2.11 水准尺读数示例（单位：mm）

精平和读数虽是两项不同的操作步骤，但在水准测量的实施过程中，两项操作却被视为一个整体。即精平后再读数，读数后还要检查水准管气泡是否完全符合。只有这样，才能获得准确的读数。

2.3 水准测量的实施与数据处理

2.3.1 水准点和水准路线

1. 水准点

为了统一全国高程系统和满足各种测量的需要，测绘部门在全国各地埋设并测定了很多高程点，这些点称为水准点，简记 BM。水准测量通常是由水准点引测其他点的高程。水准点有永久性和临时性两种。国家等级水准点如图 2.3.1 所示，一般用石料或钢筋混凝土制成，深埋到地面冻结线以下。在标石的顶面设有用不锈钢或其他不易锈蚀的材料制成的半球状标志。有些水准点也可设置在稳定的墙脚上，称为墙上水准点，如图 2.3.2 所示。

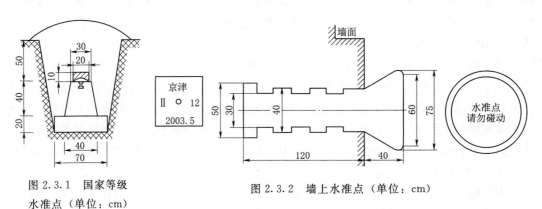

图 2.3.1 国家等级
水准点（单位：cm）

图 2.3.2 墙上水准点（单位：cm）

工地上的永久性水准点一般用混凝土或钢筋混凝土制成，其式样如图 2.3.3 （a）所示。临时性的水准点可用地面上突出的坚硬岩石或用大木桩打入地下，桩顶钉以铁钉，如图 2.3.3 （b）所示。

埋设水准点后，应绘出水准点与附近固定建筑物或其他地物的关系图，在图上还要写明水准点的编号和高程，称为点之记，以便于日后寻找水准点位置之用。水准点编号前通常加"BM"字样，作为水准点的代号。

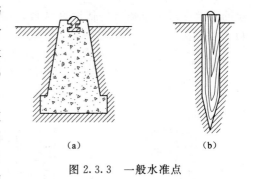

（a）　　　　　　（b）

图 2.3.3 一般水准点

2. 水准路线

在水准点之间进行水准测量所经过的路线，称为水准路线。按照已知高程水准点的分布情况和实际需要，水准路线一般布设为附合水准路线、闭合水准路线和支水准路线，如图 2.3.4 所示。

（1）附合水准路线。如图 2.3.4 （a）所示，它是从一个已知高程的水准点 BM_1 出

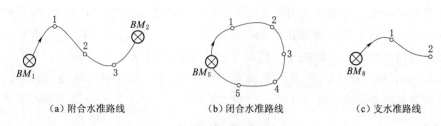

(a) 附合水准路线　　　　　(b) 闭合水准路线　　　　　(c) 支水准路线

图 2.3.4　水准路线

发，沿各高程待定点 1、2、3 进行水准测量，最后附合到另一个已知高程的水准点 BM_2 上，各站所测高差之和的理论值应等于两已知水准点的高程之差，即

$$\sum h_{理论} = H_{BM_2} - H_{BM_1} \qquad (2.3.1)$$

（2）闭合水准路线。如图 2.3.4（b）所示，它是从一个已知高程的水准点 BM_5 出发，沿各高程待定点 1、2、3、4、5 进行水准测量，最后返回到原水准点 BM_5 上，各站所测高差之和的理论值应等于 0，即

$$\sum h_{理论} = 0 \qquad (2.3.2)$$

（3）支水准路线。如图 2.3.4（c）所示，它是从一个已知高程的水准点 BM_8 出发，沿各高程待定点 1、2 进行水准测量。支水准路线应进行往返观测，理论上，往测高差总和与返测高差总和应大小相等，符号相反，即

$$\sum h_{往} + \sum h_{反} = 0 \qquad (2.3.3)$$

式（2.3.1）、式（2.3.2）和式（2.3.3）分别可以作为附合水准路线、闭合水准路线和支水准路线观测正确性的检核。

2.3.2　水准测量的实施

如图 2.3.5 所示，当欲测的高程点离水准点较远或高差较大时，需要连续多次安置仪器以测出两点的高差。已知 BM_A 点的高程为 1037.354m、欲测定 BM_B 的高程。首先将水准仪安置在 BM_A 和 TP_1 点约等距离的测站 I 上，水准仪经粗平、瞄准、精平后对 BM_A 尺

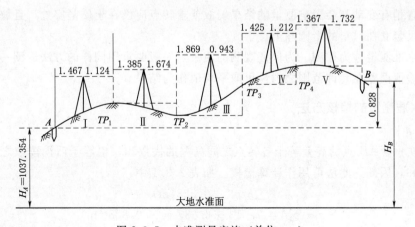

图 2.3.5　水准测量实施（单位：m）

的后视读数为 1.467m，转动望远镜瞄准 TP_1 尺，精平后读 TP_1 尺的前视读数为 1.124m，将后视读数和前视读数分别记入表 2.3.1 中，BM_A 和 TP_1 的高差为 +0.343m，填入高差栏中。水准仪由测站 Ⅰ 搬到测站 Ⅱ，BM_A 上水准尺搬到 TP_2 上，TP_1 上的水准尺尺垫不动，将尺面转向水准仪。和测站 Ⅰ 一样在 TP_1 上读得后视读数为 1.385m，TP_2 上的前视读数为 1.674m，则 TP_1 和 TP_2 之间的高差为 -0.289m。依次测出各段的高差，将所有的前、后读数和高差填入表 2.3.1。

表 2.3.1　　　　　　　　　　　水 准 测 量 手 簿

日　期＿＿＿＿＿＿＿＿　　仪　器＿＿＿＿＿＿＿＿　　观　测＿＿＿＿＿＿＿＿

天　气＿＿＿＿＿＿＿＿　　地　点＿＿＿＿＿＿＿＿　　记　录＿＿＿＿＿＿＿＿

测点		水准尺读数		高差 h/m		高程 H/m	备注
		后视（a）	前视（b）	＋	－		
BM_A		1.467				1037.354	
				0.343			
TP_1		1.385	1.124			1037.697	
					0.289		
TP_2		1.869	1.674			1037.408	
				0.926			
TP_3		1.425	0.943			1038.334	
				0.213			
TP_4		1.367	1.212			1038.547	
					0.365		
B			1.732			1038.182	
计算校核	Σ	7.513	6.685				
	$\sum a - \sum b = +0.828$			$\sum h = +0.828$			

按 $\sum a - \sum b = \sum h$，检查 BM_A、BM_B 之间的高差计算有无错误。最后按已知 BM_A 的高程计算 BM_B 的高程 H_B 为

$$H_B = 1037.354 + 0.828 = 1038.182(\text{m})$$

从水准测量的观测全过程中可以看出，在已知高程点 BM_A 和未知高程点 BM_B 上只观测一个后视读数和一个前视读数。而在 TP_1、TP_2、TP_3 上各点既有前视读数，又有后视读数，即为转点，通过转点把 BM_A 的高程传递到 BM_B 上，因此在测量过程中任何一个转点的位置稍有变动都会影响测量的结果。故要求转点应设在土质坚实处，且放置尺垫踩实，水准尺竖立在尺垫的半圆球上。

上述水准测量称为往测。为保证观测的质量，一般要求用同样的方法返测一次，两次观测的高差值误差在允许范围之内，可取平均值作为结果。

2.3.3　水准测量的检核方法

1. 计算检核

参照实例，AB 点的高差等于各转点之间高差的代数和，也等于后视读数之和减去前视读数之和，因此，此法可用作计算检核。如表 2.3.1 中：

$$\sum h = +0.828(\text{m})$$
$$\sum a - \sum b = 7.513 - 6.685 = +0.828(\text{m})$$

终点 B 的高程 H_B 减去 A 点的高程 H_A，也应等于 $\sum h$，即

$$1038.182-1037.354 = +0.828(m)$$

这说明高差计算和高程的计算是正确的。

计算检核只能检查计算是否正确，并不能检核观测和记录时是否产生错误。

2. 测站检核

（1）变动仪器高法。变动仪器高法是在同一个测站上用两次不同的仪器高度，测得两次高差以相互比较进行检核。即测得第一次高差后，改变仪器高度（应大于 10cm）重新安置，再测一次高差。两次所测高差之差不超过容许值（例如等外水准容许值为 5mm），则认为符合要求，取其平均值作为最后结果，否则须重测。表 2.3.2 给出了某附合水准路线双仪高法记录格式，表中括号内数值为两次高差之差。

表 2.3.2　　　　　　　　　水准测量记录（两次仪器高法）

测站	点号	水准尺读数/mm		高差 /m	平均高差 /m	高程 /m	备注
		后视	前视				
1	BM_A	1134				13.428	
		1011					
	TP_1		1677	−0.543	(0.000)		
			1554	−0.543	−0.543		
2	TP_1	1444					
		1624					
	TP_2		1324	+0.120	(+0.004)		
			1508	+0.116	+0.118		
3	TP_2	1822					
		1710					
	TP_3		0876	+0.946	(0.000)		
			0764	+0.946	+0.946		
4	TP_3	1820					
		1923					
	TP_4		1435	+0.385	(+0.002)		
			1540	+0.383	+0.384		
5	TP_5	1422					
		1604					
	BM_D		1308	+0.114	(+0.002)		
			1488	+0.116	+0.115	(14.448)	
检核计算	Σ	15.514	13.474	2.040	1.020		

（2）双面尺法。双面尺法是仪器的高度不变，而立在前视点和后视点上的水准尺分别用黑面和红面各进行一次读数，测得两次高差，相互进行检核。若同一水准尺红面与黑面读数（加常数后）之差不超过 3mm，且两次高差之差又未超过 5mm，则取其平均值作为该测站观测高差。否则，需要检查原因，重新观测。具体详见三等、四等水准测量方法。

2.3.4 水准测量的成果整理

水准测量外业工作结束后，应按水准路线的形式进行成果整理，计算水准路线的高差闭合差，进行高差闭合差的分配，最后计算各点的高程。以上工作，称为水准测量的内业工作。

1. 计算高差闭合差

在水准测量中由于测量误差的影响，水准路线的实测高差与理论值不符，其差值称为高差闭合差，用 f_h 表示。高差闭合差的计算随水准路线形式的不同而不同。

（1）闭合水准路线。闭合水准路线的高差闭合差理论值应为 0，即 $\sum h_{理} = 0$，由于存在测量误差，闭合水准路线的实测高差总和 $\sum h_{测}$ 不等于 0，其闭合差为

$$f_h = \sum h_{测} \tag{2.3.4}$$

（2）附合水准路线。附合水准路线的终、起点高程 $H_{终}$、$H_{起}$ 之差即为高差理论值，即

$$\sum h_{理} = H_{终} - H_{起} \tag{2.3.5}$$

附合水准路线实测高差的总和 $\sum h_{测}$ 与理论高差之差，即是附合水准路线的高差闭合差，其值为

$$f_h = \sum h_{测} - \sum h_{理} = \sum h_{测} - (H_{终} - H_{起}) \tag{2.3.6}$$

（3）支水准路线。支水准路线一般均需要往、返测。其往、返测得的高差代数和在理论上应等于零。实际由于测量误差的存在，往、返测量的高差代数和并不等于 0，其闭合差为

$$f_h = \sum h_{往} - \sum h_{返} \tag{2.3.7}$$

当闭合差在容许误差的范围之内时，认为精度合格，成果可用；否则，应查明原因进行重测，直到符合要求为止。受仪器精度和观测者分辨能力的限制及外界环境的影响，观测数据中不可避免地含有一定误差，高差闭合差 f_h 就是水准测量观测误差的综合反映。而水准测量的误差是在研究了误差产生的规律和总结实践经验的基础上提出来的。《工程测量规范》（GB 50026—2007）规定：图根水准测量路线高差闭合差的容许值分别为

$$平坦地区 \quad f_{h容} = \pm 40\sqrt{L} \ (\text{mm}) \tag{2.3.8}$$

$$山岭地区 \quad f_{h容} = \pm 12\sqrt{n} \ (\text{mm}) \tag{2.3.9}$$

式中　$f_{h容}$——容许闭合差，mm；

　　　L——水准路线长度，km。

2. 分配高差闭合差

当 $|f_h| < |f_{h容}|$ 时，说明水准测量的成果合格，可进行高差闭合差的分配。对于闭

合和附合水准路线按与测段长度 L 或测站数 n 成正比的关系，将高差闭合差反号分配到各段高差上，使改正后的高差之和满足理论值。

设某两点间的高差观测值为 h_i，路线长为 l_i（或测站数为 n_i），则其高差改正数 v_i 的计算公式为

$$v_i = \frac{-l_i}{L} f_h \text{（或 } v_i = \frac{-n_i}{n} f_h\text{）} \tag{2.3.10}$$

改正数应凑整至毫米，余数强制分配到长测段中。

改正后的高差为

$$\hat{h}_i = h_i + v_i \tag{2.3.11}$$

对于支水准路线，则用 $\hat{h} = \frac{1}{2}(\sum h_{往} - \sum h_{返})$ 计算高差。

3. 计算各点的高程

用改正后的高差，计算各待定点的高程。

【**例 2.3.1**】　如图 2.3.6 所示，A、B 为山地两个水准点。$H_A = 66.345\text{m}$，$H_B = 69.039\text{m}$。各测段的高差观测值见表 2.3.3，计算点 1、2、3 的高程。

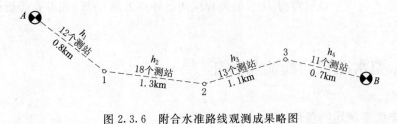

图 2.3.6　附合水准路线观测成果略图

解：（1）高差闭合差的计算。

$$f_h = \sum h_{测} - \sum h_{理} = 2.741 - (69.039 - 66.345) = +0.047(\text{m})$$

因为山地，故

$$f_{h容} = \pm 12\sqrt{54} = \pm 88(\text{mm})$$

$|f_h| < |f_{h容}|$，其精度符合要求。

（2）闭合差的调整。在同一条水准路线上，假设观测条件是相同的，可认为各站产生的误差机会是相同的，故闭合差的调整应按与测站数（或距离）成正比例反号的原则进行。本测段中，测站总数 $n = 54$，故每一站高差改正数为

$$v_i = \frac{-n_i}{n} f_h = \frac{-47}{54} n_i(\text{mm})$$

各测段的改正数，按测站数计算，分别列入表 2.3.2 中的第 6 列内。改正数总和的绝对值应与闭合差的绝对值相等。第 5 列中的各实测高差分别加改正数后，便得到改正后的高差，列入第 7 列。最后求得改正后的高差代数和，其值应与 A、B 两点的高差相等；否则，说明计算有误。

表 2.3.3   水准测量成果计算表

测段编号	点 名	距离/km	测站数	实测高差/m	改正数/m	改正后的高差/m	高程/m	备注
1	2	3	4	5	6	7	8	9
1	A	0.8	12	+2.785	-0.010	+2.775	66.345	
2	1	1.3	18	-4.369	-0.016	-4.385	59.120	
3	2	1.1	13	+1.980	-0.011	+1.969	54.735	
4	3	0.7	11	+2.345	-0.010	+2.335	56.704	
	B						69.039	
Σ		3.9	54	+2.741	-0.047	+2.694		
辅助计算		$f_h = +47(\text{mm})$			$f_{h容} = \pm 12\sqrt{54} = \pm 88(\text{mm})$			

（3）高程的计算。根据检核过的改正后高差，由起始点 A 开始，逐点推算出各点的高程，列入第 8 列中。最后算得 B 点的高程应与已知点的高程 H_B 相等，否则说明高程计算有误。

2.4 DS₃ 型水准仪的检验与校正

2.4.1 水准仪应满足的条件

根据水准测量原理，水准仪必须提供一条水平视线才能正确地测出两点间的高差。如图 2.4.1 所示，水准仪应满足的条件是：

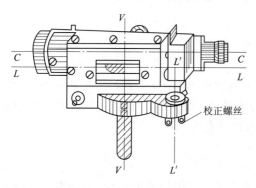

图 2.4.1 水准仪的轴线

（1）圆水准器轴 $L'L'$ 应平行于仪器的竖轴 VV。

（2）十字丝的中丝（横丝）应垂直于仪器的竖轴 VV。

（3）水准管轴 LL 应平行于视准轴 CC。

2.4.2 检验与校正

上述水准仪应满足的各项条件，在仪器出厂时已经过检验与校正而得到满足，但由于仪器在长期使用和运输过程中受到震动和碰撞等原因，使各轴线之间的关系发生变化，若不及时检验校正，将会影响测量成果的质量。所以，在水准测量之前，应对水准仪进行认真的检验和校正。检校的内容有以下三项。

1. 圆水准器轴平行于仪器竖轴的检验校正

（1）检验。如图 2.4.2（a）所示，用脚螺旋使圆水准器气泡居中，此时圆水准轴 $L'L'$ 处于竖直位置。如果仪器竖轴 VV 与 $L'L'$ 不平行，且交角为 α，那么竖轴 VV 与竖直位置便偏差 α 角。将仪器绕竖轴旋转180°[图 2.4.2（b）]，圆水准器转到竖轴的左侧，$L'L'$ 不但不竖直，而且与竖直线 ll 的交角为 2α，显然气泡不再居中，而离开零点的弧长所对的圆心角为 2α。这说明圆水准器轴 $L'L'$ 不平行于竖轴 VV，需要校正。

（2）校正。如图 2.4.2（b）所示，通

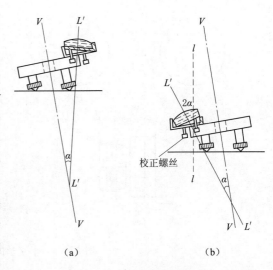

图 2.4.2　圆水准器的检验

过检验证明了 $L'L'$ 不平行于 VV。则应调整圆水准器下面的三个校正螺丝，圆水准器校正结构如图 2.4.3 所示，校正前应先稍松中间的固紧螺丝，然后调整三个校正螺丝，使气泡向居中位置移动偏离量的一半，如图 2.4.4（a）所示。这时，圆水准器轴 $L'L'$ 与 VV 平行。然后再用脚螺旋整平，使圆水准器气泡居中，竖轴 VV 则处于竖直状态，如图 2.4.4（b）所示。校正工作一般都难于一次完成，需反复进行直到仪器旋转到任何位置圆水准器气泡皆居中时为止，最后再拧紧固紧螺丝。

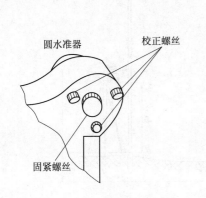

图 2.4.3　圆水准器校正螺丝

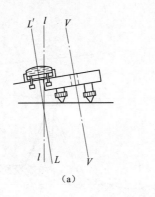

图 2.4.4　水准器校正

2. 十字丝横丝垂直于仪器竖轴的检验与校正

（1）检验。安置仪器后，先将横丝一端对准一个明显的点目标 P，如图 2.4.5（a）所示。然后固定制动螺旋，转动微动螺旋，如果标志点 P 不离开横丝，如图 2.4.5（b）所示，则说明横丝垂直竖轴，不需要校正；否则，如图 2.4.5（c）和图 2.4.5（d）所示，则需要校正。

（2）校正。校正方法因十字丝分划板座装置的形式不同而异。对于图 2.4.5（e）形式，用螺丝刀松开分划板座固定螺丝，转动分划板座，改正偏离量的一半，即满足条件。

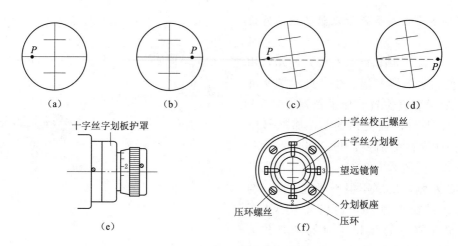

图 2.4.5　十字丝的检验与校正

也可以卸下目镜处的外罩，用螺丝刀松开分划板座的固定螺丝，拨正分划板座［图 2.4.5 (f)］。

3. 视准轴平行于水准管轴的检验校正

如果管水准器在竖直面内不平行于视准轴，说明两轴存在一个夹角 i。当管水准气泡居中时，管水准轴水平，而视准轴相对于水平视线则倾斜了 i 角。

(1) 检验。如图 2.4.6 所示，在 C 处安置水准仪，从仪器向两侧各量约 40m，定出等距离的 A、B 两点，打木桩或放置尺垫标志。

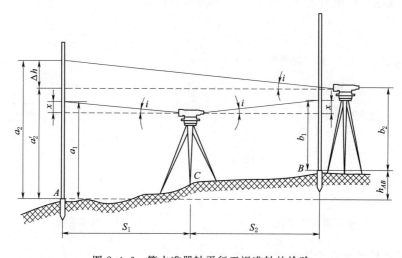

图 2.4.6　管水准器轴平行于视准轴的检验

1) 在 C 处用变动仪高（或双面尺）法，测出 A、B 两点的高差。若两次测得的高差之差不超过 3mm，则取其平均值 h_{AB} 作为最后结果。由于前后视距相等即 $S_1 \approx S_2$，所以 i 角引起的前后视尺的读数误差 x 相等，其值可以在高差计算中抵消，故 h_{AB} 值此时不受视准轴误差的影响。

2) 安置仪器距于 B 点附近的 2～3m 处，测量 A、B 两点的高差，设前后视尺的读

数分别为 a_2、b_2，由此计算出的高差为 $h'_{AB}=a_2-b_2$，两次设站观测的高差之差为 $\Delta h=h'_{AB}-h_{AB}$。由图 2.4.6 可得到 i 角的计算公式为

$$i=\frac{\Delta h}{S}\cdot\rho \qquad (2.4.1)$$

式中：$\rho=206265''$ 对于 DS$_3$ 型水准仪，i 值不得大于 $20''$，若超限，则需要校正。

（2）校正。转动微倾螺旋使中丝对准 A 点尺上正确读数 a_2，此时视准轴处于水平位置，但管水准气泡必然偏离中心。为了使水准管轴处于水平位置，达到视准轴平行水准管轴的目的，可用拨针拨动水准管一端的上、下两个校正螺丝（图 2.4.7），使气泡的两个半像符合。在松紧上、下两个校正螺丝前，应稍旋松左、右两边上面螺丝，校正完毕再转紧。

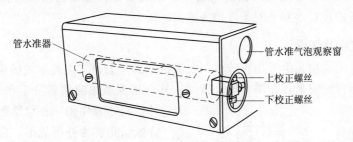

图 2.4.7　管水准器的校正

这项检验校正要反复进行，直至 i 角小于 $20''$ 为止。

2.5　自动安平水准仪

自动安平水准仪无符合水准器和微倾螺旋，只使用圆水准器进行粗略整平，然后借助安平补偿器自动地把视准轴置平，读出视线水平时的读数。较之微倾式水准仪，自动安平水准仪具有观测速度快、精度高的优点，已广泛应用于各等级的水准测量中。

2.5.1　自动安平水准仪的工作原理

如图 2.5.1（a）所示，当望远镜视准轴倾斜了一个小角 α 时，由水准尺上的点 a_0 过物镜光心 O 所形成的水平线，不再通过十字丝中心 Z，而在离 Z 为 l 的点 A 处，显然有

$$l=f\alpha \qquad (2.5.1)$$

式中　f——物镜的等效焦距；

　　　α——视准轴倾斜的小角。

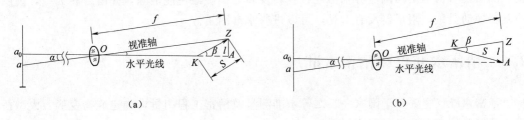

（a）　　　　　　　　　　　　　　　　　（b）

图 2.5.1　自动安平原理

在图 2.5.1（a）中，若在距十字丝分划板 S 处，安装一个补偿器 K，使水平光线偏转 β 角，以通过十字丝中心 Z，则

$$l = S\beta \tag{2.5.2}$$

故有

$$f\alpha = S\beta \tag{2.5.3}$$

这就是说，式（2.5.3）的条件若能得到保证，虽然视准轴有微小的倾斜，但使十字丝中心 Z 仍能读出视线水平时的读数 a_0，从而达到自动补偿的目的。还有另一种补偿如图 2.5.1（b）所示，借助补偿器 K 将 Z 移至 A 处，这时视准轴所截取尺上的读数仍为 a_0。这种补偿器是将十字丝分划板悬吊起来，借助重力，在仪器微倾的情况下，十字丝分划板回到原来的位置，安平的条件仍为式（2.5.3）。

2.5.2 自动安平补偿器

常用补偿器的结构是由采用特殊材料制成的金属丝悬吊二组光学棱镜组成的，它利用重力原理来进行视线安平，如图 2.5.2 所示。只有当视准轴的倾斜角 α 在一定范围内时，

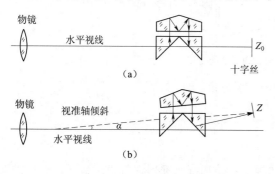

图 2.5.2 视线安平原理

补偿器才起作用，补偿器起作用的最大容许倾斜角称为补偿范围。自动安平水准仪的补偿范围一般为 $\pm 8' \sim \pm 11'$，其圆水准器的分划值一般为 $8'/2\text{mm}$，因此操作自动安平水准仪时只要旋转脚螺旋，将圆水准气泡居中，补偿器就能起作用。由于补偿器相当于一个重摆，因此开始时会有些晃动（表现为十字丝相对于水准尺像的晃动），$1 \sim 2\text{s}$ 后即趋于稳定，即可在水准尺上进行读数。

2.5.3 自动安平水准仪的使用

自动安平水准仪的操作方法和一般水准仪的操作方法一样，当自动安平水准仪经过圆水准器的粗平后，观测者在望远镜内观察警告指示窗是否全部呈绿色，若没有全部呈绿色，不能对水准尺读数，必须再调整圆水准器，直到警告指示窗全部呈绿色后，即视线在补偿器范围内，方可进行测量。

自动安平水准仪若长期未使用，则在使用前应检查补偿器是否失灵，可以转动脚螺旋，如果警告指示窗两端能分别出现红色，反转脚螺旋红色能消除，并由红转为绿，说明补偿器摆动灵敏，阻尼器没有卡死，可以进行水准测量。

2.6 精密水准仪和精密水准尺

精密水准仪主要用于国家一、二等水准测量及精密工程测量，如建筑物变形、大型桥梁工程以及精密安装工程等测量工作。

精密水准仪类型很多，我国目前常用的 S_{05} 型（如威特 N3、蔡司 Ni004）和 S_1 型（如

蔡 Ni007、国产 DS₁）水准仪均属于精密水准仪。其构造与 DS₃ 水准仪基本相同，但结构更精密，性能更稳定。

2.6.1 精密水准仪特点

与 DS₃ 普通水准仪比较，精密水准仪的特点是：

（1）望远镜的放大倍数大，分辨率高，规范要求：DS₁ 不小于 38 倍，DS₀₅ 不小于 40 倍。

（2）管水准器分划值为 $10''/2mm$，精平精度高。

（3）望远镜的物镜有效孔径大，亮度好。

（4）望远镜外表材料一般采用铟瓦合金钢，以减小环境温度变化的影响。

（5）采用平板玻璃测微器读数，读数误差小。

（6）配备精密水准尺。

2.6.2 精密水准尺

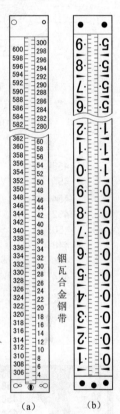

图 2.6.1　精密水准尺

精密水准尺是在木质尺身的凹槽内引张一根铟瓦合金钢带，其中零点端固定在尺身上，另一端用弹簧以一定的拉力将其引张在尺身上，以使铟瓦合金钢带不受尺身伸缩变形的影响。长度分划在铟瓦合金钢带上，数字注记在木质尺身上，精密水准尺的分划值有 1cm 和 0.5cm 两种。图 2.6.1（a）所示为徕卡公司生产的与新 N3 精密水准仪配套的精密水准尺。因为新 N3 的望远镜为正像望远镜，所以，水准尺上的注记也是正立的。水准尺全长约 3.2m，在铟瓦合金钢带上刻有两排分划，右边一排分划为基本分划，数字注记从 0 到 300cm，左边一排分划为辅助分划，数字注记从 300cm 到 600cm，基本分划与辅助分划的零点相差一个常数 301.55cm（称为基辅差或尺常数）。水准测量作业时，用以检查读数是否存在粗差。

图 2.6.1（b）所示为蔡司公司生产的与 Ni004 精密水准仪配套的精密水准尺，国产 DS 精密水准仪也使用这种水准尺。Ni004 的望远镜为倒像望远镜，故水准尺上的注记是倒立的。水准尺的分划值为 0.5cm，只有基本分划而无辅助分划，左边一排分划为奇数值，右边一排分划为偶数值；右边注记为米数，左边注记为分米数；小三角形表示半分米数，长三角形表示分米起始线。由于将 0.5cm 分划的间隔注记为 1cm，所以，尺面注记值为实际长度的 2 倍，故用此水准尺观测的高差须除以 2 才等于实际高差值。其读数原理与 N3 相同。

2.6.3 精密水准仪及其读数原理

图 2.6.2 所示是徕卡 N3 微倾式精密水准仪，各部件的名称见图中注记，仪器每千米往返测高差中数的中误差为 ±0.3mm。为了提高读数精度，仪器设有平板玻璃测微器，N3 的平板玻璃测微器的结构如图 2.6.3 所示。它由平板玻璃、测微尺、传动杆和测微螺旋等构件组成。平板玻璃安装在物镜前，它与测微尺之间甩带有齿条的传动杆连接，当旋

转测微螺旋时，传动杆带动平板玻璃绕其旋转轴做俯仰倾斜。视线经过倾斜的平板玻璃时，产生上下平行移动，可以使原来并不对准尺上某一分划的视线能够精确对准某一分划，从而读到一个整分划读数（图2.6.4中的148cm分划），而视线在尺上的平行移动量则由测微尺记录下来，测微尺的读数通过光路成像在测微尺读数窗内。

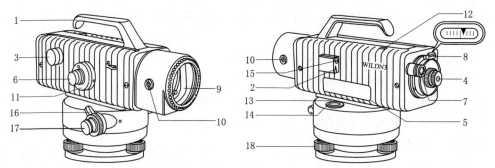

图 2.6.2　徕卡 N3 微倾式精密水准仪

1—手柄；2—光学粗瞄器；3—物镜调焦螺旋；4—目镜；5—管水准器照明窗口；6—微倾螺旋；
7—管水准气泡与微倾尺观察窗；8—微倾螺旋行程指示器；9—平板玻璃；10—平板玻璃旋转轴；
11—平板玻璃测微螺旋；12—平板玻璃测微器照明窗；13—圆水准器；14—圆水准器校正螺丝；
15—圆水准器观察装置；16—制动螺旋；17—微动螺旋；18—脚螺旋

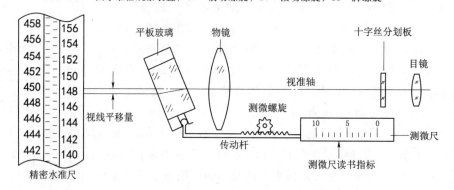

图 2.6.3　N3 的平板玻璃测微器结构

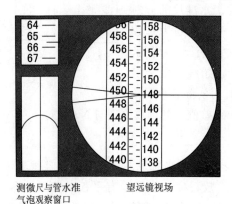

图 2.6.4　N3 的望远镜视场

旋转 N3 的平板玻璃，可以产生的最大视线平移量为 10mm，它对应测微尺上的 100 个分格，因此，测微尺上 1 个分格等于 0.1mm，如在测微尺上估读到 0.1 分格，则可以估读到 0.01mm。将标尺上的读数加上测微尺上的读数，就等于标尺的实际读数。如图 2.6.4 所示的读数为 148cm＋0.655cm＝148.655cm＝1.48655m。

图 2.6.5 所示是苏州一光仪器公司生产的 DSZ2 自动安平精密水准仪，各部件的名称见图中注记。仪器采用交叉吊丝结构补偿器，补偿器的工作范围为 ±14′，视线安平精度为 ±0.3″，安

装平板玻璃测微器 FS1 时，每千米往返测高差中数的中误差为 0.5mm，可用于国家二等水准测量。平板玻璃测微器 FS1 可以根据需要安装或卸载，还可与徕卡的 NA2 和 NAK2 水准仪配合使用。配合仪器使用的精密水准尺与新 N3 的精密水准尺完全相同 [图 2.6.1（a）]，读数原理也相同。

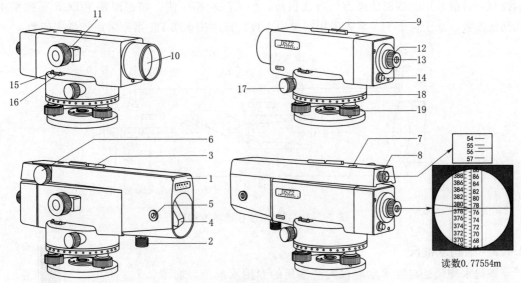

图 2.6.5　DSZ2 自动安平精密水准仪

1—FS1 平板玻璃测微器；2—平板玻璃测微器固定螺丝；3—平板玻璃粗瞄器；4—平板玻璃；
5—平板玻璃座转轴螺丝；6—测微螺旋；7—平板玻璃测微器照明窗；8—平板玻璃测微器读数窗目镜调焦螺旋；
9—水准仪粗瞄器；10—望远镜物镜；11—物镜调焦螺旋；12—目镜调焦螺旋；13—目镜；14—补偿器按钮；
15—圆水准器；16—圆水准器校正螺丝；17—无限位水平微动螺旋；18—水平度盘；19—脚螺旋

2.7　数字水准仪及其工作原理

2.7.1　数字水准仪概述

数字水准仪（又称电子水准仪）是一种集电子、光学、图像处理、计算机技术于一体的智能水准仪。数字水准仪不仅可以完成普通水准仪所能进行的测量工作，还可利用内置应用软件进行高程连续计算、多次测量取平均值、断面计算、水准路线和水准网测量闭合差调整，实现测量数据的自动采集、存储、处理和传输等。具有测量速度快、精度高、作业强度小、易实现内外业一体化等特点，尤其是自动连续测量的功能对大型建筑物的变形（瞬时变化值）观测，更具优越性，非常规仪器所能比拟。

数字水准仪可视为 CCD 相机、自动安平水准仪、微处理器和条码水准尺组成的地面水准测量系统。

2.7.2　数字水准仪的基本构造和原理

数字水准仪由基座、水准器、望远镜、操作面板和数据处理系统等组成。

数字水准仪的基本原理是由光电二极管阵列摄取条码标尺的条码信息（图像），通过分光器将其分为两组。一组转射到 CCD 探测器上，并传输给微处理器，利用自动编码程序，自动地进行编码、释译、对比、数字化等一系列数据处理，而后转换成中丝读数、视距或其他所需的数据，并自动存储在记录器中并显示在显示器上。另一组成像于十字丝分划板上，以便于目镜观测，如图 2.7.1 所示。数字水准仪的关键技术是自动电子读数和数据处理，目前采用的数据处理方法有几何法、相关法和相位法。如德国蔡司 DiNi 系列采用几何法读数，瑞士徕卡 NA 系列采用相关法读数，日本拓普康 DL 系列采用相位法读数。

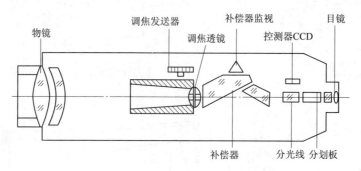

图 2.7.1　数字水准仪的基本构造

2.7.3　条码水准尺

条码水准尺是与数字水准仪配套使用的专用水准尺，如图 2.7.2 所示。它是由玻璃钢、铝合金或铟钢制成的单面或双面尺，规格有 1m、2m、3m、4m、5m 几种，尺形分直尺和折尺两种。尺面上刻有宽度不同、黑白相间的条码，该条码相当于普通水准尺上的分划和注记。水准尺上附有安平水准器和扶手，在尺的顶端留有撑杆固定螺孔，以便固定条码尺，使之长时间保持准确而竖直的状态，以减轻作业人员的劳动强度。

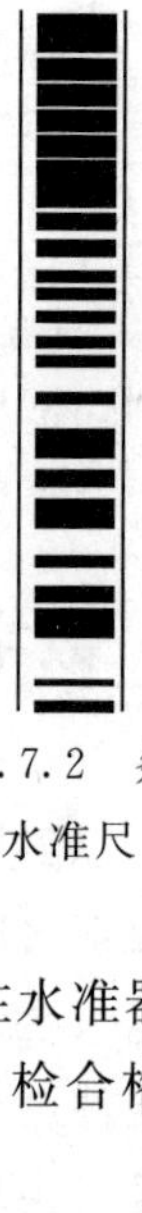

图 2.7.2　条码水准尺

2.7.4　数字水准仪的使用

数字水准仪的操作步骤同自动安平水准仪一样，分为安置、粗平、照准、读数四步。

（1）安置。安置方法与普通水准仪相同。

（2）粗平。同普通水准仪一样，转动脚螺旋使圆水准器的气泡居中，可在水准器观察窗中看到气泡居中情况，然后打开仪器电源开关（开机），仪器进行自检，自检合格后显示窗显示程序界面，此时即可进行测量工作。

（3）照准。先转动目镜调焦螺旋，看清十字丝，然后照准标尺，转动物镜调焦螺旋，看清目标，用十字丝竖丝照准条码尺中央，并注意消除视差。按相应按键选择测量模式和测量程序。

（4）读数。根据需要按相应按键即可得到相应的数据。如按一下"测量"键，显示器将显示水准尺读数，按"测距"键即可得到仪器至水准尺的距离。在测量并记录模式下，仪器将自动记录测量数据。测量工作完成后，可用仪器附带的数据传输线配合专用软件或者通过 SD 卡将测量数据下载到计算机中进行处理，最后得出成果（测量方法因仪器不同而有所区别，具体操作方法请参阅产品说明书）。

2.8 水准测量的误差及注意事项

任何测量工作都不可避免地会产生误差。误差来源主要有仪器误差、观测误差以及外界因素引起的误差。本节对水准测量的误差来源及其影响进行一般性介绍，以便了解消除或减弱这些误差对成果造成影响的方法。

2.8.1 仪器误差

（1）水准管轴不平行于视准轴的误差。仪器在使用前都要进行严格的检校，但无论如何仔细、精确，总存在一定的误差，其中视准轴与水准管轴不平行的误差对水准观测影响较大，在观测时，取前后视距相等，能够消除此项误差。考虑到工作效率，观测时保证前后视距差、路线前后视距差的累计值满足要求即可，观测时后视转前视时尽可能不调焦。

（2）调焦引起的误差。当调焦时，调焦透镜光心移动的轨迹和望远镜光轴不重合，改变调焦就会引起视准轴的改变，从而改变了视准轴与水准管轴的关系。如果在测量中保持前视后视距离相等，就可在前视和后视读数过程中不改变调焦，避免因调焦而引起的误差。

（3）水准标尺刻划误差。水准标尺刻划不准确，尺长变化、弯曲等均会影响水准尺读数，因此，水准标尺须经过检验才能使用。至于标尺的零点差，可在水准路线测段中使测站为偶数予以消除。

2.8.2 观测误差

（1）整平误差。视线水平是以气泡居中或符合为根据的，但气泡的居中或符合都是凭肉眼来判断，不能绝对准确。气泡居中的精度也就是水准管的灵敏度，主要取决于水准管的分划值。一般认为水准管气泡居中的误差约为 0.1 分划值，它对水准尺读数产生的误差为

$$m = \frac{0.1\tau''}{\rho}s \qquad (2.8.1)$$

式中　τ''——水准管的分划值，$\rho = 206265''$；

$\quad$ s——视线长。

符合水准器气泡居中的误差是直接观察气泡居中误差的 $\frac{1}{2} \sim \frac{1}{5}$。为了减小气泡居中误差的影响，应对视线长加以限制，观测时应使气泡精确地居中或符合。

（2）读数误差。水准尺上的毫米数都是估读的，估读的误差决定于视场中十字丝和厘米分划的宽度，所以估读误差与望远镜的放大率及视线的长度有关。通常按下式计算：

$$m = \frac{60''}{V}\frac{S}{\rho''} \qquad (2.8.2)$$

式中　V——望远镜的放大倍率；

$\quad$ $60''$——人眼的极限分辨率。

在各种等级的水准测量中，对望远镜的放大率和视线长都有一定的要求。

（3）视差影响引起的误差。当存在视差时，十字丝平面与水准尺影像不重合，若眼睛观察的位置不同，便读出不同的读数，由此产生读数误差。故在测量中，读数前应先仔细

消除视差。

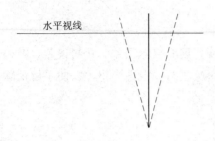

图 2.8.1 水准标尺倾斜引起的误差

（4）水准标尺倾斜影响引起的误差。水准标尺未扶直，无论向哪一侧倾斜都使读数偏大。这种误差随标尺的倾斜角和读数的增大而增大。例如标尺有 3°的倾斜，读数为 1.5m 时，可产生 2mm 的误差。为使标尺能扶直，水准标尺上最好装有水准器；无水准器时，可采用摇尺法，即读数时把标尺的上端在视线方向前后来回摆动，当视线水平时，观测到的最小读数即为水准标尺扶直时的读数（图 2.8.1）。

2.8.3 外界条件影响产生的误差

1. 仪器下沉

仪器安置在松软地面上时易下沉使视线降低，用"后-前-前-后"的观测顺序可减弱其影响。

2. 尺垫下沉

在仪器从一个测站迁到下一个测站的过程中，若转点下沉了 Δ，则使下一测站的后视读数偏大，使高差也增大 Δ。在同样情况下返测，则使高差的绝对值减小。所以，取往返测的平均高差，可减弱尺垫下沉的影响。当然，在进行水准测量时，尽量选择坚实的地点安置仪器和转点，避免仪器和水准尺的下沉。

3. 地球曲率及大气折光影响

（1）地球曲率引起的误差。理论上水准测量应根据水准面来求出两点的高差（图 2.8.2），但视准轴是一直线，因此使读数中含有由地球曲率引起的误差 P，P 可以参照写出：

$$P = \frac{S^2}{2R} \tag{2.8.3}$$

式中 S——视线长；

R——地球的半径。

（2）大气折光引起的误差。如图 2.8.2 所示，水平视线经过密度不同的空气层被折射，形成向下弯曲的曲线，它与理论水平线所得读数之差，就是由大气折光引起的误差 r。实验得出：大气折光误差比地球曲率误差小，是地球曲率误差的 K 倍，在一般大气情况下，$K = 1/7$，故

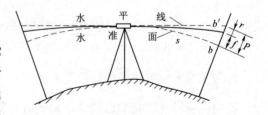

图 2.8.2 地球曲率及大气折光误差

$$r = K\frac{S^2}{2R} = \frac{S^2}{14R} \tag{2.8.4}$$

因此水平视线在水准尺上的实际读数位于 b'，它与按水准面得出的读数 b 之差，就是地球曲率和大气折光总的影响值 f，则

$$f = P - r = 0.43\frac{S^2}{R} \tag{2.8.5}$$

当前视后视距离相等时，这种误差在计算高差时可自行消除。但是离近地面的大气折

光变化十分复杂，即使前视后视距离相等，大气折光误差也不能完全消除。由于 f 值与距离的平方成正比，因此限制视线长可使这种误差大为减小，此外使视线离地面尽可能高些，也可减弱折光变化的影响。

4. 温度影响

温度的变化不仅引起大气折光的变化，而且当烈日照射水准管时，由于水准管本身和管内液体温度的升高，气泡向温度高的方向移动，从而影响仪器水平，产生气泡居中误差。观测时应注意为仪器撑伞遮阳。无风的阴天是最理想的观测天气。

上述各项误差对观测结果的影响是综合的，在测量过程中，只要注意严格按规范要求，采取正确有效措施熟练观测，这些误差均可减小，从而满足施测精度的要求。

思考题与练习题

1. 何谓视准轴？何谓管水准器轴？水准仪上的圆水准器和管水准器各起什么作用？
2. 水准仪有哪些轴线？各轴线间应满足什么条件？
3. 何谓视差？产生视差的原因是什么？怎样消除视差？
4. 水准测量时为什么要求前、后视距相等？它可消除哪几项误差？
5. 水准测量时，在哪些立尺点处要放置尺垫？哪些点上不能放置尺垫？
6. 何谓高差？何谓视线高程？前视读数和后视读数与高差、视线高程各有什么关系？
7. 与普通水准仪比较，精密水准仪有何特点？数字水准仪有何特点？
8. 调整题表 2.1 中附合路线等外水准测量观测成果，并求出各点的高程。

题表 2.1　　　　　　附合路线等外水准测量观测成果计算表

测段	测点	测点数	实测高差/m	改正数/mm	改正高差/m	高程/m	备注
A-1	BM_A	7	+4.363			1057.967	
1-2	1	3	+2.413				
2-3	2	4	-3.121				
3-4	3	5	+1.263				
4-5	4	6	+2.716				
5-B	5	8	-3.175				
	BM_B					1061.819	
Σ							
辅助计算							

9. 在相距 100m 的 A、B 两点的中央安置水准仪，测得高差 $h_{AB}=+0.306\text{m}$，仪器搬到 B 点近旁读得 A 尺读数 $a_2=1.792\text{m}$，B 尺读数 $b_2=1.467\text{m}$。试计算仪器的 i 角。

10. 调整题图 2.1 所示的闭合水准路线的观测成果，并求出各点的高程。

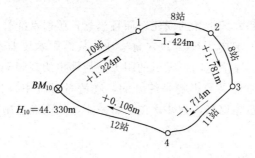

题图 2.1　闭合水准路

第 3 章

角度测量

📖学习目标

本章学习角度测量原理及观测与计算方法，角度测量的误差分析。通过学习，了解电子经纬仪基本构造和使用方法，了解 DJ 型光学经纬仪的检验与校正；熟悉经纬仪测角原理和 DJ 型光学经纬仪的构造及使用方法，熟悉角度测量误差来源及注意事项；掌握测回法、方向观测法水平角和竖直角的观测和计算方法。

3.1　角度测量原理

3.1.1　水平角测量原理

空间相交的两条直线在水平面上的投影所夹的角度叫水平角。水平角测量是确定地面点位的基本工作之一。

如图 3.1.1 所示，A、O、B 为地面上任意三点，将其分别沿垂线方向投影到水平面 P 上，便得到相应的 A_1、O_1、B_1 各点，则 O_1A_1 与 O_1B_1 的夹角 β，即为地面上 OA 与 OB 两条直线之间的水平角。为了测出水平角的大小，设想在过 O 点的铅垂线上任一点 O_2 处，放置一个按顺时针注记的全圆量角器（相当于水平度盘），使其中心与 O_2 重合，并置成水平位置，则度盘与过 OA、OB 的两竖直面相交，交线分别为 O_2a_2 和 O_2b_2，显然 O_2a_2、O_2b_2 在水平度盘上可得到读数，设分别为 a、b，则圆心角 $\beta=b-a$，即 $\angle A_1O_1B_1$ 的值。

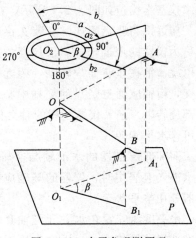

图 3.1.1　水平角观测原理

3.1.2　竖直角测量原理

竖直角是在同一竖直面内，倾斜视线与水平线之间的夹角，简称竖角，竖直角也称倾斜角，用 θ 表示。竖直角是由水平线起算到目标方向的角度。其角值为 $0°\sim\pm90°$。当视线方向在水平线之上时，称为仰角，符号为正（＋）；视线方向在水平线之下时，称为俯角，符号为负（－）。如图 3.1.2 所示。

在同一竖直面内，视线与铅垂线的天顶方向之间的夹角称为天顶距，用 Z 表示。天顶距的大小为 $0°\sim180°$。显然，同一方向线的天顶距和竖直角之和等于 $90°$。如图 3.1.2 中的视线 OA 的天顶距为 $82°19'$。

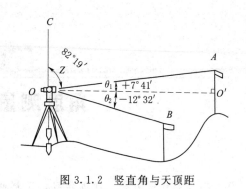

图 3.1.2   竖直角与天顶距

从竖直角概念可知，它是竖直面内目标方向与水平方向的夹角。所以测定竖直角时，其角值可从竖直面内的刻度盘（竖盘）上两个方向读数之差求得，而该两个方向中的一个必须是水平线方向。由于任何仪器当视线水平时，无论是盘左还是盘右，其竖盘读数都是个固定数值。因此测竖直角时，实际上只要瞄准目标读出其竖盘读数，即可计算出竖直角。

3.2   经纬仪的构造与使用方法

经纬仪的种类按精度系列可分为 DJ_{07}、DJ_1、DJ_2、DJ_6、DJ_{15} 和 DJ_{60} 等六个级别，其中"D""J"分别为"大地测量"和"经纬仪"的汉语拼音的第一个字母，下标数字表示仪器的精度，即一测回水平方向中误差的秒数。地形测量和一般工程测量中最为常用的 DJ_6 级经纬仪和 DJ_2 级经纬仪。

3.2.1   经纬仪的基本构造

经纬仪主要由照准部、水平度盘和基座三部分组成。经纬仪基本构造如图 3.2.1 所示。

望远镜与竖盘固连，安装在仪器的支架上，这一部分称为仪器的照准部，属于仪器的上部。望远镜连同竖盘可绕横轴在垂直面内转动，望远镜的视准轴应与横轴正交，横轴应通过竖盘的刻划中心。照准部的竖轴（照准部旋转轴）插入仪器基座的轴套内（图 3.2.1），照准部可作水平旋转。

照准部水准器的水准轴与竖轴正交，与横轴平行。当水准气泡居中时，仪器的竖轴应在铅垂线方向，此时仪器处在整平状态。

水平度盘安置在水平度盘轴套外围，水平度盘不与照准部旋转轴接触。水平度盘平面应与竖轴正交，竖轴应通过水平度盘的刻划中心。

水平度盘的读数设备安置在仪器的照准部上，当望远镜旋转照准目标时，视准轴由一目标转到另一目标，这时读数指标所指示的水平度盘数值的变化就是两目标间的水平角值。

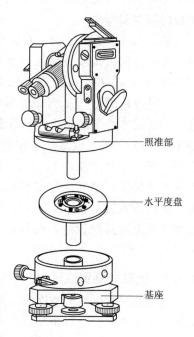

照准部

水平度盘

基座

图 3.2.1   经纬仪基本构造

经纬仪依据度盘刻度和读数方式不同，分为游标经纬仪、光学经纬仪及电子经纬仪。目前主要使用电子经纬仪，光学经纬仪已较少使用，而游标经纬仪早已被淘汰。

3.2.2 光学经纬仪

光学经纬仪是采用光学度盘，借助光学放大和光学测微器读数的一种经纬仪。图 3.2.2 所示的是北京光学仪器厂生产的 J_6 光学经纬仪。图 3.2.3 所示的是苏州第一光学仪器厂生产的 J_2 光学经纬仪。

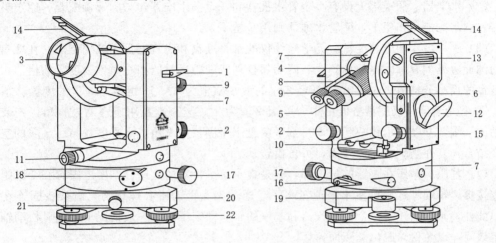

图 3.2.2 J_6 光学经纬仪

1—望远镜制动螺旋；2—望远镜微动螺旋；3—物镜；4—物镜调焦螺旋；5—目镜；6—目镜调焦螺旋；

7—光学瞄准器；8—度盘读数显微镜；9—度盘读数显微镜调焦螺旋；10—照准部管水准器；11—光学对中器；

12—度盘照明反光镜；13—竖盘指标管水准器；14—竖盘指标管水准器观察反射镜；15—竖盘指标管水准器微动螺旋；

16—水平方向制动螺旋；17—水平方向微动螺旋；18—水平度盘变换螺旋与保护卡；19—基座圆水准器；

20—基座；21—轴套固定螺旋；22—脚螺旋

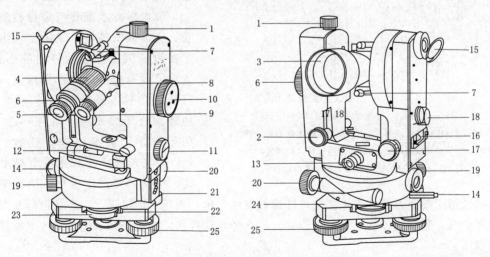

图 3.2.3 J_2 光学经纬仪

1—望远镜制动螺旋；2—望远镜微动螺旋；3—物镜；4—物镜调焦螺旋；5—目镜；6—目镜调焦螺旋；

7—光学瞄准器；8—度盘读数显微镜；9—度盘读数显微镜调焦螺旋；10—测微轮；11—水平度盘与竖直度盘换像手轮；

12—照准部管水准器；13—光学对中器；14—水平度盘照明镜；15—垂直度盘照明镜；16—竖盘指标管水准器进光窗口；

17—竖盘指标管水准器微动螺旋；18—竖盘指标管水准气泡观察窗；19—水平制动螺；20—水平微动螺旋；

21—基座圆水准器；22—水平度盘变换手轮；23—水平度盘变换手轮护盖；24—基座；25—脚螺旋

1. 光学经纬仪的主要部件

(1) 望远镜。望远镜用于精确瞄准目标。它在支架上可绕横轴在竖直面内作仰俯转动，并由望远镜制动螺旋和望远镜微动螺旋控制。望远镜由物镜、调焦镜、十字丝分划板、目镜和固定它们的镜筒组成。望远镜的放大倍率一般为 20～40 倍。

(2) 水准器。照准部上设有一个管水准器和一个圆水准器，与脚螺旋配合，用于整平仪器。圆水准器用作粗平，而管水准器则用于精平。

(3) 水平度盘和竖直度盘。光学经纬仪的水平度盘和竖直度盘用玻璃制成，在度盘平面的圆周边缘刻有等间隔的分划线，两相邻分划线间距所对的圆心角称为度盘的格值，又称度盘的最小分格值。一般 J_6 光学经纬仪的度盘格值为 $1°$，J_2 光学经纬仪的度盘格值为 $20'$，精密光学经纬仪度盘格值更小，度盘格值为 $4'$。竖直度盘用于观测竖直角，安装在横轴的一端，并随望远镜一起转动。水平度盘用于测量水平角，水平度盘与一金属的空心轴套结合，套在竖轴轴套的外面，可自由转动。

(4) 基座。基座在仪器的最下部，它是支承整个仪器的底座。基座上安有三个脚螺旋和连接板。转动脚螺旋可使水平度盘水平。通过架头上的中心螺旋与三脚架头固连在一起。此外，基座上还有一个连接仪器和基座的轴座固定螺旋，一般情况下，不可松动轴座固定螺旋，以免仪器脱出基座而摔坏。

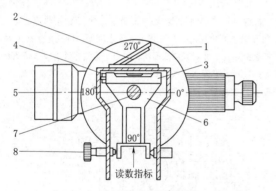

图 3.2.4 J_6 光学经纬仪竖盘构造示意图

1—竖直度盘；2—竖盘指标管水准器反射镜；
3—竖盘指标管水准器；4—竖盘指标管水准器校正螺丝；
5—望远镜视准轴；6—竖盘指标管水准器支架；
7—横轴；8—竖盘指标管水准器微动螺旋

图 3.2.4 为 J_6 光学经纬仪竖盘构造的示意图，图中，竖盘固定在横轴的一端，当望远镜转动时，随望远镜在竖直面内一起转动。在竖盘上进行读数的指标是在读数窗上。竖盘指标水准管与竖盘转向棱镜、竖盘照明棱镜、显微物镜组固定在微动架上。竖盘分划的影像，通过竖盘光路成像在读数窗上。望远镜转动时（竖盘随着转动），传递竖盘分划的光路位置并不改变，因此可在读数窗内进行读数。但是，若转动竖盘指标水准管微动螺旋，可使光路产生变化，从而使呈像在读数窗上的竖盘部位发生变化，即读数发生变化。在正常情况下，当竖盘指标水准管气泡居中时，竖盘指标就处于正确位置。每次竖盘读数前，均应先调节竖盘指标水准管使气泡居中。

竖盘注记形式较多，目前常见的注记形式为全圆注记，注记方向有顺时针与逆时针两类，图 3.2.5 和图 3.2.6 为比较多见的两种注记形式。当视线水平，竖盘指标水准管气泡居中时，盘左位置竖盘指标正确读数分别为 0 和 90，如图 3.2.5（a）和图 3.2.6（a）所示。

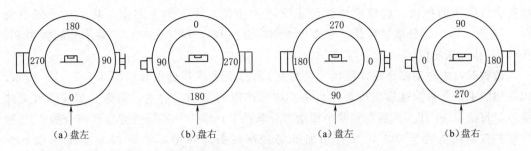

（a）盘左　　　　　　（b）盘右　　　　　　　　（a）盘左　　　　　　（b）盘右

图 3.2.5　竖盘注记（逆时针方向）　　　　图 3.2.6　竖盘注记（顺时针方向）

2. 读数设备

水平度盘分划和竖直度盘分划经读数光学系统，成像在读数显微镜中。

（1）DJ₆型光学经纬仪读数方法。DJ₆级光学经纬仪的水平度盘和竖直度盘的分划线通过一系列的棱镜和透镜作用，成像于望远镜旁的读数显微镜内，观测者用读数显微镜读取读数。

国产光学仪器厂生产的 DJ₆级光学经纬仪采用的是分微尺读数装置。通过一系列的棱镜和透镜作用，在读数显微镜内，可以看到水平度盘和竖直度盘的分划以及相应的分微尺像，如图 3.2.7 所示。度盘最小分划值为 1°，分微尺上把度盘为 1°的弧长分为 60 格，因此分微尺上最小分划值为 1′，每 10′作一注记，可估读至 0.1′。

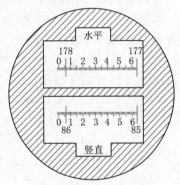

图 3.2.7　分微尺测微器读数窗视场

读数时，打开并转动反光镜，使读数窗内亮度适中，调节读数显微镜的目镜，使度盘和分微尺分划线清晰，然后，"度"可从分微尺中的度盘分划线上的注字直接读得，"分"则用度盘分划线作为指标，在分微尺中直接读出，并估读至 0.1′，两者相加，即得度盘读数。如图 3.2.7 所示，水平度盘的读数为 178°+05′06″=178°05′06″；竖盘读数为 86°+06′06″=86°06′06″。

这种读数设备的读数精度因受显微镜放大率与分微尺长度的限制，一般仅用于 J₆以下的光学经纬仪。

（2）DJ₂型光学经纬仪读数方法。图 3.2.8 所示为一种 DJ₂级光学经纬仪读数显微镜

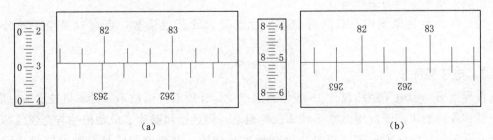

（a）　　　　　　　　　　　　　　　（b）

图 3.2.8　DJ₂经纬仪计数窗视场

内符合读数法的视窗。读数窗中注记正字的为主像,倒字的为副像。其度盘分划值为 $20'$,左侧小窗内为分微尺影像。分微尺刻划由 $0'\sim10'$,注记在左边。最小分划值为 $1''$,按每 $10''$ 注记在右边。

读数时,先转动测微轮,使相邻近的主、副像分划线精确重合如图 3.2.5(b)所示,以左边的主像度数为准读出度数,再从左向右读出相差 $180°$ 的主、副像分划线间所夹的格数,每格以 $10'$ 计。然后在左侧小窗中的分微尺上,以中央长横线为准读出分数、10 秒数和秒数,并估读至 $0.1''$,三者相加即得全部读数。如图 3.2.8(b)所示的读数为 $82°28'51''$。

需要注意的是,在主、副像分划线重合的前提下,也可读取度盘主像上任何一条分划线的度数,但如与其相差 $180°$ 的副像分划线在左边时,则应减去两分划线所夹的格数乘 $10'$,小数仍在分微尺上读取。例如图 3.2.8(b)中,在主像分划线中读取 $83°$,因副像 $263°$ 分划线在其左边 4 格,故应从 $83°$ 中减去 $40'$,最后读数为 $83°-40'+8'51''=82°28'51''$,与根据先读 $82°$ 分划线算出的结果相同。

有些 DJ_2 型光学经纬仪采用了新的数字化读数装置。如图 3.2.9 所示,中窗为度盘对径分划影像,没有注记;上窗为度和整 $10'$ 注记,并用小方框标记整 $10'$ 数;下窗读数为分和秒。读数时先转动测微手轮,使中窗主、副像分划线重合,然后进行读数。如图 3.2.9(b)中读数为 $64°15'22.6''$。

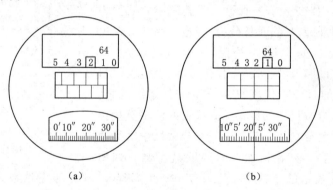

图 3.2.9 DJ_2 经纬仪读数窗视场

DJ_2 级光学经纬仪读数设备有以下两个特点:

(1)采用对径读数的方法能读得度盘对径分划数的读数平均值,从而消除了照准部偏心的影响,提高了读数的精度。

(2)在读数显微镜中,只能看到水平度盘读数或竖盘读数,可通过换象手轮分别读数。

3.2.3 电子经纬仪

世界上第一台电子经纬仪于 1968 年研制成功,伴随着光电技术、计算机技术的发展,电子经纬仪得到了广泛应用。电子经纬仪的轴系、望远镜和制动、微动构件与光学经纬仪类似,它利用光电转换原理和微处理器测量度盘读数,并将测量结果自动存储和显示出来。电子经纬仪测角系统主要有以下三种:

编码度盘测角系统——采用编码度盘及编码测微器的绝对式测角系统；

光栅度盘测角系统——采用光栅度盘及莫尔干涉条纹技术的增量式读数系统；

动态测角系统——采用计时测角度盘及光电动态扫描绝对式测角系统。

1. 编码度盘测角原理

图 3.2.10 所示为一个纯二进制编码度盘。设度盘的整个圆周被均匀地分为 16 个区间，从里到外有四道环（称为码道），图 3.2.10 所示则被称为四码道度盘。每个区间的码道白色部分为透光区（或为导电区）黑色部分为不透光区（或为非导电区），所以各区间由码道组成的状态也不相同。设透光（或导电）为 0，不透光（或导电）为 1，依据两区间的不同状态，便可测出该两区间的夹角。

电子测角是用传感器来识别和获取度盘位置信息。图 3.2.11 中度盘上部分为发光二极管，它们位于度盘半径方向的一条直线上，而度盘下面的相对位置上是光电二极管。对于码道的透光区，发光二极管的光信号能够通过，而使光电二极管接收到这个信号，使输出为 0。对于码道的不透光区，光电二极管接收不到这个信号，则输出为 1。图 3.2.11 中的输出状态为 1001。

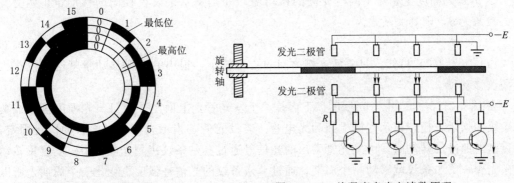

图 3.2.10 编码度盘   图 3.2.11 编码度盘光电读数原理

这种编码度盘得到的角度分辨率 δ 与区间数 S 有关，而区间数 S 又取决于码道数 n，它们之间的关系为

$$S = 2^n$$

$$\delta = \frac{360°}{S} = \frac{360°}{2^n} \tag{3.2.1}$$

由式（3.2.1）可知，编码度盘得到的角度分辨率 δ 主要取决于码道数 n，随着码道数 n 的增加，角分辨率将成倍地变小，测角精度成倍提高。因受到光电器件尺寸的限制，靠增加码道数来提高度盘的分辨率实际上是很困难的。由此可见，直接利用编码度盘不容易达到较高的精度。

2. 光栅度盘测角原理

在光学玻璃度盘的径向上均匀地刻制明暗相间的等角距细线条就构成光栅度盘。

如图 3.2.12（a）所示，在玻璃圆盘的径向，均匀地按一定的密度刻划有交替的透明与不透明的辐射状条纹，条纹与间隙的宽度均为 a，这就构成了光栅度盘。如图 3.2.12（b）所示，如果将密度相同的两块光栅重叠，并使它们的刻线相互倾斜一个很小

的角度 θ，就会出现明暗相间的条纹（称为莫尔条纹）。两光栅之间的夹角越小，条纹越粗，即相邻明条纹（或暗条纹）之间的间隔越大。条纹亮度按正弦周期性变化。

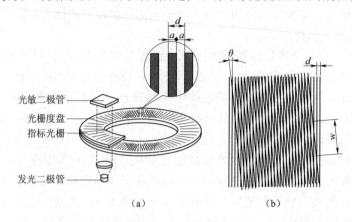

图 3.2.12　光栅度盘

设 d 是光栅度盘相对于固定光栅的移动量，w 是莫尔条纹在径向的移动量，两光栅间的夹角为 θ，则其关系式为

$$w = d\cot\theta \tag{3.2.2}$$

由式（3.2.2）可知，只要两光栅之间的夹角较小，很小的光栅移动量就会产生很大的条纹移动量。

在图 3.2.12（a）中，光栅度盘下面是一个发光管，上面是一个可与光栅度盘形成莫尔条纹的指示光栅，指示光栅上面为光电管。若发光管、指示光栅和光电管的位置固定，当度盘随照准部转动时，由发光管发出的光信号通过莫尔条纹落到光电管上。度盘每转动一条光栅，莫尔条纹就移动一个周期，通过莫尔条纹的光信号强度也变化一个周期，所以光电管输出的电流就变化一个周期。

在照准目标的过程中，仪器接收元件可累计出条纹的移动量，从而测出光栅的移动量，经转换最后得到角度值。因为光栅度盘上没有绝对度数，只是累计移动光栅的条数计数，故称为增量式光栅度盘。

3. 动态测角原理

光电扫描动态测角系统的示意图如图 3.2.13 所示，度盘刻有 1024 个分划，两条分划条纹的角距为 $\varphi_0 = \dfrac{360^\circ}{1024} = 21'5.63''$（$\varphi_0$ 为光栅盘的单位角度）。

在光栅盘条纹圈外缘，按对径位置设置一对与基座相固联的固定检测光栅 L_S；在靠近内缘处设置一对与照准部相固联的活动检测光栅 L_R（图 3.2.13 中仅画出其中的一个）。对径设置的检测光栅可用来消除光栅盘的偏心差。φ 表示望远镜照准某方向后，L_S 和 L_R 之间的角度。由图 3.2.13 可以看出：

$$\varphi = N\varphi_0 + \Delta_\varphi \tag{3.2.3}$$

式中　N——φ 角内所包含的条纹间隔数（单位角度数）；

　　　Δ_φ——不足一个单位角度 φ_0 的尾数。

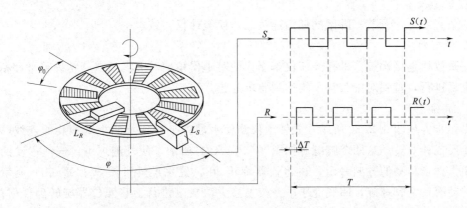

图 3.2.13　动态测角原理

在测角时，光栅盘由马达驱动绕中心轴作匀速旋转，计取通过两个指示光栅间的分划信息，通过粗测与精测而求得角值。

（1）粗测。粗测即求出 φ 的个数 N。在度盘同一径向的外内缘上设有两个标记 a 和 b，度盘旋转时，从标记 a 通过 L_S 时起，计数器开始记取整间隙 φ_0 的个数；当另一个标记 b 通过 L_S 时，计数器停止计数，此时计数器所得到的数值即为 φ_0 的个数 N。

（2）精测。精测即 Δ_φ 的测量。分别通过光栏 L_S 和 L_R 产生两个信号 S 和 R，Δ_φ 可由 S 和 R 的相位差得。精测开始后，当某一分划通过 L_S 时开始精测计数，计取通过的计数脉冲的个数，一个脉冲代表一定的角度值（如 $2''$），而另一分划继而通过 L_R 时停止计数。由计数器中所计的数值即可求得 Δ_φ。度盘一周有 1024 个间隔，每一个间隔计数一次 Δ_φ 的数，则度盘转一周可测得 1024 个 Δ_φ，然后取平均值，可求得最后的 Δ_φ。测角精度完全取决于精测的精度。

动态测角系统消除了度盘分划误差。在测量中，不需配置度盘和测微器位置，从而提高了测角精度。粗测、精测数据经由微机处理器进行衔接处理后，即得角度值，之后自动显示。

3.2.4　经纬仪/全站仪的安置、照准与读数

经纬仪的基本操作步骤：对中、整平、照准和读数。

1. 对中

对中的目的是使仪器中心与测站点的标志中心在同一铅垂线上。其操作步骤如下：先将三脚架三条腿的长度调节至大致等长，调节时先不要分开架腿，且架腿不要拉到底，以便为后面的初步整平留有调节的余地；再将三脚架的 3 个脚大致按等边三角形的 3 个角点位置，分别放在测站点的周围，使 3 个脚到测站点的距离大致相等；然后将经纬仪安装在三脚架顶面上，旋紧连接螺旋，从光学对中器中观察对中器分划板和测站点成像，若不清晰，可分别进行对中器目镜和物镜调焦，直至清晰为止；最后固定三脚架的一条腿于测站点旁适当位置，两手分别握住三脚架另外两条腿做前后移动或左右转动，同时从光学对中器中观察，使对中器对准测站点。

2. 整平

首先使经纬仪的水准管平行于三脚架的任意两条架腿的连线，调节三脚架的伸缩连接处，使经纬仪大致水平，然后将仪器旋转 $90°$，置水准管的水平轴线与三脚架的另一条架

腿在一条直线上，调节三脚架的伸缩连接处，使经纬仪大致水平。

3. 精确对中

稍微放松连接螺旋，平移经纬仪基座，使对中器精确对准测站点。精确整平和精确对中应反复进行，直到对中和整平均达到要求为止。

4. 精确整平

操作步骤如图 3.2.14 所示，先转动仪器使水准管平行任意两个脚螺旋的连线，然后同时相反或相对转动这两个脚螺旋如图 3.2.14（a）所示，使气泡居中，气泡移动的方向与左手大拇指移动的方向一致；再将仪器旋转 90°，置水准管于图 3.2.14（b）所示的位置，转动第三个脚螺旋，使气泡居中。按上述方法反复进行，直至仪器旋转到任何位置，水准管气泡偏离零点不超过一格为止。

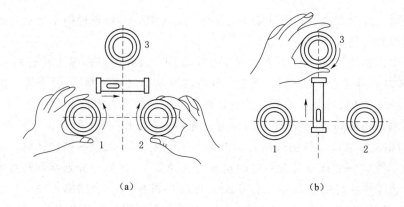

（a）   （b）

图 3.2.14　经纬仪的整平

5. 经纬仪/全站仪的照准

照准的目的是使要照准的目标点影像与十字丝的焦点重合。就是用望远镜十字丝的交点精确对准目标。其操作顺序如下：

（1）松开照准部和望远镜制动螺旋。

（2）调节目镜，将望远镜瞄准远处天空，转动目镜环，直至十字丝分划最清晰。

（3）转动照准部，用望远镜粗瞄器瞄准目标，然后固定照准部。

（4）转动望远镜调焦环，进行望远镜调焦（对光），使望远镜十字丝及目标成像清晰。要注意消除视差。人眼在目镜处上下移动，检查目标影像和十字丝是否相对晃动。如有晃动现象，说明目标影像与十字丝不共面，即存在视差，影响瞄准精度，应重新调节对光螺旋，直至无视差存在。

（5）用照准部和望远镜微动螺旋精确瞄准目标。可用十字丝纵丝平分目标，也可让目标置于双线中间位置。测量水平角时，应尽量照准目标的底部。

6. 经纬仪/全站仪的读数

读数的目的是读出指标线所指的度盘读数。打开读数反光镜，调节视场亮度，转动读数显微镜对光螺旋，使读数窗影像清晰可见。读数时，除分微尺型直接读数外，装有测微轮的，均需先转动测微轮，使中间窗口对径分划线重合后方能读数，最后将度盘读数加分微尺读数或测微尺读数，才是整个读数值。而电子经纬仪和全站仪则可直接在屏幕上读数。

3.3 水平角测量

水平角的观测方法有多种，一般根据测角精度、所使用的仪器及观测方向的数目而定。工程上最常用的是测回法和方向观测法。

3.3.1 测回法

测回法是水平角观测的基本方法，适用于两个方向之间水平角的观测。

在水平角观测中，为发现错误并提高测角精度，一般要用盘左和盘右两个位置进行观测。当观测者面对望远镜目镜时竖直度盘位于望远镜的左侧，称为盘左位置，又称正镜；当观测者面对望远镜目镜时竖直度盘位于望远镜的右侧，称为盘右位置，又称倒镜。通常先以盘左位置测角，称为上半测回，再以盘右位置测角，称为下半测回。两个半测回合在一起称为一测回。有时水平角需要观测数个测回。

如图 3.3.1 所示，欲测出地面上 OA、OB 两个方向间的水平角 β，可按下列步骤进行观测。

图 3.3.1 测回法观测水平角

1. 安置仪器

在测站点 O 上安置经纬仪，进行对中、整平。在 A、B 点分别设置观测标志，一般是树立花秆、测钎、觇标、棱镜等。

2. 盘左观测

以盘左位置照准目标左侧目标 A，置盘，得水平度盘读数 $a_左$（如为 $0°1'24''$），记入测回法观测记录表 3.1.1 中，松开照准部和望远镜制动螺旋，顺时针转动照准部，瞄准右侧目标 B，得水平度盘读数 $b_左$（如为 $60°50'30''$），记入观测手簿相应栏内。

则盘左所测的角值为

$$\beta_左 = b_左 - a_左 \tag{3.3.1}$$

以上完成了上半个测回。

3. 盘右观测

松开照准部和望远镜制动螺旋，纵转望远镜使仪器处于盘右状态，先瞄准右侧目标 B，得水平度盘读数 $b_右$（如为 $240°50'36''$），记入手簿；逆时针方向转动照准部，瞄准左

侧目标 A，得水平度盘读数 $a_右$（如为 $180°01'18''$），记入手簿，完成了下半测回，其水平角值为

$$\beta_右 = b_右 - a_右 \qquad (3.3.2)$$

应用式（3.3.1）和式（3.3.2）时，若计算出的 $\beta_左$ 或 $\beta_右$ 为负值，则应在结果上加上 $360°$。

用 J_6 级经纬仪观测水平角时，上、下两个半测回所测角值之差（称不符值）应在 $-24''\sim 24''$ 之间。达到精度要求取平均值作为一测回的结果：

$$\beta = \frac{1}{2}(\beta_左 + \beta_右) \qquad (3.3.3)$$

若两个半测回的不符值超过 $\pm 24''$ 时，则该水平角应重新观测。

当测角精度要求较高时，须观测 n 个测回。为了消除度盘刻划不均匀的误差，每个测回应按 $\dfrac{180°}{n}$ 的差值变换度盘起始位置。例如，需要观测 3 个测回，则第一测回的起始方向读数可安置在 $0°$ 附近略大于 $0°$ 处（用度盘变换轮或复测扳钮调节），第二测回起始方向读数应安置在略大于 $180°/3=60°$ 处，第三测回起始方向读数则应安置在略大于 $120°$ 位置。

表 3.3.1 是测回法水平角观测手簿。

表 3.3.1 测回法水平角观测手簿

测站	竖盘位置	目标	水平盘读数			半测回角值			一测回角值		
			(°)	(′)	(″)	(°)	(′)	(″)	(°)	(′)	(″)
O	左	A	00	01	24	60	49	06	60	49	12
		B	60	50	30						
	右	A	180	01	18	60	49	18			
		B	240	50	36						

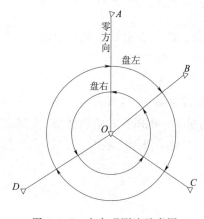

图 3.3.2 方向观测法示意图

3.3.2 方向观测法

在一个测站上，当观测方向在 3 个以上时，且要测得数个水平角，需用方向观测法（全圆测回法）进行角度测量。该方法以某个方向为起始方向（又称零方向），依次观测其余各个目标相对于起始方向的方向值，则每一个角度就是组成该角的两个方向值之差。如图 3.3.2 所示，O 点为测站点，A、B、C、D 为 4 个目标点。其操作步骤如下。

1. 观测步骤

（1）上半测回。

a. 选择起始方向，设为 A。该方向处将水平度盘读数调为略大于 $0°$，读取此读数。

b. 由起始方向 A 起始，按顺时针依次精确瞄准 $A\to B\to C\to D\to A$ 各点（即所谓

"全圆"），读数分别为：a_L，b_L，c_L，d_L，a_L'，并记入方向观测法观测记录表中，见表 3.3.2。再次瞄准起始方向 A，称为归零，两次瞄准 A 点的读数之差称为"归零差"。对于不同精度等级的仪器，其限差要求是不相同的，见表 3.3.3。

表 3.3.2　　　　　　　　　　方向观测法观测手簿

测站	测回数	目标	读　数		2C /(")	平均方向值 /(")	归零后方向值 /(° ′ ″)	各测回平均值 /(° ′ ″)
			盘　左 /(° ′ ″)	盘　右 /(° ′ ″)				
O	1	A	0　01　18	180　01　24	−06	(18) 21	0　00　00	0　00　00
		B	48　22　30	228　22　36	−06	33	48　21　15	48　21　19
		C	99　42　12	279　42　06	+06	09	99　40　51	99　40　48
		D	165　06　24	345　06　18	+06	21	165　05　03	165　05　06
		A	0　01　12	180　01　18	−06	15		
			$\Delta_左 = -6''$	$\Delta_右 = -6''$				
O	2	A	90　17　24	270　17　12	+12	(22) 18	0　00　00	
		B	138　38　48	318　38　42	+06	45	48　21　23	
		C	189　58　06	9　58　06	00	06	99　40　44	
		D	255　22　36	75　22　24	+12	30	165　05　08	
		A	90　17　30	270　17　24	+06	27		
			$\Delta_左 = -18''$	$\Delta_右 = -18''$				

（2）下半测回。

a. 纵转望远镜 $180°$，使仪器为盘右位置。

b. 按逆时针顺序依次精确瞄准 $A \rightarrow D \rightarrow C \rightarrow B \rightarrow A$ 各点，读数分别为：a_R，d_R，c_R，b_R，a_R'；并记入方向观测法手簿 3.3.2 中。

规范规定 3 个方向的方向观测法可以不归零，超过 3 个方向必须归零。

上、下半测回合起来称为一测回。当精度要求较高时，可观测 n 个测回，为了消除度盘刻划不均匀误差，每测回也要按 $180°/n$ 的差值变换度盘的起始位置。

2. 计算与限差

方向观测法中计算工作较多，在观测及计算过程中尚需检查各项限差是否满足规范要求，现将记录表 3.3.2 有关名词及计算方法加以介绍。

（1）半测回归零差：即上、下半测回中零方向两次读数之差 Δ。若归零差超限，说明经纬仪的基座或三脚架在观测过程中可能有变动，或者是对点的观测有错，此时上半测回须重测；若未超限，则可继续下半测回。

如在表格 3.3.2 中的第一测回中：

$\Delta_左 = 0°01'12'' - 0°01'18'' = -6''$

$\Delta_右 = 180°01'18'' - 180°01'24'' = -6''$

（2）各测回同方向 2C 互差：2C 值是指上、下半测回中，同一方向盘左、盘右水平度盘读数之差，即 2C = 盘左读数 − （盘右读数 $\pm 180°$），（当"盘右读数"大于 $180°$ 时，取

"一"，否则取"＋"。下同）。它主要反映了 2 倍的视准轴误差，而各测回同方向的 2C 值互差，则反映了方向观测中的偶然误差，偶然误差应不超过一定的范围，见表 3.3.3。

（3）平均方向值：指各测回中同一方向盘左和盘右读数的平均值，平均方向值＝1/2（盘左读数＋（盘右读数±180°）。

（4）归零方向值：为将各测回的方向值进行比较和最后取平均值，在各个测回中将起始方向的方向值化为 0°00′00″，如表 3.3.2 中第一测回起始方向值＝（0°01′21″＋0°01′15″)/2＝0°01′18″，用"(18)"计入表中。

（5）归零后方向值：各方向（包括 A 方向）的平均方向值，分别减去归零方向值。

例如：A 方向归零后方向值＝0°01′18″－0°01′18″＝0°00′00″

　　　　B 方向归零后方向值＝48°22′33″－0°01′18″＝48°21′15″

（6）各测回归零后平均方向的计算：当一个测站观测两个或两个以上测回时，应检查同一方向值各测回的互差。互差要求见表 3.3.3，若检查结果符合要求，取各测回同一方向归零后方向的平均值作为最后结果，列入表 3.3.2 第 9 列。

表 3.3.3　　　　　　　　　方向观测法各项限差

仪器型号	半测回归零差 /(″)	各测回同方向 2C 互差 /(″)	各测回同方向归零方向互差 /(″)
DJ$_2$	8	13	10
DJ$_6$	18		24

如果欲求水平角值，只需将相关的两平均归零方向值相减即可得到。

3.4　竖直角测量

竖直角是同一竖直面内目标方向与一特定方向之间的夹角。目标方向与水平方向间的夹角称为高度角，又称竖角，一般用 α 表示。视线上倾所构成的仰角为正，视线下倾所构成的俯角为负，角值范围是 0°～±90°。另一种是目标方向与天顶方向（即铅垂线的 Z 反方向）所构成的角，称为天顶角或天顶距，一般用 Z 表示，天顶角的大小从 0°～180°，没有负值，如图 3.4.1 所示。天顶角与竖直角有如下关系：

$$Z = 90° - \alpha \qquad (3.4.1)$$

根据竖直角的基本概念，测定竖直角必然也与观测水平角一样，其角值也是度盘上两个方向读数之差。所不同的是两方向中必须有一个是水平方向。不过任何注记形式的竖直度盘（简称竖盘），当视线水平时，其竖盘读数应为定值，正常状态时应为 90°的整倍数，所以在测定竖直角时只需对视线指向的目标点读取竖盘读数，即可计算出竖直角。

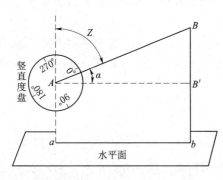

图 3.4.1　竖直角观测原理

3.4.1 竖直度盘的构造

经纬仪的竖盘也叫竖直度盘，装在望远镜旋转轴的一侧，专供观测竖直角使用。竖盘装置应包括竖直度盘、竖盘指标、竖盘指标水准管及竖盘指标水准管微倾螺旋等部件，如图 3.4.2 所示。当经纬仪安置在测站上，经对中、整平后，竖盘应处于竖直状态。因竖盘与望远镜固结在一起，当望远镜绕横轴上下转动时，望远镜带动竖盘一起转动，作为竖盘读数用的读数指标，通过光学棱镜折射后，与竖盘刻划一起呈现在望远镜旁边的读数窗内。读数指标与指标水准管固连，不随望远镜转动，只能通过

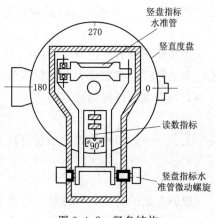

图 3.4.2 竖盘结构

指标水准管微动螺旋做微小移动，使竖盘指标水准管气泡居中，从而保证竖盘处于铅垂状态。

不同型号的经纬仪，竖直度盘的分划注记可能不同，虽然都是 0°～360°，但有顺时针方向注记与逆时针方向注记两种形式。

3.4.2 竖直角计算公式

计算竖直角 α 值时，是用倾斜视线读数减水平线方向值，或是用水平线方向值减倾斜视线方向读数，应根据竖直度盘分划注记方向是顺时针还是逆时针而定。如图 3.4.3 所示的竖直度盘是顺时针注记，当其处于盘左位置时，如图 3.4.3（a）所示，视线水平时竖盘读数为 90°，当观测一目标时，望远镜向上仰，读数减小，倾斜视线与水平视线所构成

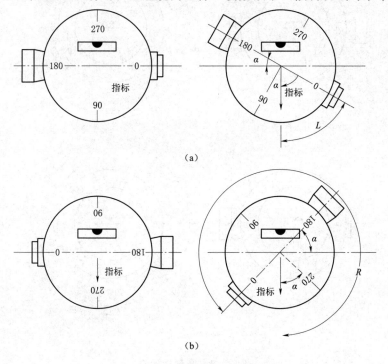

（a）

（b）

图 3.4.3 竖直角计算示意图

的竖直角为 α_L。设视线方向的读数为 L，则盘左位置的竖直角为

$$\alpha_L = 90° - L \qquad (3.4.2)$$

当其处于盘右位置时，如图 3.4.3（b）所示中，视线水平时竖盘读数为 270°。当望远镜向上仰时，读数增大，倾斜视线与水平视线所构成的竖直角为 α_R，设视线方向的读数为 R，则盘右位置的竖直角为

$$\alpha_R = R - 270° \qquad (3.4.3)$$

上、下半测回角值较差不超过规定限值时，取平均值作为一测回的竖直角，即

$$\alpha = \frac{1}{2}(\alpha_L + \alpha_R) \qquad (3.4.4)$$

根据上述的分析，可得竖直角计算公式的通用判别法：

（1）当望远镜视线往上仰，竖盘读数逐渐增加时，则竖直角的计算公式为

　　　　$\alpha = $ 瞄准目标时的读数 $-$ 视线水平时的读数

（2）当望远镜视线往上仰，竖盘读数逐渐减小时，则竖直角的计算公式为

　　　　$\alpha = $ 视线水平时的读数 $-$ 瞄准目标时的读数

3.4.3　竖盘指标差

指标差是指当望远镜视准轴水平，竖直度盘指标水准器气泡居中时，竖直度盘读数应为一固定值（90°或270°），如果竖直度盘指标线偏离正确位置，使读数与应有读数有一个小角度的偏差 x，这个偏差就称为竖直度盘指标差，如图 3.4.4 所示。若指标线沿度盘注

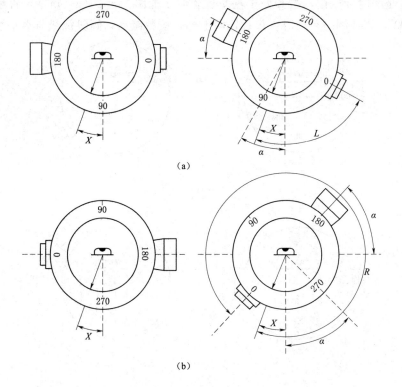

图 3.4.4　竖盘指标差

记增大的方向偏移，使读数增大，则 x 为正；反之 x 为负。

综合上述式（3.4.2）和式（3.4.3）可知：

盘左时，竖直角为 $\qquad\qquad \alpha_L = 90° - (L - x)$ （3.4.5）

盘右时，竖直角为 $\qquad\qquad \alpha_R = (R - x) - 270°$ （3.4.6）

盘左、盘右测得的竖直角相减，则得竖盘指标差为

$$x = \frac{1}{2}(R + L - 360°)$$ （3.4.7）

盘左、盘右测得的竖直角相加，则得竖直角为

$$\alpha = \frac{1}{2}(R - L - 180°)$$ （3.4.8）

从上式可以看出，取盘左、盘右观测结果的中数，可以消除指标差的影响。

3.4.4　竖直角的观测与计算

1. 竖直角的观测

（1）在测站点上安置经纬仪，对中、整平。

（2）以盘左位置瞄准目标，用十字丝中丝精确地对准目标。

（3）调节竖盘指标水准管微动螺旋，使气泡居中，并读取竖盘读数 L。

（4）以盘右位置瞄准原目标，同上法读取竖盘读数 R。

以上的盘左、盘右观测构成一个竖直角测回。

2. 计算

将各观测数据填入表 3.4.1 的竖直角观测手簿中，并按式（3.4.2）和式（3.4.3）分别计算半测回竖直角，再按式（3.4.4）计算出一测回竖直角。

表 3.4.1　　　　　　　　　　竖 直 角 观 测 手 簿

测站	目标	竖盘位置	竖盘读数 （° ′ ″）	半测回竖角 （° ′ ″）	指标差 （″）	一测回竖角 （° ′ ″）	备注
O	A	左	75 30 04	14 29 56	+10	14 30 06	
		右	284 30 17	14 30 17			
	B	左	101 17 23	−11 17 23	+6	−11 17 16	
		右	258 42 50	−11 17 10			

需要说明的是：竖盘指标差属于仪器本身的误差，一般情况下，竖盘指标差的变化很小，可视为定值，如果观测各目标时计算的竖盘指标差变动较大，说明观测质量较差。通常规定 DJ$_6$ 级经纬仪竖盘指标差的变动范围（即互差）应不超过 $\pm 15''$。

3.5　经纬仪的检验与校正

3.5.1　经纬仪的轴线及其应满足的条件

为了使经纬仪在测角时能测出符合精度要求的测量成果，测量前对所使用的仪器要进

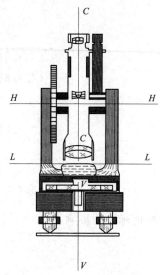

图 3.5.1 经纬仪轴系关系

行检验校正。由于仪器在搬运、装箱、使用的各个过程中，仪器各部分轴线之间应该保证的几何条件可能改变，因此，在使用仪器之前，须进行检验校正，来调整轴线之间的几何关系。

如图 3.5.1 所示，经纬仪的几何轴线有：望远镜的视准轴 CC、横轴（望远镜俯仰转动的轴）HH、照准部水准管轴 LL 和仪器的竖轴 VV。测量角度时，经纬仪应满足下列几何条件：

（1）照准部水准管轴应垂直于竖轴（$LL \perp VV$）。

（2）十字丝竖丝应垂直于横轴。

（3）视准轴应垂直于横轴（$CC \perp HH$）。

（4）横轴应垂直于竖轴（$HH \perp VV$）。

（5）竖盘指标差应在规定的限差范围内。

（6）光学对中器的光学垂线与竖轴重合。

3.5.2 经纬仪的检验与校正

经纬仪轴系之间的正确关系常常在使用期间及搬运过程中发生变动，因此在使用经纬仪观测水平角度之前需要查明仪器的各轴系是否满足前述的条件，如不满足这些条件则应使其满足。前一项工作称为检验，后一项工作称为校正。经纬仪检验和校正的一般方法说明如下。

1. 水准管轴垂直于竖轴的检验与校正

（1）检验。检验时先将仪器大致整平，转动照准部使其水准管与任意两个脚螺旋的连线平行，调整脚螺旋使气泡居中，然后将照准部旋转 $180°$（可利用度盘读数），若气泡仍然居中，则说明条件满足，否则应进行校正。

（2）校正。若水准管轴与竖轴不垂直，倾斜了 α 角，当气泡居中时竖轴就倾斜 α 角，如图 3.5.2（a）所示。照准部旋转 $180°$ 之后，仪器竖轴方向不变，如图 3.5.2（b）所示。

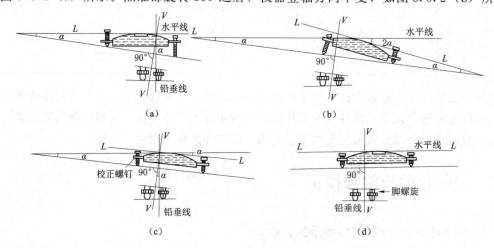

图 3.5.2 水准管检校原理

可见水准管轴和水平线相差 2α 角，气泡偏离正中的格数是 2α 角的反映。

由图 3.5.2（b）可见，校正时将 LL 向水平线方向转动一个 α 角，可得 $LL \perp VV$，即用校正针拨动水准管一端的校正螺钉，使气泡向正中间位置退回一半，如图 3.5.2（c）所示。为使竖轴竖直，再用脚螺旋使气泡居中即可，如图 3.5.2（d）所示。

这项检验校正要反复进行几次，直至照准部转到任何位置，气泡均居中或偏离零点位置不超过半个格为止。对于圆水准器的检验校正，可利用已校正好的水准管整平仪器，此时若圆水准气泡偏离零点位置，则用校正针拨动其校正螺丝，使气泡居中即可。

2. 十字丝竖丝垂直于横轴的检验与校正

（1）检验方法。整平仪器，以十字丝的交点精确瞄准任一清晰的小点 P，如图 3.5.3 所示。拧紧照准部和望远镜制动螺旋，转动望远镜微动螺旋，使望远镜作上、下微动，如果所瞄准的小点始终不偏离纵丝，则说明条件满足；若十字丝交点移动的轨迹明显偏离了 P 点，如图 3.5.3 中的虚线所示，则需进行校正。

（2）校正方法。卸下目镜处的外罩，即可见到十字丝分划板校正设备，如图 3.5.4 所示。松开 4 个十字丝分划板套筒压环固定螺钉，转动十字丝套筒，直至十字丝纵丝始终在 P 点上移动，然后再将压环固定螺钉旋紧。

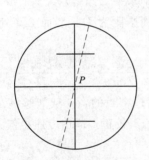
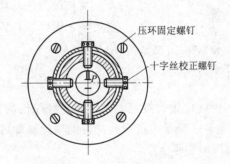

图 3.5.3　十字丝检验　　　　图 3.5.4　十字丝分划板校正设备

3. 视准轴垂直于横轴的检验与校正

视准轴不垂直于横轴所偏离的角度叫照准误差，一般用 c 表示。它是由于十字丝交点位置不正确所引起的。因照准误差的存在，当望远镜绕横轴旋转时，视准轴运行的轨迹不是一个竖直面而是一个圆锥面。所以当望远镜照准同一竖直面内不同高度的目标时，其水平度盘的读数是不相同的，从而产生测角误差。因此，视准轴必须垂直于横轴。

（1）检验方法。整平仪器后，以盘左位置瞄准远处与仪器大致同高的一点 P，读取水平度盘读数 a_1；纵转望远镜，以盘右位置仍瞄准 P 点，并读取水平盘读数 a_2；如果 a_1 与 a_2 相差 $180°$，即 $a_1 = a_2 \pm 180°$，则条件满足，否则应进行校正。

（2）校正方法。转动照准部微动螺旋，使盘右时水平度盘读数对准正确读数 $a = \frac{1}{2}[a_2 + (a_1 \pm 180°)]$，这时十字丝交点已偏离 P 点。用校正拨针拨动十字丝环的左右两个校正螺丝，见图 3.5.4，一松一紧使十字丝环水平移动，直至十字丝交点对准 P 点为止。

由此检校可知，盘左、盘右瞄准同一目标并取读数的平均值，可以抵消视准轴误差的影响。

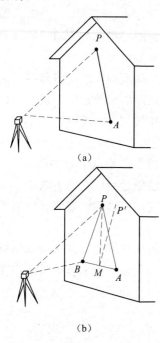

图 3.5.5　横轴垂直于竖轴
的检验与校正

4. 横轴垂直于竖轴的检验与校正

若横轴不垂直于竖轴，视准轴绕横轴旋转时，视准轴移动的轨迹将是一个倾斜面，而不是一个竖直面。这对于观测同一竖直面内不同高度的目标时，将得到不同的水平度盘读数，从而产生测角误差。因此，横轴必须垂直于竖轴。

（1）检验方法。在距一洁净的高墙 20～30m 处安置仪器，以盘左瞄准墙面高处的一固定点 P（视线尽量正对墙面，其仰角应大于 30°），固定照准部，然后大致放平望远镜，按十字丝交点在墙面上定出一点 A，如图 3.5.5（a）所示；同样再以盘右瞄准 P 点，放平望远镜，在墙面上定出一点 B，如图 3.5.5（b）所示。如果 A、B 两点重合，则表明仪器横轴垂直于竖轴，否则需要进行校正。

（2）校正方法。由图 3.5.5 看出，若 A 点与 B 点不重合，其长度 AB 与横轴不水平（倾斜）误差 i 角之间存在一定关系，设经纬仪距墙面平距为 D，墙面上高处 P 点垂直角为 α，则

$$i=\frac{BM}{PM}\rho''=\frac{1}{2}\frac{AB}{D\tan\alpha}\rho''=\frac{1}{2}\frac{AB\cot\alpha}{D}\rho'' \qquad (3.5.1)$$

当 $i>1'$ 时，应进行校正。由于光学经纬仪的横轴是密封的，一般能够满足横轴与竖轴相垂直的条件，测量人员只要进行此项检验即可，若需校正，应由专业检修人员进行。

5. 竖盘指标差的检验与校正

观测竖直角时，采用盘左、盘右观测并取其平均值，可消除竖盘指标差对竖直角的影响，但在地形测量时，往往只用盘左位置观测碎部点，如果仪器的竖盘指标差较大，就会影响测量成果的质量。因此，应对其进行检校消除。

（1）检验方法。安置仪器，分别用盘左、盘右瞄准高处某一固定目标，在竖盘指标水准管气泡居中后，各自读取竖盘读数 L 和 R。根据公式（3.4.7）计算指标差 x 值。

（2）校正方法。检验结束时，保持盘右位置和照准目标点不动，先转动竖盘指标水准管微动螺旋，使盘右竖盘读数对准正确读数 $R-x$，此时竖盘指标水准管气泡偏离居中位置，然后用校正拨针拨动竖盘指标水准管校正螺钉，使气泡居中。反复进行几次，直至竖盘指标差不超过限差。

6. 光学对中器的检验与校正

检校目的：使光学对中器的视准轴经棱镜折射后与仪器的竖轴重合，否则产生对中误差。

（1）检验。经纬仪架设整平后，在光学对中器下方的地面上放一张白纸，将光学对中器的分划板中心投绘在白纸上，设力 A_1 点；旋转照准部，每隔 120° 用同样的方法，将光学对中器的分划板中心投绘在白纸上，设为 A_2、A_3 点；若三点重合，说明光学对中器的

视准轴与仪器竖轴重合，否则需要校正。

（2）校正。在白纸上的三点构成误差三角形，绘出其外接圆圆心 A。图 3.5.6 是位于照准部支架间的圆形护盖下的校正螺钉，松开护盖上的两颗固定螺钉，取下护盖即可看见。调节螺钉 2 可使分划板中心前后移动，调节螺钉 1 可使分划板中心左右移动，直至与 A 点重合为止。此项校正亦需反复进行。

由于仪器的类型不同，校正部位也不同，有的校正使视线转向折射棱镜，有的校正分划板，有的两者均可校正。

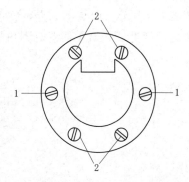

图 3.5.6 光学对中器的校正

3.6 角度测量的误差分析及注意事项

3.6.1 角度测量的误差

在角度测量中，由于多种原因会使测量的结果含有误差。研究这些误差产生的原因、性质和大小，以便设法减少其对成果的影响。同时也有助于预估影响的大小，从而判断成果的可靠性。

影响测角误差的因素有三类，即仪器误差、观测误差、外界条件的影响。

1. 仪器误差

仪器虽经过检验及校正，但总会有残余的误差存在。仪器误差的影响，一般都是系统性的，可以在工作中通过一定的方法予以消除或减小。

主要的仪器误差有：水准管轴不垂直于竖轴，视线不垂直横轴、横轴下垂直竖轴、照准部偏心及竖盘的指标差等。

（1）视准轴误差是视准轴与横轴不垂直，存在 c 角误差，这种误差可采取盘左、盘右取平均值的方法来消除。

（2）横轴误差是横轴与竖轴不垂直，这种误差也可采取盘左、盘右取平均值的方法来消除。

（3）竖轴误差是竖轴不平行垂线而形成的误差，这种误差不能采取盘左、盘右取平均值的方法来消除，只能严格整平仪器，特别在测回之间发现水准气泡偏离一定的限差，必须重新整平仪器，以便减小竖轴误差的影响。

（4）照准部偏心差是指照准部旋转中心与水平度盘中心不重合，导致指标在刻度盘上读数时产生误差，这种误差可采取盘左、盘右取平均值的方法来消除。

（5）度盘刻画误差是指度盘分划不均匀所造成的误差，在水平角观测中，可采用不同测回之间变换度盘位置的方法来减小其影响。目前就现代光学经纬仪、电子经纬仪、全站仪而言，此项误差可忽略不计。

2. 观测误差

（1）对中误差。对中误差是指仪器中心没有置于测站点的铅垂线上所产生的误差。如

图 3.6.1 所示，O 为测站点，O' 为仪器中心，与测站点的偏心距为 e，应测的角为 β，实测的角度为 β'，对中误差对测角的影响

$$\Delta\beta=\beta-\beta'=\delta_1+\delta_2$$

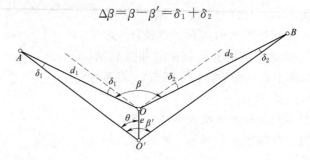

图 3.6.1 对中误差

在三角形 AOO' 和 BOO' 中，δ_1 和 δ_2 很小，则

$$\delta_1=\frac{e\sin\theta}{d_1}\rho''$$

$$\delta_2=\frac{e\sin(\beta'-\theta)}{d_2}\rho''$$

其中

$$\rho''=206265''$$

因此

$$\Delta\beta=e\beta''\left[\frac{\sin\theta}{d_1}+\frac{\sin(\beta'-\theta)}{d_2}\right] \tag{3.6.1}$$

由式 (3.6.1) 可知，对中误差对测角的影响与偏心距成正比，与边长成反比，此外与所测角度的大小和偏心的方向有关。

如果 $e=3\text{mm}$，$\theta=90°$，$\beta'=180°$，$d_1=d_2=100\text{m}$，则

$$\Delta\beta=\frac{2\times0.003\times206265''}{100}=12''$$

对中误差对水平角观测的影响与待测水平角边长成反比，所以，当待测水平角的边长较短时，尤应注意仔细对中。

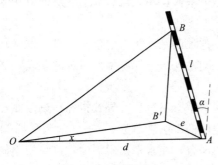

图 3.6.2 目标偏心

（2）目标偏心误差。目标偏心差是指实际瞄准的目标位置偏离地面标志点而产生的误差。如图 3.6.2 所示，O 为测站点，A 为测点标志中心，B 为瞄准的目标位置，其水平投影为 B'，x 即为目标偏心对水平度盘读数的影响。

由图 3.6.2 可知

$$x=\frac{e}{d}\rho''=\frac{l\sin\alpha}{d}\rho'' \tag{3.6.2}$$

如果观测时瞄在花杆离地面 2m 处，花杆倾斜 $30''$，边长为 100m，则

$$x=\frac{2\sin30''}{100}\times206265''=36''$$

由上可知，目标偏心对测角的影响是不容忽视的。目标倾斜越大，瞄准部位越高，则目标偏心越大，对测角的影响就越大，因此观测时应尽量瞄准花杆底部，花杆也要尽量竖直。另外，目标偏心对测角的影响与边长成反比，在边长较短时，应特别注意将目标竖直并立于点位中心，而且观测时应尽量照准目标底部。

（3）整平误差。仪器安置未严格水平而产生的误差。它对测角的影响与目标的高度有关，若目标与仪器同高，其影响很小；若目标与仪器高度不同，其影响将随高差的增大而增大。因此，在丘陵、山区观测时，必须精确整平仪器。

（4）照准误差。影响照准精度的因素有很多，如人眼的分辨角、望远镜的放大率、十字丝的粗细、目标的形状及大小、目标影像的亮度、清晰度以及稳定性和大气条件等。因此，尽管观测者已经尽力照准目标，但仍不可避免地存在程度不同的照准误差。此项误差无法消除，只能选择适宜的照准目标，在其形状、大小、颜色和亮度的选择上多下功夫，改进照准方法，仔细完成照准操作。这样，方可减小此项误差的影响。

（5）读数误差。读数误差是指估读的误差，它主要取决于仪器的读数设备，也与照明情况和观测者的技术熟练程度有一定关系。例如，DJ$_6$级光学经纬仪读数误差不超过分化值的1/10，即不超过$\pm 6''$。为使读数误差控制在上述范围内，观测时必须仔细操作，准确估读。

3. 外界条件的影响

外界条件的影响主要是指各种外界条件的变化对角度观测值精度的影响。外界条件的影响因素很多，如温度变化会影响仪器的正常状态，视线贴近地面或通过建筑物旁、冒烟的烟囱上方、接近水面的上空都会产生不规则折光，大风会影响仪器的稳定，地面辐射热会影响大气的稳定，空气透明度会影响瞄准精度，以及地面松软会影响仪器稳定等。这些因素的影响是非常复杂的，要想完全避免是不可能的。因此，在角度测量时只能采取一些措施，如选择有利的观测条件和时间，安稳脚架、打伞遮阳等，使其影响降低到最低限度。

3.6.2 角度测量的注意事项

鉴于以上分析，为了保证测角精度，观测时必须注意以下事项：

（1）观测前应先检验仪器，发现仪器有误差应立即进行校正，并在观测中采用盘左、盘右取平均值等方法，消除或减小仪器误差对观测结果的影响。

（2）安置仪器要稳定，脚架应踏牢，对中整平应仔细，短边时应特别注意对中，在地形起伏较大的地区观测时，应严格整平。

（3）目标处的标杆应竖直。

（4）观测时应严格遵守各项操作规定。例如，照准时应消除视差；水平角观测时，切勿误动度盘；竖直角观测时，应在读取竖盘读数前，启用自动归零装置等。

（5）水平角观测时，应以十字丝交点照准目标根部。竖直角观测时，应以十字丝交点照准目标顶部。

（6）读数应准确，观测时应及时记录和计算。

（7）各项误差值应在规定的限差以内，超限必须重测。

思考题与练习题

1. 什么是水平角？用经纬仪瞄准同一竖直面内不同高度的两个点，在水平度盘上的读数是否相同？

2. 什么是竖直角？用经纬仪瞄准同一竖直面内不同高度的两个点，在竖盘上的读数差是否就是竖直角？

3. 试分别叙述测回法与方向观测法观测水平角的步骤，并说明二者的适用情况。

4. 如何判断经纬仪竖盘刻划注记形式？简述竖直角观测的步骤。

5. 什么是竖盘指标差？指标差的正、负是如何定义的？怎样求出竖盘指标差？

6. 用盘左、盘右读数取平均值的测量方法，能消除哪些误差对水平角的影响？

7. 经纬仪有哪些主要轴线？它们之间应满足哪些条件？

8. 在什么情况下，对中误差和目标偏心差对测角的影响较大？

9. 整理题表 3.1 中测回法观测水平角的记录。

题表 3.1　　　　　　　　　　　　　　测 回 法 观 测 手 簿

测站	竖盘位置	目标	水平度盘读数 (° ′ ″)	半测回角值 (° ′ ″)	一测回角值 (° ′ ″)	各测回平均角值 (° ′ ″)	备注
第一测回 O	左	A	00　00　06				
		B	78　48　54				
	右	A	180　00　36				
		B	258　49　06				
第二测回 O	左	A	90　00　24				
		B	168　48　48				
	右	A	270　00　12				
		B	348　48　30				

10. 用一台 DJ_6 级经纬仪观测一高处目标，盘左竖盘读数为 $81°44'24''$，盘右竖盘读数为 $278°15'24''$，试计算竖直角 α 和竖盘指标差 x。如仍用这台经纬仪盘左瞄准另一目标，竖盘读数为 $87°38'12''$，计算竖直角 α。

11. 整理题表 3.2 中竖直角观测的记录。

题表 3.2　　　　　　　　　　　　　　竖 直 角 观 测 手 簿

测站	目标	竖盘位置	竖盘读数 (° ′ ″)	半测回竖直角 (° ′ ″)	指标差 (″)	一测回竖直角 (° ′ ″)	备注
O	A	左	81　20　45				
		右	278　38　15				顺时针注记度盘
	B	左	96　43　24				
		右	263　15　30				

12. 整理题表 3.3 中方向观测法观测水平角的记录。

题表 3.3   **方向观测法观测记录手簿**

测站	测回数	目标	读数		2C (")	平均方向值 (")	归零后方向值 (° ′ ″)	各测回平均值 (° ′ ″)	备注
			盘 左 (° ′ ″)	盘 右 (° ′ ″)					
O	1	A	00 00 54	180 01 24					
		B	79 27 48	259 27 30					
		C	142 31 18	322 31 00					
		D	288 46 30	108 46 06					
		A	00 00 42	180 00 18					
		Δ							
O	2	A	90 01 06	270 00 48					
		B	169 27 54	349 27 36					
		C	232 31 30	42 31 00					
		D	18 46 48	198 46 36					
		A	90 01 00	270 00 36					
		Δ							

第 4 章

距离测量

学习目标

本章学习距离测量方法和直线定向、坐标计算原理以及全站仪的结构与使用。通过学习，了解电磁波测距原理、全站仪的结构和直线方向的表示方法；熟悉钢尺量距的方法、视距测量的观测与计算和距离测量误差来源及注意事项；掌握直线定向、标准方向线和坐标正反算；掌握全站仪的基本功能和使用方法。

距离测量的方法有多种，常用的有：钢尺量距、视距测量、光电测距及 GPS 测距等。根据不同测距精度要求和作业条件选用测距方法，本章主要介绍前三种方法。

4.1 钢尺量距

4.1.1 量距工具

1. 钢尺

钢尺是由优质钢制成的带状尺，可卷放在图形盒内或金属架上，故又称钢卷尺。钢尺厚 0.2～0.4mm，宽 10～15mm，全长有 20m、30m 及 50m 几种。钢尺的基本分划为毫米，在尺的米、分米及厘米处有数字标注。由于尺的零点位置不同，钢尺有端点尺和刻线尺之分。端点尺是以尺的最外端作为尺的零点，如图 4.1.1（a）所示，当从建筑物墙边开始丈量时很方便。刻线尺是以尺前端的一刻线作为尺的零点，如图 4.1.1（b）所示。

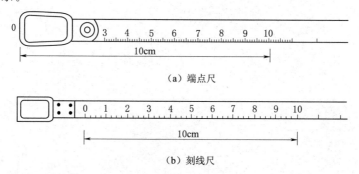

（a）端点尺

（b）刻线尺

图 4.1.1 钢尺的种类

钢尺抗拉强度高，受拉力的影响较小，在工程测量中常用钢尺量距。但钢尺有热胀冷缩性，同时钢尺较薄，性脆易折，应防止打结、车轮碾压；钢尺受潮易生锈，应防雨淋、水浸。因此要注意钢尺的保养。

2. 皮尺

皮尺是用麻线或加入金属丝织成的带状尺。长度有 20m、30m 和 50m 等。皮尺的基本分划为厘米，在尺的分米和整米处有注记，尺端金属环的外端为尺子的零点。尺子不用时，卷入支壳或塑料壳内，携带和使用都很方便，但是皮尺容易伸缩，量距精度比钢尺低，皮尺丈量精度在 1/1000 左右，一般用于要求精度不高的碎部测量和土方工程的施工放样等。

3. 辅助量距工具

辅助量距工具有标杆、测钎、锤球、温度计、弹簧秤等。

标杆用圆木杆或合金材料制成，直径为 3～4cm，全长 2～3m，杆上涂以红白相间的双色油漆，间隔长为 20cm，故标杆又称花杆。杆的下端有铁制尖脚，以便插入地内，如图 4.1.2（a）所示。标杆是一种简单照准标志，在丈量中用于直线定线。合金材料制成的标杆重量轻且可以收缩，携带方便。

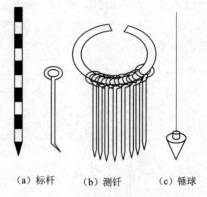

测钎一般用长 25～35cm，直径 3～4mm 粗的铁丝制成。一端卷成圆环，便于套在另一铁环内，以 6 根或 11 根为一串；另一端磨削成尖锥状，以便于插入地内，如图 4.1.2（b）所示，一般作为丈量的尺段标记。

(a) 标杆　　(b) 测钎　　(c) 锤球

图 4.1.2　钢尺量距的辅助工具

锤球也称线锤，为铁制圆锥状重物，它上大下尖，上端的中心悬吊在细线下端，如图 4.1.2（c）所示。当锤球自由静止后，细线和锤球即在同一垂线上。利用其吊线为铅垂线的特性，丈量时用铅锤投递点位。

4.1.2　直线定线

如果地面两点之间距离较长或地面起伏较大，就需要在直线方向上分成若干段进行量测。这种将多个分段点标定在待量直线上的工作称为直线定线，简称定线。定线方法有目视定线和经纬仪定线两种，一般量距时用目视定线，精密量距时用经纬仪定线。

1. 目视定线

目视定线又称标杆定线。如图 4.1.3 所示，A、B 为地面上待测距离的两个端点，欲在 AB 直线上定出 1、2 等点，先在 A、B 两点标志各竖立一标杆，甲站在点 A 标杆后约 1m 处，自点 A 标杆的一侧目测瞄准点 B 标杆，指挥乙左右移动标杆，直至点 2 标杆位于 AB

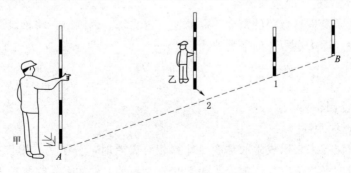

图 4.1.3　目视定线

直线上为止。同法可定出直线上其他点。两点间定线一般应由远到近，即先定点 1 再定点 2。

2. 经纬仪定线

当量距精度要求较高时，应采用经纬仪定线法，经纬仪定线工作包括清障、定线、概量、钉桩、标线等，如图 4.1.4 所示。欲在 A、B 两点间精确定出点 1、2…的位置，可将经纬仪安置于 A 点，用望远镜瞄准 B 点，固定照准部制动螺旋，完成概定向；然后将望远镜向下俯视，定出相距略小于整尺长度的尺段点 1，并钉上木桩（桩顶高出地面 10～20cm），且使木桩在十字丝纵丝上，该桩称为尺段桩；最后沿纵丝在桩顶前后各标一点，通过两点绘出方向线，再加一横线，使之构成"十"字（或钉小钉），作为尺段丈量的标志。同法可钉出 2、3 尺段桩。高精度量距时，为了减小视准轴误差的影响，可采用盘左盘右分中法定线。

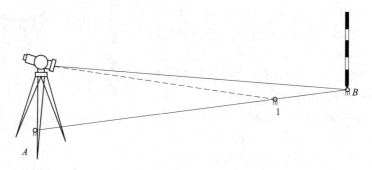

图 4.1.4　经纬仪定线

4.1.3　钢尺量距的一般方法

钢尺量距可分为平坦地面的距离丈量和倾斜地面的距离丈量。可使用目估定线和仪器定线。丈量工作要求平、直、准。

1. 平坦地面量距

丈量时尽量用整尺段，末段用零尺段丈量，地面两点之间的水平距离则为

$$D = nl + q \tag{4.1.1}$$

式中　n——尺段数；

　　　l——整尺长；

　　　q——不足一整尺的余长。

为了防止错误及提高量距的精度，需要往、返丈量。返测时，将钢尺调头，从相反向丈量，最后取往、返丈量距离的平均值为

$$D_{平} = \frac{D_{往} + D_{返}}{2} \tag{4.1.2}$$

式中　$D_{往}$——往测距离；

　　　$D_{返}$——返测距离。

一般用相对误差来表示成果的精度。计算相对误差时，分子为往返测差数取绝对值，分母取往返测量的平均值，并化为分子为 1 的分数表示。例如 D_{AB} 往测长为 327.47m，返测长为 327.35m，则相对误差为

$$K = \frac{|D_{往} - D_{返}|}{D_{平}} = \frac{0.12}{327.41} \approx \frac{1}{2700} \tag{4.1.3}$$

一般来说，要求相对误差 $K \leqslant 1/3000$。困难地段丈量的相对误差不应大于 $1/1000$。若往、返丈量的精度超过限差要求，应予以返工，重新进行丈量。当量距相对误差满足规范要求时，取往、返丈量结果的平均值作为两点间的水平距离。

2. 倾斜地面量距

倾斜地面的距离丈量方法分为平量法和斜量法两种。

(1) 平量法：当地面起伏不大时，可将钢尺拉平丈量，称为水平量距法，如图 4.1.5 (a) 所示。公式为

$$D = \sum L_i \tag{4.1.4}$$

(2) 斜量法：如图 4.1.5 (b) 所示，当地面呈等倾斜时，可按斜面直接丈量倾斜距离，经过计算后获得水平直线距离。测得斜距 L。根据实测地面倾角 α，算得 AB 两点间的水平长度为

$$D = L\cos\alpha \tag{4.1.5}$$

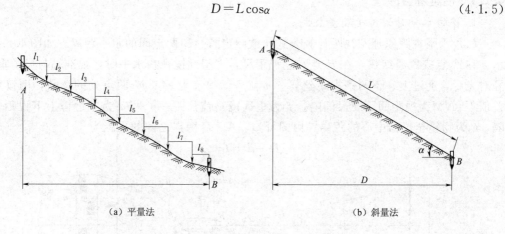

(a) 平量法   (b) 斜量法

图 4.1.5 倾斜地面的距离丈量

3. 钢尺量距时的注意事项

(1) 丈量用的钢尺应进行尺长检定。

(2) 丈量前应对所使用的钢尺认读零点和末端位置，了解注记规律。

(3) 丈量时应准确定线，钢尺应拉平、拉直，用力均匀拉紧，钢尺零点应对准尺段起始位置，末端插测钎应竖直准确插下，前、后尺手应配合默契。

(4) 零尺段读数要正确，及时记录该尺段数据，整尺段数应记清，并应与后尺手收回的测钎数符合。

(5) 丈量完一个尺段后，前进时，钢尺应悬空，不应触地拖拉，防止钢尺打卷，注意勿被车辆碾压，避免钢尺断裂损坏。

(6) 钢尺丈量使用完毕后，应清除尺上泥污和水渍，并涂上防锈油，加以保养。

(7) 如进行精密量距，必须按作业要求逐一进行。量距本身是一项简单工作，但在高精度要求下，不遵守操作要求很难达到精度要求，务必要注意。

用一般方法量距，量距精度只能达到 $1/1000 \sim 1/5000$，当量距精度要求更高时，例

如 1/10000～1/40000，就要求采用精密量距法进行丈量，由于精密量距法野外工作相当繁重，同时，鉴于目前测距仪和全站仪已经普及，要达到更高的测距精度已是很容易的事，故精密量距法不再介绍。

4.2 视距测量

视距测量是利用望远镜内十字丝分划板上的视距丝及视距尺（塔尺或普通水准尺），根据光学和三角原理同时测定仪器至立尺点间的水平距离和高差的一种方法。视距测量的精度较低，其测量距离的相对误差约为 1/300，低于钢尺量距；测定高差的精度每百米约 ±3cm，低于水准测量。用视距测量测定距离和高差具有速度快、劳动强度小、受地形条件限制少等优点，例如三等、四等水准测量中用视距法测得前后视距。下面简单介绍其测量原理及方法。

4.2.1 视距测量原理

1. 视线水平时的视距测量公式

（1）水平视距原理及视距计算公式。欲测定 A、B 两点间的水平距离，如图 4.2.1 所示，在 A 点安置经纬仪，在 B 点竖立视距尺，当望远镜视线水平时，视准轴与尺子垂直。经对光后，通过上、下两条视距丝 m、n 就可读得尺上 M、N 两点处的读数，两读数的差值 $l=\overline{NM}$ 为视距间隔或尺间隔。f 为望远镜物镜焦距，$p=\overline{nm}$ 为望远镜上下视距丝间隔，δ 为物镜至仪器中心的距离，由图可知，A、B 两点之间的平距为

$$D=d+f+\delta$$

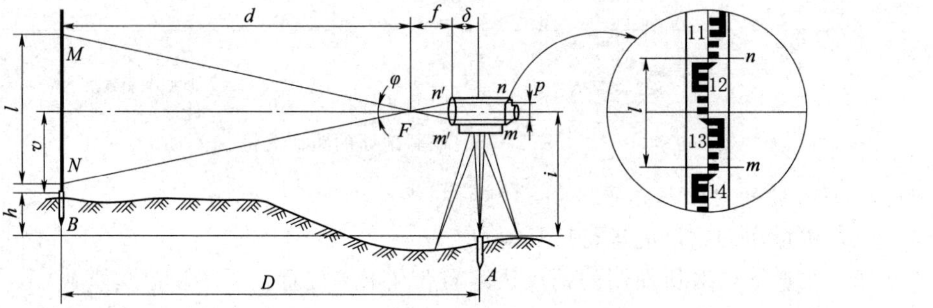

图 4.2.1 水平视距测量

由于 $\triangle n'm'F$ 相似于 $\triangle NMF$，因此有 $\dfrac{d}{f}=\dfrac{l}{p}$，则

$$d=\frac{f}{p}l \tag{4.2.1}$$

顾及式（4.2.1），由图 4.2.1 得

$$D=d+f+\delta=\frac{f}{p}l+f+\delta \tag{4.2.2}$$

令 $K=\dfrac{f}{p}$，$C=f+\delta$，则有

$$D = Kl + C \qquad (4.2.3)$$

式中　　K——视距乘常数；

　　　　C——视距加常数。

设计制造仪器时，通常使 $K=100$，对于内对光望远镜 C 值接近于 0，因此，视线水平时的视距计算公式为

$$D = Kl = 100l \qquad (4.2.4)$$

式中　　K——视距乘常数，$K=100$；

　　　　l——视距间隔，即上下丝读数之差。

（2）高差计算公式。如图 4.2.1 所示，在望远镜中读出中丝读数 v，用小钢尺量出仪器高 i，则 A、B 两点的高差为

$$h = i - v \qquad (4.2.5)$$

若已知测站点的高程 H_A，则立尺点 B 的高程为

$$H_B = H_A + h = H_A + i - v \qquad (4.2.6)$$

【例 4.2.1】　如图 4.2.2 所示，设测站点的高程 $H_A = 80.36\mathrm{m}$，上丝读数为 1.387，下丝读数为 1.188，仪器高度 $i = 1.48\mathrm{m}$，中丝高度 $v = 1.288\mathrm{m}$，求 AB 间的水平距离 D 和 B 点的高程。

解：视距间隔为

$$l = 1.387 - 1.188 = 0.199(\mathrm{m})$$

AB 间的水平距离为

$$D = 100 \times 0.199 = 19.9(\mathrm{m})$$

AB 间的高差为

$$h = i - v = 1.48 - 1.288 = +0.192(\mathrm{m})$$

B 点的高程为

$$H_B = H_A + h = 80.36 + 0.192 = 80.552(\mathrm{m})$$

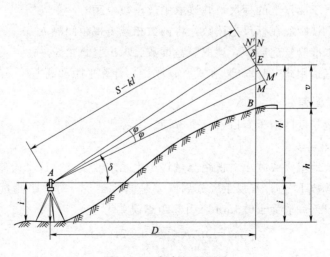

图 4.2.2　倾斜视距测量

2. 视线倾斜时的视距计算

(1) 视线倾斜时的视距计算公式。当地面起伏比较大，望远镜倾斜才能瞄到视距尺时，如图4.2.2所示，此时视线不再垂直于视距尺。因此需要将B点视距尺的尺间隔l，即M、N读数差，化算为垂直于视线的尺间隔l'，即图中M'、N'的读数差。求出斜距D'，然后再求水平距离D。

设视准轴倾斜角为δ，由于φ角很小，略为$17'$，故可将$\angle NN'E$和$\angle MM'E$近似看成直角，则$\angle NEN' = \angle MEM' = \delta$，于是

$$l' = M'N' = M'E + EN' = ME\cos\delta + EN\cos\delta$$
$$= (ME + EN)\cos\delta = l\cos\delta \tag{4.2.7}$$

根据式（4.2.4）得倾斜距离

$$S = Kl' = Kl\cos\delta$$

化算为平距，有

$$D = S\cos\delta = Kl\cos^2\delta \tag{4.2.8}$$

(2) 视线倾斜时的高差计算公式。

A、B两点间的高差为$h = h' + i - v$，式中，

$$h' = S\sin\delta = Kl\cos\delta\sin\delta = \frac{1}{2}Kl\sin2\delta \tag{4.2.9}$$

故视线倾斜时A、B两点间的高差为

$$h = \frac{1}{2}Kl\sin2\delta + i - v \tag{4.2.10}$$

4.2.2 视距测量的观测与计算

视距测量主要用于地形测量、可同时测定测站点至地形点的水平距离及高差。其观测步骤如下：

(1) 在测站上安置经纬仪，量取仪器高i（桩顶至仪器横轴中心的距离），精确到厘米；

(2) 瞄准竖直于测点上的标尺，并读取中丝读数v值；

(3) 用上、下视距丝在标尺上读数，将两数相减得视距间隔l；

(4) 使竖盘水准管气泡居中，读取竖盘读数，求出竖直角α。

视距测量可直接用式（4.2.8）和式（4.2.10）计算平距和高差。

4.2.3 视距测量误差

影响视距测量精度的因子有以下几个方面。

1. 视距尺分划误差

该误差若系统地增大或减小对视距测量将产生系统性误差。这个误差在仪器常数检测时将会反应在乘常数K上。若视距尺分划误差是偶然误差，对视距测量影响也是偶然性的。视距尺分划误差一般为± 0.5mm，引起距离误差为

$$m_d = 0.5K\sqrt{2} = 0.071(\text{m})$$

2. 乘常数K值的误差

一般视距乘常数$K = 100$，但由于视距丝间隔有误差，视距尺有系统性误差，仪器检

定有误差，都会使 $K \neq 100$。K 值误差使视距测量产生系统误差。K 值应在 100 ± 0.1 之内，否则应该改正。

3. 竖直角测量误差

竖直角测量误差对视距测量有影响。

4. 视距丝读数误差

视距丝读数误差是影响视距测量精度的重要因素。它与视距的远近成正比，距离越远误差越大，所以视距测量中要根据测图对测量精度的要求限制最远视距。

5. 外界气象条件对视距测量的影响

（1）大气折光的影响。视线穿过大气时会产生折射，其光程从直线变成曲线，造成误差，由于视线靠近地面时折光大，因此规定视线应高出地面 1m 以上。

（2）大气湍流的影响。空气的湍流使视距成像不稳定，造成视距误差。当视线接近地面或水面时这种现象更为严重，因此视线要高出地面 1m 以上。除此之外，风和大气能见度对视距测量也会产生影响。风力过大，尺子会抖动，空气中灰尘和水汽会使视距尺成像不清晰，造成读数误差，因此应选择良好的天气进行测量。

4.3 电磁波测距

4.3.1 电磁波测距概述

电磁波测距（electro-magnetic distance measuring，EDM）是用电磁波（光波或微波）作为载波传输测距信号，以测量两点间距离的一种方法。电磁波测距仪按其所采用的载波可分为：①用微波段的无线电波作为载波的微波测距仪；②用激光作为载波的激光测距仪。③用红外光作为载波的红外测距仪。后两者又统称光电测距仪。

微波和激光测距仪多属于长程测距，一般用于大地测量；而红外测距仪属于中、短测距仪（测程为 15km 以下），一般用于小地区控制测量、地形测量、地籍测量和工程测量等。

光电测距仪一般按光源、测程、测距精度和测距原理分类。

（1）按光源可分为红外测距仪和激光测距仪。

（2）按测程可分为短程测距仪（3km 以内的测距仪）、中程测距仪（测程为 3km 以外，15km 以内的测距仪）和远程测距仪（测程为 15km 以外的测距仪）。

（3）按测距仪的精度分为Ⅰ级、Ⅱ级测距仪。测距仪的精度是指测距的标称精度，以每千米的测距中误差 m_D 表示

$$m_D = \pm (A + B \times D) \qquad (4.3.1)$$

式中　A——仪器标称精度中的固定误差，mm；

　　　B——仪器标称精度中的比例误差系数，mm/km；

　　　D——测距边长度，km。

当 $D = 1km$ 时，则 m_D 为 1km 的测距中误差。按此指标，我国现行《城市测量规范》（CJJ/T 8—2011）将测距仪划分为两级，即Ⅰ级，$m_D \leqslant 5mm$，Ⅱ级，$5mm < m_D \leqslant 10mm$。三等、四等水平控制网的边长可采用Ⅱ级或Ⅰ级精度的测距仪测量。

（4）按测距的原理可分为脉冲式测距仪、相位式测距仪和脉冲-相位式测距仪。

1）脉冲式测距仪。脉冲式光电测距仪是将发射光波的光强调制成一定频率的尖脉冲，通过测量发射的尖脉在待测距离上往返传播的时间来计算距离。由于石英晶振频率难以提高，使脉冲测距仪达到毫米级的测距精度是非常困难的。它发射功率大、测程远，可以不要合作目标，但测距精度较低。

目前，脉冲式测距仪一般用固体激光器作光源，能发射出高频率的光脉冲，因而这类仪器可以不用合作目标（如反射器），直接用被测目标对光脉冲产生的漫反射进行测距；在地形测量中可实现无人跑尺，从而减轻劳动强度，提高作业效率，特别是在悬崖陡壁的地方进行工程测量，此种仪器更具有实用意义。近年来，脉冲法测距在技术上有了进展，精度指标有了新的突破，Wild厂生产的DI3000红外激光测距仪，其测距精度已达到毫米级，标称精度为 $m_D = \pm(3mm + 1 \times 10^{-6}D)$。

2）相位式测距仪。相位式测距仪测距的主要特点是发射连续的正弦调制光波，测定测距信号在发射与接收之间的相位差，间接测得时间，以确定待测距离，它的测距精度高，测程短，但要有合作目标。

3）脉冲-相位式测距仪。该种测距仪测距的主要特点是发射光脉冲载波，通过测定相位差以确定待测距离，它兼有测程短、测距精度高的特点。下面以相位式测距仪为例，介绍测距原理。

4.3.2 相位式光电测距原理

如图4.3.1所示，相位式光电测距的基本原理是通过测定电磁波（无线电波或光波）在测线两端点 A、B 间往返传播的时间 t_{2D}。

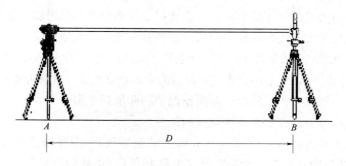

图4.3.1 光电测距的原理

测距仪发射连续的调制光波，通过测量调制光波往返于待测距离上的相位差 φ，间接测定出时间 t_{2D}，由于电磁波在大气中的传播速度 c 已知，按式（4.3.2）可求得待测距离 D。

$$D = \frac{1}{2}c \times t_{2D}$$ (4.3.2)

式中　c——光速，$c = \frac{c_0}{n}$，$c_0 = (299792458 \pm 1.2)m/s$，为光在真空中的传播速度；$n$ 为大气折射率（$n \geq 1$）。

1. 相位式测距工作原理

为了提高测距精度，人们采用间接测定 t_{2D} 的方法。该法是由仪器发射出去一种连续调制波，被反射回来后进入仪器的接收器，通过发射信号与返回信号的相位比较，即可测定调制波往返于测线的滞后相位差（小于 2π 的尾数），用几个不同调制波测相结果，便可间接推算出传播时间 t_{2D}，并计算出测线的倾斜距离 D。仪器的工作原理如图 4.3.2 所示。

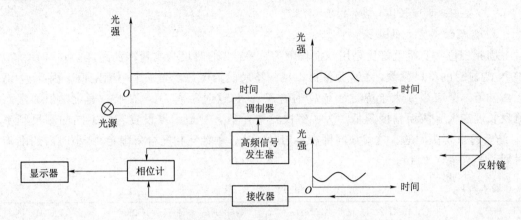

图 4.3.2 相位式测距工作原理流程

2. 固频相位测距的基本公式

如图 4.3.3 所示，若将调制光波在测线上按往返距离展平，则它返回到 A 点的相位要比发射的时间延迟了 φ 角，即

$$\varphi = \omega t_{2D} = \frac{2\pi}{T} t_{2D} = 2\pi f t_{2D} \tag{4.3.3}$$

则

$$t_{2D} = \frac{\varphi}{2\pi f} \tag{4.3.4}$$

式中 ω——调制光波的角速度；

       T——调制光波的周期；

       f——调制光波的频率。

将式（4.3.4）代入式（4.3.2）得

$$D = \frac{c}{2f} \frac{\varphi}{2\pi} = \frac{\lambda}{2} \frac{\varphi}{2\pi} \tag{4.3.5}$$

式中 $\lambda = c/f$，为调制光波的波长。

在图 4.3.3 中，调制光波往、返于待测距离上的相位差整周期数为 N，不足的尾数为 $\Delta\varphi$，即

$$\varphi = N \times 2\pi + \Delta\varphi \tag{4.3.6}$$

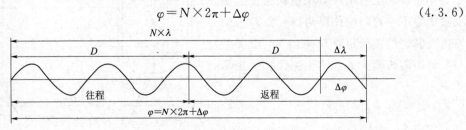

图 4.3.3 调制光波

代入式（4.3.5）得

$$D=\mu(N+\Delta N) \tag{4.3.7}$$

式中　　ΔN——相位差尾数的折合整周数，$\Delta N=\Delta\varphi/2\pi$；

　　　　μ——测尺长度，$\mu=\lambda/2=c/2f$。

3. 测尺频率方式的选择

固频相位法测距就好比是用一把长度为 $\mu=\lambda/2$ 的测尺去丈量待测距离。式（4.3.7）中 N 为量得的整尺段数，ΔN 为量得不足一整尺段的尾数，是一个不确定值，因此 D 仍无法知道，只有当 μ 大于待测距离 D 时，$N=0$，这时距离 D 才有唯一确定的值。然而测尺长度越大，测距精度越低。为了解决这一矛盾，一般采取设置若干不同的测尺频率 f_i 结合起来解决问题。这就如同钟表上用时、分、秒针互相配合来确定 12 小时内的准确时间一样（表 4.3.1）。

表 4.3.1　　　　　　　　　　　　　测 尺 频 率 表

测尺频率	15MHz	1.5MHz	150kHz	15kHz	1.5kHz
尺长	10m	100m	1km	10km	100km
精度	1cm	10cm	1m	10m	100m

设仪器中采用了两把测尺配合测距，其中精测频率为 f_1，相应的测尺长度为 μ_1，粗测频率为 f_2，相应的测尺长度为 μ_2。

若取 $f_2=150\text{kHz}$，则 $\mu_2=1\text{km}$，长度范围内 $N_2=0$，因此，由 μ_2 可以准确测得"百米"和"十米"的数值，而第三位"米"的数值，因存在测相误差而为近似值。再取 $f_1=15\text{MHz}$，则 $\mu_1=10\text{m}$，即在 N_1 未知的情况下可以准确知道 10m 以下的余长，即"米"和"分米"的数值。同样，因测相误差的存在，第三位"厘米"的数值为近似值。对同一距离，将 μ_1 和 μ_2 所测的值联合起来便可得到在 1km 以内的距离，其准确度可达厘米。

由精、粗测尺读数计算距离的工作，已由仪器内部的逻辑电路自动完成。

4.3.3　测距仪常数改正、反射棱镜与误差来源

1. 短程光电测距仪测定距离改正计算

（1）加常数改正。如图 4.3.4 所示，由于测距仪的距离起算中心与仪器的安置中心不一致，反射镜等效反射面与反射镜安置中心不一致，使仪器测得距离 D_0-d 与所要测定的实际距离 D 不相等，其差数与所测距离长短无关，称为测距仪的加常数 k。

$$k=D-(D_0-d) \tag{4.3.8}$$

实际上，测距仪的加常数包含仪器加常数和反射镜常数，当测距仪和反射镜构

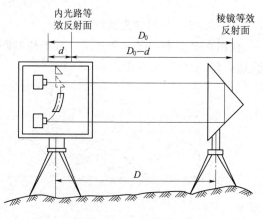

图 4.3.4　加常数

成固定的一套设备后，其加常数可测出。由于加常数为一固定值，可预置在仪器中，使之测距时自动加以改正。但是仪器在使用一段时间后，此加常数可能会有变化，应进行检验，测出加常数的变化值（称为剩余加常数），必要时可对观测成果加以改正。

（2）乘常数改正。所谓乘常数，就是当频率偏离其标准值而引起的一个计算改正数的乘系数，也称比例因子。乘常数可通过一定检测方法求得，必要时可对观测成果进行改正。如果有小型频率计，直接测定实际工作频率，就可方便地求得乘常数改正值。

测距仪在使用过程中，实际的调制光频率与设计的标准频率之间有偏差时，将会影响测距成果的精度，其影响与距离的长度成正比。

设 f 为标准频率，f' 为实际工作频率，频率偏差为

$$\Delta f = f' - f \tag{4.3.9}$$

乘常数为

$$R = \Delta f / f' \tag{4.3.10}$$

乘常数改正值为

$$\Delta D_R = RD' \tag{4.3.11}$$

式中　D'——实测距离值，km；

　　　R——乘常数，mm/km。

（3）气象改正。光的传播速度受大气状态（温度 t、气压 P、湿度 e 等）的影响。仪器制造时只能选取某个大气状态（假定大气状态）来定出调制光的波长，而实际测距时的大气状态一般不会与假定大气状态相同，而使测尺长度产生变化，使得测距成果中含有系统误差，因此必须加气象改正。

气象改正数的计算公式如下：

$$\Delta D_{tP} = \left(279 - \frac{0.290P}{1+0.0037t}\right)D' \tag{4.3.12}$$

式中　t——温度，℃；

　　　P——气压，mb；

　　　D'——观测距离，km；

　ΔD_{tP}——改正数，mm。

1mb（毫巴）=100Pa。

改正后斜距为

$$D'' = D' + \Delta D_{tP} \tag{4.3.13}$$

不同型号的测距仪，气象改正公式的系数也不同，在仪器使用说明书内一般给出了气象改正计算公式。

（4）倾斜改正。由测距仪测得的距离观测值经加常数、乘常数和气象改正后，得到改正后的倾斜距离，必须加倾斜改正后才能得到水平距离。

$$D_\alpha = D' + K + \Delta D_R + \Delta D_P \tag{4.3.14}$$

当已知测线两端之间的高差 h 时，可按下式计算倾斜改正数：

$$\Delta D_h = -\frac{h^2}{2D_\alpha} - \frac{h^4}{8D_\alpha^3} \tag{4.3.15}$$

式中　h——测距仪与反射棱镜中心之间的高差。

水平距离

$$S = D_a + \Delta D_h$$

若测得测线的竖角，可用下式直接计算水平距离

$$S = D_a \cos \alpha \qquad (4.3.16)$$

（5）归算至大地水准面的改正。

将水平距离归算至大地水准面的改正为

$$\Delta S = -S \frac{H}{R} \qquad (4.3.17)$$

式中　H——当用式（4.3.16）计算 S 时为反射镜面的高程；当用式（4.3.17）计算 S 时为反射镜站与测站的平均高程。

2. 反射棱镜

红外测距仪在进行距离测量时，一般需要与一个合作目标相配合才能工作，这种合作目标叫反射器。对红外测距仪而言，大多采用全反射棱镜作为反射器，全反射棱镜也称反光镜，是用光学玻璃磨制成的四面体，如同从立体玻璃上切下的一角。实际应用的反光镜，有单块棱镜、三棱镜、六棱镜、九棱镜等，也有由更多块棱镜组合而成的，适用于不同的距离测量。

由于光在玻璃中的折射率为 1.5~1.6，而光在空气中的折射率近似等于 1，也就是说光在玻璃中的传播要比空气中慢，因此光在棱镜中传播所用的超量时间会使所测距离增大某一数值，该数值称为**棱镜常数**。棱镜常数的大小与棱镜直角玻璃锥体的尺寸和玻璃的类型有关，已在厂家所附的说明书或在棱镜上标出，供测距时使用。

3. 误差来源

测距误差可分为两部分：一部分是与距离 D 成比例的误差，即光速值误差、大气折射率误差和测距频率误差；另一部分是与距离无关的误差，即测相误差、加常数误差、对中误差。周期误差有其特殊性，它与距离有关但不成比例，仪器设计和调试时可严格控制其数值，实用中如发现其数值较大而且稳定，可以对测距成果进行改正，这里不再阐述。

4.3.4　测距仪测量距离

1. 测距仪和反射镜安置

测距时，将测距仪和反射镜分别安置在测线的两端，仔细对中。

2. 开机与测距

接通测距仪的电源，然后照准反射镜，检查经反射镜反射回的光强信号，合乎要求后即可开始测距。为防止出现粗差和减少照准误差的影响，可进行若干个测回的观测（一测回的含义是指照准目标一次，读数 2~4 次）。一测回内读数次数可根据仪器读数出现的离散程度和大气透明度作适当增减。根据不同精度要求和测量规范的规定确定测回数。往、返测回数各占总测回数的一半，精度要求不高时，只作单向观测。

3. 记录

先读测距读数，将数值记入手簿中，接着读取竖盘读数，记入手簿的相应栏内。

4. 计算改正

测距时，同时应由温度计读取大气温度值，由气压计读取气压值。观测完毕可按气温和气压进行气象改正，按测线的竖角进行倾斜改正，最后求得测线的水平距离。

5. 测距成果的整理

电磁波测距是在地球自然表面上测量距离所得的长度初步值。改正计算大致可分为三类：①仪器系统误差改正（包括加常数改正、乘常数改正和周期误差改正）；②大气折射率变化所引起的改正；③归算改正（包括倾斜改正，归算到参考椭球面上的改正；投影改正，投影到高斯平面上的改正；如果有偏心观测的成果，还要进行归心改正；对于较长距离如 10km 以上时，还要加入波道弯曲改正）。某些类型的测距仪，通过设置比例因子，在一定范围内可自动进行一些改正计算。

6. 注意问题

测距时应避免各种不利因素影响测距精度，如避开发热体（散热塔、烟囱等）的上空及附近，安置测距仪的测站应避开电磁场干扰，距高压线应大于 5m，测距时的视线背景部分不应有反光物体等。要严格防止阳光直射测距仪的照准头，以免损坏仪器。

4.4 直线定向

欲确定待定地面点平面位置，需测待定点与已知点间的水平距离和该直线的方位，再推算待定点的平面坐标。确定直线方位的实质是测定直线与标准方向间的水平夹角，这一测量工作称为直线定向。测量工作中，常用方位角或象限角来表示直线的方向。

4.4.1 基本方向

1. 真北方向

过地面某点真子午线的切线北端所指示的方向称为真北方向。真北方向可采用天文测量的方法测定，如观测太阳、北极星等，也可采用陀螺经纬仪测定。

2. 磁北方向

磁针自由静止时其指北端所指的方向，称为磁北方向，可用罗盘仪测定。

3. 坐标北方向

坐标纵轴（x 轴）正向所指示的方向，称为坐标北方向。实用上常取与高斯平面直角坐标系中 x 坐标轴平行的方向为坐标北方向。

以上真北（N）、磁北（N′）、坐标北（x）方向称为三北方向。见图 4.4.1。

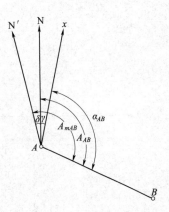

图 4.4.1 方位角及其关系

4.4.2 直线方向的表示方法

1. 方位角

测量工作中，常用方位角来表示直线的方向。方位角是由标准方向的北端起，顺时针方向度量到某直线的夹角，取值范围为 $0°\sim360°$，如图 4.4.1 所示。若标准方向为真北方向，则其方位角称为真方位角，用 A 表示；若标准方向为磁北方向，则其方位角称为磁方位角，用 A_m 表示；若标准方向为坐标北方向，则其方位角称为坐标方位角，用 α 表示。

2. 三种方位角间的关系

由于地球的南北两极与地球的南北两磁极不重合，所以地面上同一点的真子午线方向与磁子午线方向是不一致的，两者间的水平夹角称为磁偏角，用 δ 表示。过同一点的真子午线方向与坐标纵轴方向的水平夹角称为子午线收敛角，用 γ 表示。以真子午线方向北端为基准，磁子午线和坐标纵轴方向偏于真子午线以东叫东偏，δ、γ 为正；偏于真子午线以西叫西偏，δ、γ 为负。不同点的 δ、γ 值一般是不相同的。如图 4.4.1 所示情况，直线 AB 的三种方位角之间的关系为

$$\left.\begin{array}{l} A=A_m+\delta \\ A=\alpha+\gamma \\ \alpha=A_m+\delta-\gamma \end{array}\right\} \tag{4.4.1}$$

3. 象限角

直线的方向还可以用象限角来表示。由标准方向（北端或南端）度量到直线的锐角，称为该直线的象限角，用 R 表示，取值范围为 $0°\sim90°$。象限角是有方向性的，可以从标准方向线的南端开始旋转，也可以从标准方向线的北端开始旋转。表示象限角时不但要表示角度的大小，而且还要注明该直线所在的象限。象限角分别用北东、南东、北西和南西表示。如图 4.4.2 所示，第一象限记为"北东"或"NE"；第二象限记为"南东"或"SE"；第三象限记为"南西"或"SW"，第四象限记为"北西"或"NW"。

4. 坐标方位角与象限角的关系

坐标方位角与象限角都可以表示直线的方向，二者之间是可以互换的，如图 4.4.3 所示。坐标方位角 α 与象限角 R 的关系见表 4.4.1。

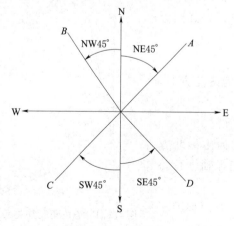

图 4.4.2　象限角

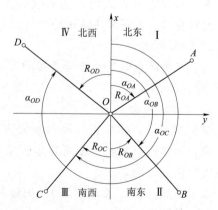

图 4.4.3　坐标方位角与象限角的关系

表 4.4.1   坐标方位角 α 与象限角 R 的关系

象限	坐标增量	$\alpha \rightarrow R$	$R \rightarrow \alpha$
I	$\Delta x > 0$，$\Delta y > 0$	$\alpha = R$	$R = \alpha$
II	$\Delta x < 0$，$\Delta y > 0$	$\alpha = 180° - R$	$R = 180° - \alpha$
III	$\Delta x < 0$，$\Delta y < 0$	$\alpha = 180° + R$	$R = \alpha - 180°$
IV	$\Delta x > 0$，$\Delta y < 0$	$\alpha = 360° - R$	$R = 360° - \alpha$

5. 正、反坐标方位角

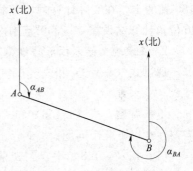

测量工作中的直线都是具有一定方向的。如图 4.4.4 所示，直线 AB 的点 A 是起点，点 B 是终点，直线 AB 的坐标方位角 α_{AB}，称为直线 AB 的正坐标方位角；反之，直线 BA 的坐标方位角 α_{BA}，称为直线 AB 的反坐标方位角，也是直线 BA 的正坐标方位角。α_{AB} 与 α_{BA} 相差 $180°$，互为正、反坐标方位角。即

$$\alpha_{AB} = \alpha_{BA} \pm 180° \qquad (4.4.2)$$

图 4.4.4　正、反坐标方位的关系

4.4.3　坐标方位角的推算

在实际工作中，并不需要直接测定每条直线的坐标方位角，而是通过与已知方位角的直线进行连接，观测其水平角，两直线的水平角根据测量前进方向，在左侧的夹角称为左角，在右侧的夹角称为右角，然后推算出所求各直线的坐标方位角。

1. 相邻两条边坐标方位角的推算

如图 4.4.5 所示，A、B 为已知点，AB 边的坐标方位角为 α_{AB}，测得 AB 边与 B1 边的连接夹角为 $\beta_{1左}$（该角位于以编号顺序为前进方向的左侧，称为左角）和 B1 与 12 边的水平角 $\beta_{2左}$，由图得

$$\alpha_{B1} = \alpha_{AB} - (180° - \beta_{1左}) = \alpha_{AB} + \beta_{1左} - 180° \qquad (4.4.3)$$

$$\alpha_{12} = \alpha_{B1} + (\beta_{2左} - 180°) = \alpha_{B1} + \beta_{2左} - 180° \qquad (4.4.4)$$

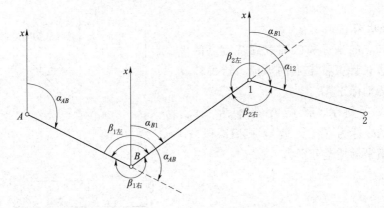

图 4.4.5　坐标方位的推算

观察上面推算规律，可以写出观测左角时的方位角推算一般公式：

$$\alpha_{前} = \alpha_{后} + \beta_{左} - 180° \qquad (4.4.5)$$

若观测的夹角为 $\beta_{1右}$、$\beta_{2右}$、…（该角位于以编号顺序为前进方向的右侧，称为右角），同样可写出观测右角时的方位角推算一般公式：

$$\alpha_{前} = \alpha_{后} - \beta_{右} + 180° \tag{4.4.6}$$

综合式（4.4.5）和式（4.4.6），推算方位角的一般公式可写为

$$\alpha_{前} = \alpha_{后} \pm \beta \pm 180° \tag{4.4.7}$$

式（4.4.7）中，β 前 ± 的取法：β 为左角时取"＋"号，β 为右角时取"－"号。180°前的 ±，在实际计算时，可根据坐标方位角的范围为 0°～360°这一特征取号，使坐标方位角计算结果在 0°～360°范围内。

2. 任意边坐标方位角的推算

通过式（4.4.3）和式（4.4.4）递推可得终边的方位角

$$\alpha_{终} = \alpha_{始} \pm \sum\beta \pm n \times 180° \tag{4.4.8}$$

不难看出，式（4.4.6）和式（4.4.7）是式（4.4.8）的特殊情况。使用公式计算时，需要注意以下几个问题：

（1）式（4.4.8）中，$\sum\beta$ 前 ± 的取法：β 为左角时取"＋"号，β 为右角时取"－"号。

（2）180°前的 ±，在实际计算时，可根据坐标方位角的范围为 0°～360°这一特征，任意取"＋"或"－"，随之坐标方位角可能出现大于 360°或负值的两种情况，此时，可以通过 $\pm n \times 360°$，使坐标方位角取值在 0°～360°范围内。

（3）式（4.4.8）中，β 角是从起始边（已知方向）所在终点的转折角开始，连续计算到终边（所求方向）始点的转折角。

（4）若 n 为偶数，在计算中可以不考虑 $\pm n \times 180°$；若 n 为奇数，计算中可以只考虑一个 $\pm n \times 180°$，从而使计算工作简化。

4.5 坐标计算原理

4.5.1 坐标正算

根据已知点的坐标和已知点到待定点的坐标方位角及边长计算待定点的坐标，这种计算在测量中称为坐标正算。

如图 4.5.1 所示，设点 A 坐标为（x_A，y_A），点 B 的坐标为（x_B，y_B），则直线段 AB 相应的纵、横坐标增量分别为

$$\left.\begin{array}{l} \Delta x_{AB} = x_B - x_A \\ \Delta y_{AB} = y_B - y_A \end{array}\right\} \tag{4.5.1}$$

依上述坐标增量公式可知，若已知 A 点坐标（x_A，y_A）、边长 D_{AB}、方位角 α_{AB}，那么 B 点的坐标为

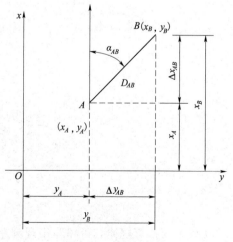

图 4.5.1　坐标正算

$$x_B = x_A + \Delta x_{AB} \left.\right\}$$
$$y_B = y_A + \Delta y_{AB} \left.\right\}$$
$$\tag{4.5.2}$$

根据三角学知识，其中

$$\Delta x_{AB} = D_{AB} \times \cos\alpha_{AB} \left.\right\}$$
$$\Delta y_{AB} = D_{AB} \times \sin\alpha_{AB} \left.\right\}$$
$$\tag{4.5.3}$$

依式（4.5.2）和式（4.5.3）得

$$x_B = x_A + D_{AB} \times \cos\alpha_{AB} \left.\right\}$$
$$y_B = y_A + D_{AB} \times \sin\alpha_{AB} \left.\right\}$$
$$\tag{4.5.4}$$

式（4.5.3）是计算坐标增量的基本公式，式（4.5.4）是计算坐标的基本公式，称为坐标正算公式。

【例 4.5.1】 已知 A 点坐标 $X_A = 200.00\text{m}$，$Y_A = 300.00\text{m}$；边长 $D_{AB} = 100.00\text{m}$，方位角 $\alpha_{AB} = 330°$。求 B 点的坐标（X_B，Y_B）。

解： 根据公式（4.5.4）得

$X_B = X_A + D_{AB} \times \cos\alpha_{AB} = 200.00 + 100.00 \times \cos330° = 286.60(\text{m})$

$Y_B = Y_A + D_{AB} \times \sin\alpha_{AB} = 300.00 + 100.00 \times \sin330° = 250.00(\text{m})$

4.5.2 坐标反算

由两个已知点的坐标计算出这两个点连线的坐标方位角和边长，这种计算称为坐标反算。

在图 4.5.1 中 ΔX_{AB} 表示由 A 点到达 B 点的纵坐标之差，称纵坐标增量；ΔY_{AB} 表示由 A 点到 B 点的横坐标之差，称横坐标增量。坐标增量也有正负两种情况，它们决定于起点和终点坐标值的变化。

图 4.5.1 中，如果 A 点的坐标（X_A，Y_A）和 B 点（X_B，Y_B）的坐标已知，就可以计算出 AB 边的坐标方位角 α_{AB} 和边长 D_{AB}。

根据三角函数得

$$\because \tan\alpha_{AB} = \frac{\Delta Y_{AB}}{\Delta X_{AB}} = \frac{Y_B - Y_A}{X_B - X_A}$$

$$\therefore \alpha_{AB} = \arctan\frac{\Delta Y_{AB}}{\Delta X_{AB}} = \arctan\frac{Y_B - Y_A}{X_B - X_A} \tag{4.5.5}$$

手工计算直线 AB 的方位角 α_{AB}，一般先计算该方位角所在的象限角值，先据式（4.5.6）计算象限角。

$$R = \left| \arctan\left(\frac{\Delta Y_{AB}}{\Delta X_{AB}}\right) \right| = \left| \arctan\left(\frac{Y_B - Y_A}{X_B - X_A}\right) \right| \tag{4.5.6}$$

据表 4.4.1 中象限角与坐标方位角的关系，计算 AB 直线的坐标方位角 α_{AB}：

当 $\Delta x > 0$，$\Delta y > 0$ 时，象限角为第一象限，$\alpha_{AB} = R$；

当 $\Delta x < 0$，$\Delta y > 0$ 时，象限角为第二象限，$\alpha_{AB} = 180° - R$；

当 $\Delta x < 0$，$\Delta y < 0$ 时，象限角为第三象限，$\alpha_{AB} = 180° + R$；

当 $\Delta x > 0$，$\Delta y < 0$ 时，象限角为第四象限，$\alpha_{AB} = 360° - R$。

根据平面内两点间的距离公式，计算 AB 直线的距离 D_{AB}：

$$D_{AB}=\sqrt{(X_B-X_A)^2+(Y_B-Y_A)^2} \qquad\qquad (4.5.7)$$

【例 4.5.2】 已知点 A 坐标 $X_A=300.00$m，$Y_A=500.00$m；点 B 坐标 $X_B=500.00$m，$Y_B=300.00$m。求 AB 直线的坐标方位角 α_{AB} 和边长 D_{AB}。

解：由公式（4.5.6）得

$$R==\left|\arctan\left(\frac{Y_B-Y_A}{X_B-X_A}\right)\right|=\left|\arctan\left(\frac{300.00-500.00}{500.00-300.00}\right)\right|=\left|\arctan(-1)\right|=45°$$

因为 $\Delta X=X_B-X_A=500.00-300.00>0$

$\qquad \Delta Y=Y_B-Y_A=300.00-500.00<0$

根据坐标增量正负可判定：直线 AB 位于第四象限。

可得 $\qquad\qquad\qquad\qquad\qquad \alpha_{AB}=360°-45°=315°$

AB 边长为 $\qquad D_{AB}=\sqrt{(X_B-X_A)^2+(Y_B-Y_A)^2}=282.84$m

坐标正算和坐标反算公式是测量中最基本的计算公式，使用十分广泛。

4.6 全站型电子速测仪

4.6.1 全站仪概述

随着光电测距和电子计算机技术的发展，20 世纪 70 年代以来，经测绘界越来越多地使用一种新型的测量仪器——全站型电子速测仪（简称"全站仪"）。全站型电子速测仪（electronic total station）是由电子测角、电子测距、电子计算和数据存储单元等组成的三维坐标测量系统，测量结果自动显示，并能与外围设备交换信息的多功能测量仪器。因为全站型电子速测仪能够较完善地实现测量和处理过程的电子化和一体化，所以通常简称为全站仪。

从总体上来看，全站仪由下列两大部分组成：

（1）为采集数据而设置的专用设备：主要有电子测角系统、电子测距系统、数据存储系统和自动补偿设备等。

（2）过程控制机：主要用于有序地实现上述每一专用设备的功能。过程控制机包括与测量数据相联结的外围设备及进行计算、产生指令的微处理机。

只有上述两大部分有机结合，才能真正地体现"全站"功能，即既要自动完成数据采集，又要自动处理数据和控制整个测量过程。

1. 全站仪的应用与发展

全站仪发展初期，将电子经纬仪与光电测距仪装置在一起，可以拆卸，分离成电子经纬仪和测距仪两部分，称为半站仪。后来将光电测距仪的光波发射接收装置系统的光轴和经纬仪的视准轴组合为同轴成整体式全站仪，并且配置了电子计算机的中央处理单元、储存单元和输入输出设备，能根据外业观测数据（角度、距离），实时计算并显示出所需要的测量成果。通过输入输出设备，可以与计算机交互通讯，使测量数据直接进入计算机，进行计算、编辑和绘图。测量作业所需要的已知数据也可以从计算机输入全站仪，完成快速设站和放样。这样，不仅使测量的外业工作高效化，而且可以实现整个测量作业的高度自动化。

今天的全站仪已广泛应用于控制测量、地形测量、地籍与房产测量、施工放样、变形观测及近海定位等方面的测量作业中,是现代化测量和信息化测量工作最有力的助手。

2. 全站仪的分类及其准确度等级

(1) 全站仪按其外观结构可分为两类:

1) 积木型(又称组合型)。早期的全站仪,大都是积木型结构,即光电测距仪、电子经纬仪、电子记录器各是一个整体,可以分离使用,也可以通过电缆或接口组合起来,形成完整的全站仪。

2) 整体型。随着电子测距仪进一步的轻巧化,现代的全站仪大都把测距、测角和记录单元在光学、机械等方面设计成一个不可分割的整体,其中测距仪的发射轴、接收轴和望远镜的视准轴为同轴结构。这对保证较大垂直角条件下的距离测量精度非常有利。自从 20 世纪 90 年代后全站仪大部分是整体型全站仪,实现一站式测角、测距和测高差等功能。

(2) 全站仪按测距精度可分为三类:

1) 短程测距全站仪。短程测距全站仪测程小于 3km,一般精度为 ± (5mm+5ppm),主要用于普通测量和城市测量。(ppm 为比值单位,mm/km 的比值,即百万分之一)。

2) 中程测距全站仪。中程测距全站仪测程为 3~15km,一般精度为 ± (5mm+2ppm), ± (2mm+2ppm) 通常用于一般等级的控制测量。

3) 长程测距全站仪。长程测距全站仪测程大于 15km,一般精度为 ± (5mm+1ppm),通常用于国家三角网及特级导线的测量。

(3) 全站仪按测角精度(一测回测角中误差),分为 0.5″级、1″级、2″级和 5″级等级别。

4.6.2 全站仪的构造

自问世以来,经历了二十几年的发展,全站仪的结构几乎没有什么变化,但功能在不断增强。早期的全站仪,仅能进行边、角的数字测量和放样、坐标测量等工作。现在的全站仪有了内存、磁卡存储,并且在 Windows 系统的支持下,实现了功能大突破,实现了电脑化、自动化、信息化、网络化。

1. 全站仪的结构原理

全站仪的结构原理如图 4.6.1 所示。图 4.6.1 中上半部分包含有测量的四大光电系统,即测距、测水平角、测竖直角和水平补偿系统。键盘指令是测量过程的控制系统,测量人员通过按键便可调用内部指令,指挥仪器的测量工作过程并进行数据处理。以上各系统通过 I/O 接口接入总线与

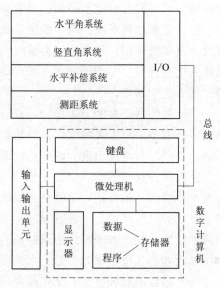

图 4.6.1 全站仪结构原理图

数字计算机联系起来。

微处理机是全站仪的核心部件，它如同计算机的中央处理器（CPU），主要由寄存器系列（缓冲寄存器、数据寄存器、指令寄存器等）、运算器和控制器组成。微处理器的主要功能是根据键盘指令启动仪器进行测量工作，执行测量过程的检核和数据的传输、处理、显示、储存等工作，保证整个光电测量工作有序完成。输入输出单元是与外部设备连接的装置（接口），数据存储器是测量的数据库。为便于测量人员设计软件系统，处理某种目标测量成果，在全站仪的数字计算机中还提供有程序存储器。

2. 全站仪的基本结构

全站仪的基本结构大体由同轴望远镜、键盘、度盘读数系统、补偿器、存储器和 I/O 通信接口几部分组成，下面以南方测绘 NTS-350 全站仪为例说明其基本构造与功能。

（1）键盘。全站仪的键盘为测量时的操作指令和数据输入的部件，键盘上的按键分为硬键和软键两种。每一个硬键有一个固定的功能，或兼有第二、第三功能；软键与屏幕最下一行显示的功能菜单相配合，使一个软键在不同的功能菜单下有多种功能。

（2）同轴望远镜。全站仪的望远镜中，瞄准目标用的视准轴和光电测距仪的光波发射、接收系统的光轴是同轴的。望远镜与调光透镜中间设置分光棱流系统，使它一方面可以接收目标发出的光线，在十字丝分划板上成像，进行目标瞄准；另一方面又可使光电测距部分的发光管射出的测距光波经物镜射向目标棱镜，并经同路径反射回来，由光敏二极管接收，并配置电子计算机中央处理机、存储器和输入输出设备，根据外业观测数据实时计算并显示所需要的测量结果。在全站仪测距头里，安装有两个光路与视准轴同轴的发射管，提供两种测距方式：一种方式为 IR，它可以利用棱镜和反射片发射并接收红外光束；另一种方式为 RI，它可以发射可见的红色激光束，不用反射镜（或反射片）即可测距。两种测量方式的转换可通过仪器键盘上的操作控制内部光路来实现，由此引起的不同的常数改正会由系统自动修正到测量结果上。正因为全站仪是同轴望远镜，因此，一次瞄准目标棱镜，即可同时测定水平角、垂直角和斜距。

（3）度盘读数系统。电子测角，即角度测量的数字化，也就是自动数字显示角度测量结果，其实质是用一套光电转换系统来代替传统的光学经纬仪光学读数系统。目前，这种转换系统有两类：一类是采用光栅度盘的所谓"增量法"测角，一类是采用编码度盘的所谓"绝对法"测角。

（4）补偿器。在测量工作中，有许多方面的因素影响着测量的精度，不正确安装常常是诸多误差源中最重要的因素。补偿器的作用就是通过寻找仪器在垂直和水平方向的倾斜信息，自动地对测量值进行改正，从而提高采集数据的精度。

补偿器按补偿范围一般分为单轴（纵向，即 x 方向）补偿、双轴（纵横向，即 x、y 方向）补偿和三轴补偿。单轴补偿仅能补偿由于垂直轴倾斜而引起的垂直度盘读数误差；双轴补偿可同时补偿由于垂直轴倾斜而引起的垂直和水平度盘的读数误差；三轴补偿则不仅能补偿经纬仪垂直轴倾斜引起的垂直度盘和水平度盘读数误差，而且还能补偿由于水平轴倾斜误差和视准轴误差引起的水平度盘读数的影响。

与全站仪的双轴补偿器密切相关的是电子气泡。在仪器工作过程中，它显示的就是仪器的倾斜状态，而这种状态对垂直和水平度盘读数的影响，就是通过补偿器有关电路来进行改正的。电子气泡的形式有两种：一种是数字型，用仪器在 x、y 方向的倾斜值来表示，当二者都为 0 时，仪器为整平状态；另一种是图形型，常常用一个圆点在大圆中的位置来表示，当圆点位于大圆的圆心时，仪器为整平状态。电子气泡的使用使仪器整平过程更加容易。在实际测量时，仪器允许电子气泡起作用并有效地整平。当倾斜量被自动地用来改正水平角和垂直角时，单面测量将会获得更高的精度，特别在垂直角较大时这一点很重要。大范围的补偿为测量工作者增强了信心，特别是在松软的地面上，或者接近震动源（如高速公路或铁路轨道）工作时更是这样。

（5）存储器。把测量数据先在仪器内存储起来，然后传送到外围设备（电子记录手簿、计算机等），这是全站仪的基本功能之一。全站仪的存储器有机内存储器和存储卡两种。

1）机内存储器。机内存储器相当于计算机中的内存（RAM），利用它来暂时存储或读出测量数据，其容量的大小随仪器的类型而异，较大的内存可同时存储测量数据和坐标数据多达 3000 个点以上，若仅存坐标数据可存储 8000 个点。现场测量所必需的已知数据也可以放入内存。经过接口线将内存数据传输到计算机以后将其清除。

2）存储卡。存储器卡的作用相当于计算机的磁盘，用作全站仪的数据存储装置，卡内有集成电路、能进行大容量存储的元件和运算处理的微处理器。一台全站仪可以使用多张存储卡。通常，一张卡能存储大约 1000 个点的距离、高度和坐标数据。在与计算机进行数据传送时，通常使用称为卡片读出打印机（读卡器）的专用设备。

将测量数据存储在卡上后，把卡送往室内处理测量数据。同样，在室内将坐标数据等存储在卡上后，送到野外测量现场，就能使用卡中的数据。

（6）I/O 通信接口。全站仪可以将内存中的存储数据通过 I/O 接口和通信电缆传输给计算机，也可以接收由计算机传输来的测量数据及其他信息，称为数据通信。通过 I/O 接口和通信电缆，在全站仪的键盘上所进行的操作，也同样可以在计算机的键盘上操作，便于用户应用开发，即具有双向通信功能。当前，不同厂家的全站仪都可通过 USB 接口为传输测量数据。

全站仪的基本功能是照准目标后，通过微处理器控制，自动完成距离、水平角、竖直角的测量，并将测量结果进行显示与存储。可以自动记录测量数据和坐标数据，并直接与计算机传输数据，实现真正的数字化测量。随着计算机的发展，全站仪的功能也在不断扩展，生产厂家将一些规模较小但很实用的计算机程序固化在微处理器内，如悬高测量、偏心测量、对边测量、距离放样、坐标放样、设置新点、后方交会、面积计算等，只要进入相应的测量模式，输入已知数据，然后依照程序观测所需的观测值，即可随时显示结果。

3. 自动全站仪与超站仪

（1）自动全站仪。自动全站仪（图 4.6.2）是一种能自动识辨、照准和跟踪目标的全站仪，又称测量机器人。由伺服马达驱动照准部和望远镜的转动和定位，在望远镜中有同轴自动目标识别装置，能自动照准棱镜进行测量。它的基本原理是：仪器向目标发射激光束，经反射棱镜返回，并被仪器中的 CCD 相机接收，计算出反射光点的中心位置，得到水平方向和天顶距的改正数，最后启动马达，驱动全站仪转向棱镜，自动精确照准目标。

全自动全站仪有以下特点和优点：可以自动进行气象改正；实现 24h 连续自动观测，

实时数据处理，即时图形显示；内有线性变换和赫尔默特变换等，消除和减弱各种误差；提供测点三维坐标，满足测点、放样、位移、沉降、挠度、倾斜等变形监测内容，可达到亚毫米级精度。

徕卡公司生产的 TCA2003 全自动全站仪，该仪器测角精度为 $0.5''$，测距精度为 $1\text{mm}+1\times10^{-6}D$（$D$ 为所测距离），具有自动照准、锁定跟踪、联机控制等功能。目前这款自动全站仪被广泛地应用在地形测量、工业测量、自动引导测量、变形监测等工作中。例如：对大坝、边坡、地铁、隧道、桥梁、超高层建筑进行大范围无人值守全天候、全方位自动监测；建立数字化成图、GIS 数据库；进行汽轮机叶片形变测量、风洞试验测试等。

（2）超站仪。超站仪（图 4.6.3）是全站仪与 GPS 的完美结合，它是集成 GPS 接收机的高性能全站仪。无须控制点、长导线和后方交会操作，只需安装超站仪，并使用 GPS 确定该点的准确位置，就可以使用全站仪进行测量、放样。仅仅通过简单的安装调试，就可以简单、快速地测量作业。

 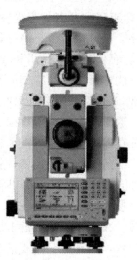

图 4.6.2   自动全站仪   图 4.6.3   超站仪

超站仪（smart station）是徕卡公司最新推出的地面测量仪器设备，它集成了现代全站仪、GPS 等技术发展的多种最新成果，smart station 将全站仪与 GPS 实现了无缝集成，实现了无控制点测量的功能；同时在目标快速自动搜索，较长距离高精度无棱镜测距，测量数据的无线传输等方面采用了众多的新技术。

超站仪的工作原理有两种：一种是通过接收城市的台站网、单基站或现场临时建立的基准站的信号，利用其自身 RTK 定位功能得到建站点的坐标，借助现场控制点定向，然后进行碎部点测量或放样；另一种就是在没有控制点的情况下，可借助现场一些假定控制点或明显标志点进行定向，然后就可以进行碎部点测量或放样。在第二种情况中，当完成本站测量后可搬至上一站假定控制点处，同样利用 RTK 功能得到本站坐标后，在定向时，选择已知后视点定向的方法，这时程序会将上一站的错误数据进行纠正与更新，得到正确的坐标成果。在不同的建站点照准同一标志点定向后进行测量或放样，程序会统一将数据进行纠正与更新。

超站仪作业模式可以大大改善传统的作业方法，应用领域非常广泛，对于偏远山区的矿山测量、线路测量、工程放样、地形测图等劳动强度较大的测量工作，还有建筑场所、快速发展中的城市地区的测量，能够大大提高工作效率，节省人力物力资源。

4.6.3 全站仪的基本测量功能

目前，全站仪作为一种主流测绘仪器，生产厂家众多，仪器品牌、型号繁多。不同品牌的仪器构造原理基本相同，但仪器操作步骤不同，使用时要详细阅读说明书。下面以拓普康 GPT-3100 为例，对全站仪的基本测量功能进行介绍，请参看拓展阅读。

4.6.4 全站仪使用注意事项与养护

1. 使用注意事项

（1）新购置的仪器，如果首次使用，应结合仪器认真阅读仪器使用说明书。通过反复学习、使用和总结，力求做到"得心应手"，最大限度地发挥仪器的作用。

（2）测距仪的测距头不能直接照准太阳，以免损坏测距的发光二极管。

（3）在阳光下或阴雨天气进行作业时，应打伞遮阳、遮雨。

（4）在整个操作过程中，观测者不得离开仪器，以避免发生意外事故。

（5）仪器应保持干燥，遇雨后应将仪器擦干，放在通风处，完全晾干后才能装箱。

（6）全站仪在迁站时，即使很近，也应取下仪器装箱。

（7）运输过程中必须注意防振，长途运输最好装在原包装箱内。

2. 仪器的养护

（1）仪器应经常保持清洁，用完后使用毛刷、软布将仪器上落的灰尘除去。如果仪器出现故障，应与厂家或厂家委派的维修部联系修理，决不可随意拆卸仪器，造成不应有的损害。仪器应放在清洁、干燥、安全的房间内，并由专人保管。

（2）棱镜应保持干净，不用时要放在安全的地方，如有箱子应装在箱内，以避免碰坏。

（3）电池充电应按说明书的要求进行。

思考题与练习题

1. 何谓直线定线？何谓直线定向？为什么要进行直线定向？

2. 钢尺量距应注意哪些事项？

3. 怎样衡量距离丈量的精度？假设丈量了 AB、CD 两段距离：AB 的往测距离为 135.465m，返测距离为 135.489m；CD 的往测距离为 365.635m，返测距离为 365.701m。试求哪一段丈量精度较高？

4. 用钢尺丈量 AB 两点的距离，往测距离为 176.396m，返测距离为 176.412m，则测量的相对误差为多少？

5. 直线定向的标准方向有哪几种？它们之间存在什么关系？

6. 简述视距测量的原理，视距测量误差及注意事项有哪些？

7. 光电测距的基本原理是什么？

8. 什么是棱镜常数？

9. 测距仪的标称精度是如何定义的？

10. 坐标方位角 α 与象限角 R 之间如何换算？

11. 已知 $D_{AB}=143.758\text{m}$，$\alpha_{AB}=185°24'39''$，D 点坐标（3665000.123，487000.456），求 B 点的坐标？

12. 已知 A（336.785，702.456），B（193.668，688.900），试计算 AB 的方位角 α_{AB} 及边长 D_{AB}。

13. 已知直线 AB 的坐标方位角为 $215°45'$，直线 BA 的坐标方位角是多少？

14. 如题图 4.1 所示，已知 AB 边的坐标方位角为 $108°12'30''$，观测转折角 $\beta_1=110°54'45''$，$\beta_2=120°36'42''$，$\beta_3=106°24'36''$，试计算 DE 边的坐标方位角。

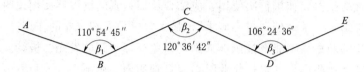

题图 4.1　坐标方位角计算

15. 简述全站仪的结构组成和基本功能。

16. 全站仪为什么要进行气压、温度等参数设置？

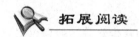
拓展阅读

4.6.3

第 5 章

测量误差

本章主要介绍测量误差的基本知识。通过学习，理解误差的定义、分类、特性；掌握精度评定的标准；能够运用误差传播定律分析和解决一些实际问题；初步掌握等精度观测精度评定和不等精度观测精度评定的方法。

5.1 测量误差的概念

5.1.1 测量误差的概念

自然界任何客观事物或现象都具有不确定性，加之因科学技术的发展水平从而导致人们认识能力的局限性，只能不断地接近客观事物或现象的本质。即人们对客观事物或现象的认识总会存在不同程度的误差，这种误差在对变量进行观测和量测的过程中反映出来，称为测量误差。例如，反复观测某一角度，每次观测结果都不会一致，这是测量工作中普遍存在的现象，其实质是每次测量所得的观测值与该量客观存在的真值之间的差值，这种差值就是测量误差。

任何一个观测量，客观上总是存在一个能代表其真正大小的数值，这一数值称为该观测量的真值。设某测量的真值为 $\tilde{L}$，对其观测了 n 次，得到 n 个观测值 L_1、L_2、$\cdots$、L_n，则定义第 i 个观测值的真误差 Δ_i 为观测值与观测值真值的差值，即

$$\Delta_i = L_i - \tilde{L}\ (i=l、2、\cdots、n) \tag{5.1.1}$$

在测量中，某些量很难得到真值，或者得不到真值，此时真误差也就无法知道，这时常采用多次观测值的平均值 $\overline{X}$ 作为该观测量的最可靠值，称为该值的似真值或者最或是值。

5.1.2 观测误差的来源

产生测量误差的因素是多方面的，概括起来有以下三个因素。

1. 测量仪器误差

测量工作总是需要使用一定的仪器、工具设备，仪器的误差表现在两个方面：一是仪器设备构造本身固有的误差给观测结果带来的影响，例如，用普通水准尺进行水准测量时，最小分划为 5mm，就难以保证毫米数的完全正确性；二是仪器设备在使用前虽经过了校正，但残余误差仍然存在，测量结果中不可避免地包含了这种误差，例如：水准仪视准轴部平行于水准管轴，水准尺的分划误差等。

2. 观测误差

测量工作离不开人的参与，由于观测者感觉器官鉴别能力的局限性，无论观测者怎样仔细地工作，都会产生误差。此外，观测者的工作态度和技术水平，也是对观测成果质量有直接影响的重要因素，例如对中误差、观测者估读小数误差、瞄准目标误差等。

3. 外界条件影响

观测过程中，外界条件的不定性，如温度、阳光、风等时刻都在变化，必将对观测结果产生影响，例如：温度变化使钢尺产生伸缩，阳光照射会使仪器发生微小变化，阴天会使目标不清楚等。

通常把以上三种因素综合起来称为观测条件，可想而知观测条件好，观测中产生的误差就会小，反之，观测条件差，观测中产生的误差就会大。但是不管观测条件如何，受上述因素的影响，测量中存在误差是不可避免的。测量工作由于受到上述三个方面因素的影响，观测结果总会产生这样或那样的观测误差，即在测量工作中观测误差是不可避免的。测量外业工作的责任就是要在一定的观测条件下，确保观测成果具有较高的质量，将观测误差减少或控制在允许的限度内。

5.1.3　观测与观测值的分类

1. 按观测量与未知量之间的关系分

（1）直接观测。直接测定未知量的观测称为直接观测，例如：用水准仪测定两点间的高差、用经纬仪观测一水平角、用钢尺丈量一段水平距离等，均属直接观测。直接观测中，二者之间的关系最简单，即观测量就是未知量。

（2）间接观测。未知量是由直接观测量推算而来的观测称为间接观测。例如在视距测量中，直接观测量是斜视距和高度角，而间接求算的未知量却是立尺点到测站的水平距离和高差。间接观测中，未知量均为观测量的函数。

2. 按观测量之间的关系分

（1）独立观测。若干个观测量理论上不受任何条件约束的观测称为独立观测。例如在测角交会中仅观测两个水平角、只观测平面三角形的任意 2 个内角等，均属独立观测，独立观测中，观测值就是观测量的最或是值。

（2）条件观测。若干个观测量理论上应满足一定条件的观测称为条件观测。例如平面三角形的 3 个内角观测值之和应等于 180°、闭合水准路线若干段高差观测值之和应为 0 等，均属于条件观测。条件观测中，观测量之间所受约束的条件不仅是观测值正确与否的检核，而且只有在满足这些条件的前提下，通过对观测值进行一定的处理，才能求得观测量的最或是值。

3. 按观测时所处的条件分

（1）等精度观测。一列观测值在相同条件下获得，称为等精度观测，该列观测值称作等精度观测值。在相同条件下进行的一组观测值，如果它对应着同一种确定的误差分布，那么就称该组观测值为一列等精度观测值。该组观测值中的每一个观测值都应看成是等精度的。

如同一观测者使用同一台经纬仪、采用测回法、在一个时间段内对某水平角观测 5 个测回，则该水平角的 5 个测回值为一列等精度观测值。

（2）不等精度观测。一列观测值在不同条件下获得，称为不等精度观测，该列观测值称为不等精度观测值。例如沿 3 条互不相同的水准路线测定未知点 B 相对于已知点 A 的高差，这 3 个观测值就是一列不等精度观测值。

4. 按观测量在观测过程中的状态分

（1）静态观测。观测量在观测过程中处于相对静止状态的观测称为静态观测。生产实践中的测量课题多属静态观测。

（2）动态观测。观测量在观测过程中处于运动状态的观测称为动态观测。天文测量和卫星测量中所观测的天体和人造天体均处于运动状态。动态观测中，观测量是变化的，且均为时间的函数。

5.1.4 测量误差的分类

观测误差按其对观测成果的影响性质，可分为系统误差和偶然误差两种。

1. 系统误差

在相同的观测条件下，对某量作一系列的观测，若误差出现的大小保持为常数，符号相同，或按一定的规律变化，那么这类误差称为系统误差。例如，用一把名义为 30m 长、而实际长度为 30.02m 的钢尺丈量距离，每量一尺段就要少量 2cm，该 2cm 误差的数值和符号都是固定的，且随着尺段的倍数呈累积性。系统误差对测量成果影响较大，且一般具有累积性，应尽可能消除或限制到最小程度，其常用的处理方法有：

（1）检校仪器，把系统误差降低到最小程度。如经纬仪照准部水准管轴不垂直于竖轴的误差对水平角的影响，可通过精确检校仪器并在观测中仔细整平的方法，来减弱其影响。

（2）加改正数，在观测结果中加入系统误差改正数，如尺长改正等。

（3）采用适当的观测方法，使系统误差相互抵消或减弱。如水准测量时，采用前、后视距相等的对称观测，以消除由于视准轴不平行于水准管轴所引起的系统误差；经纬仪测角时，用盘左、盘右两个观测值取中数的方法可以消除视准轴误差等系统误差的影响。

系统误差的计算和消除，取决于对它的了解程度。使用不同的测量仪器和测量方法，系统误差的存在形式不同，消除系统误差的方法也不同。必须根据具体情况进行检验、定位和分析研究，采取不同措施，使系统误差减小到可以忽略不计的程度。

2. 偶然误差

在相同的观测条件下对某量进行一系列观测，单个误差的出现没有一定的规律性，其数值的大小和符号都不固定，表现出偶然性，这种误差称为偶然误差，又称随机误差。

例如，用经纬仪测角时，就单一观测值而言，由于受照准误差、读数误差、外界条件变化所引起的误差、仪器自身不完善引起的误差等综合的影响，测角误差的大小和正负号都不能预知，具有偶然性。所以测角误差属于偶然误差。

偶然误差反映了观测结果的精密度。精密度是指在同一观测条件下，用同一观测方法对某量进行多次观测时，各观测值之间相互的离散程度。

由于观测者使用仪器不正确或疏忽大意，如测错、读错、听错、算错等造成的错误，或因外界条件发生意外的显著变动引起的差错称粗差。粗差的数值往往偏大，使观测结果显著偏离真值。因此，一旦发现含有粗差的观测值，应将其从观测成果中剔除出去。一般地讲，只要严格遵守测量规范，工作中仔细谨慎，并对观测结果作必要的检核，粗差是可以发现和避免的。

在观测过程中，系统误差和偶然误差往往是同时存在的。当观测值中有显著的系统误差时，偶然误差就居于次要地位，观测误差呈现出系统的性质；反之，呈现出偶然的性质。因此，对一组剔除了粗差的观测值，首先应寻找、判断和排除系统误差，或将其控制在允许的范围内，然后根据偶然误差的特性对该组观测值进行数学处理，求出最接近未知量真值的估值——最或是值。同时，评定观测结果质量的优劣，即评定精度。这项工作在测量上称为测量平差，简称平差。本章主要讨论偶然误差及其平差。

5.1.5　偶然误差的特性及其概率密度函数

偶然误差是由多种因素综合影响产生的，观测结果中不可避免地存在偶然误差，因而偶然误差是误差理论主要研究的对象。对单个偶然误差，观测前不能预知其出现的符号和大小，但随着观测次数的增加，偶然误差的统计规律愈明显。若将一个三角形内角和闭合差的观测值定义为

$$\omega_i = (\beta_1 + \beta_2 + \beta_3)_i - 180° \tag{5.1.2}$$

则它的真值为 $\omega_i = 0$，根据真误差的定义可以求得 ω_i 的真误差为

$$\Delta_i = \omega_i - \tilde{\omega}_i = \omega_i \tag{5.1.3}$$

式（5.1.3）说明，任一三角形内角和闭合差的真误差就等于其闭合差本身。

设在相同的观测条件下共观测了 358 个三角形的全部内角，将计算出的 358 个三角形闭合差划分为正误差、负误差，分别在正、负误差中按照绝对值由小到大排列，以误差区间 $d\Delta = \pm 3''$ 统计误差个数 k，并计算其相对个数（频率）$k/n (n = 358)$，k/n 也称为频率，将结果列于表 5.1.1。

表 5.1.1　三角形闭合差误差统计表

误差区间 $d\Delta/('')$	负误差 k	k/n	正误差 k	k/n	误差绝对值 k	k/n
0～3	45	0.126	46	0.128	91	0.254
3～6	40	0.112	41	0.115	81	0.226
6～9	33	0.092	33	0.092	66	0.184
9～12	23	0.064	21	0.059	44	0.123
12～15	17	0.047	16	0.045	33	0.092
15～18	13	0.036	13	0.036	26	0.073
18～21	6	0.017	5	0.014	11	0.031
21～24	4	0.011	2	0.006	6	0.017
24 以上	0	0	0	0	0	0
k	181	0.505	177	0.495	358	1.000

为了更直观地表示偶然误差的分布情况，以 Δ 为横坐标，以 $y=\dfrac{k/n}{\mathrm{d}\Delta}$ 为纵坐标作表 5.1.1 的直方图，如图 5.1.1 所示，图中任一长条矩形的面积 $y\mathrm{d}\Delta=\dfrac{k\mathrm{d}\Delta}{n\mathrm{d}\Delta}=k/n$，等于频率。

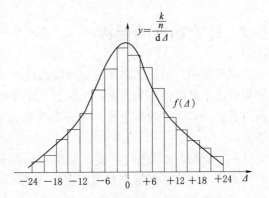

图 5.1.1 偶然误差频率直方图

由图 5.1.1 可以总结出偶然误差的统计规律、特性如下：

（1）有界性：在一定观测条件下的有限次观测中，偶然误差的绝对值不会超过一定的限值。

（2）单峰性：绝对值较小的误差出现的频率较大，绝对值较大的误差出现的频率较小。

（3）对称性：绝对值相等的正、负误差出现的频率大致相等。

（4）补偿性：当观测次数无限增多时，偶然误差的算术平均值趋近于 0，即有

$$\lim_{n\to\infty}\frac{\Delta_1+\Delta_2+\cdots+\Delta_n}{n}=\lim_{n\to\infty}\frac{[\Delta]}{n}=0 \tag{5.1.4}$$

当误差的个数 $n\to\infty$，误差区间 $\mathrm{d}\Delta\to0$ 时，图 5.1.1 中各小长条矩形顶边的折线将变成一条光滑的曲线。该曲线在概率论中称为正态分布曲线，曲线的函数式为

$$y=f(\Delta)=\frac{1}{\sqrt{2\pi}\sigma}e^{-\frac{\Delta^2}{2\sigma^2}} \tag{5.1.5}$$

式中 σ——观测误差的标准差。

式（5.1.5）称为正态分布概率密度函数，它是德国科学家高斯（Gauss）于 1794 年研究误差规律时发现的。

实践证明，偶然误差不能用改正的方法简单地加以清除，只能根据其特性综合处理观测数据，削弱偶然误差影响，以提高观测成果的精度。

因为偶然误差对观测值的精度有较大的影响，为了提高精度，消减其影响，一般采用以下措施：

（1）在必要时或仪器设备允许的条件下适当提高仪器等级。

（2）多余观测。例如一个平面三角形，只需测得其中两个角即可确定其形状。但实际上还要测出第三个角，使观测值的个数大于未知量的个数，以便检查三角形内角和是否等于 180°，从而根据闭合差评定测量精度和分配闭合差。

（3）求最可靠值。一般情况下未知量真值无法求得，通过多余观测，求出观测值的最或是值，即最可靠值。最常见的方法是求得观测值的算术平均值。

学习误差理论知识的目的，是为了了解误差产生的规律，正确地处理观测成果，即根据一组观测数据，求出未知量的最可靠值，并衡量其精度，同时，根据误差理论制定精度要求指导测量工作，使其满足限差要求。

5.2　评定精度的指标

在测量中，用精度来评价观测成果的优劣。精确度是准确度与精密度的总称。准确度主要取决于系统误差的大小；精密度主要取决于偶然误差的分布。对基本排除系统误差，而以偶然误差为主的一组观测值，用精密度来评价该组观测值质量的优劣。精密度简称精度。

在相同的观测条件下，对某量所进行的一组观测，这一组中的每一个观测值，都具有相同的精度。为了衡量观测值精度的高低，可以采用误差分布表或绘制频率直方图来评定，但这样做十分不便，有时也不可能。因此，需要建立一个统一的衡量精度的标准，给出一个数值概念，使该标准及其数值大小能反映出误差分布的离散或密集的程度，该标准称为衡量精度的指标。测量上常见的精度指标有中误差、相对误差与极限误差。

5.2.1　中误差

测量上常用中误差来衡量在相同观测条件下观测结果的精度，中误差越大，观测值的精度就越低；反之，精度越高。下面介绍利用真误差计算中误差的公式。

设对某真值 $\tilde{l}$ 进行了 n 次等精度独立观测，得观测值 l_1、l_2、$\cdots$、l_n，各观测量的真误差为 Δ_1、Δ_2、$\cdots$、Δ_i、$\cdots$、$\Delta_n(\Delta_i=l_i-\tilde{l})$，则该组观测值的标准差为

$$\sigma=\pm\lim_{n\to\infty}\sqrt{\frac{[\Delta\Delta]}{n}} \tag{5.2.1}$$

在生产实践中，观测次数 n 总是有限的，这时，只能求出标准值的估计值 $\overset{\smile}{\sigma}$（estimating），测量上通常将 $\overset{\smile}{\sigma}$ 称为中误差（mean square error），用 m 表示，即有

$$\overset{\smile}{\sigma}=m=\pm\sqrt{\frac{[\Delta\Delta]}{n}} \tag{5.2.2}$$

【例 5.2.1】　设有两组等精度观测，其真误差分别为：

第一组：$-3''$、$+3''$、$-1''$、$-3''$、$+4''$、$+2''$、$-1''$、$-4''$；

第二组：$+1''$、$-5''$、$-1''$、$+6''$、$-4''$、$0''$、$+3''$、$-1''$。

试求这两组观测值的中误差。

解：$m_1=\sqrt{\dfrac{(-3)^2+3^2+(-1)^2+(-3)^2+4^2+2^2+(-1)^2+(-4)^2}{8}}=2.8('')$

$m_2=\sqrt{\dfrac{1^2+(-5)^2+(-1)^2+6^2+(-4)^2+0+3^2+(-1)^2}{8}}=3.3('')$

比较 m_1 和 m_2 可知，第一组观测值的精度要比第二组高。

必须指出，在相同的观测条件下所进行的一组观测，由于它们对应着同一种误差分布，因此，对于这一组中的每一个观测值，虽然各真误差彼此并不相等，有的甚至相差很大，但它们的精度均相同，即都为同精度观测值。

【例 5.2.2】　某段距离使用铟瓦基线尺丈量的长度为 49.984m，因丈量的精度很高，

可以视为真值。现使用 50m 钢尺丈量该距离 6 次，将观测值列于表 5.2.1，试求该钢尺一次丈量 50m 的中误差。

表 5.2.1 钢尺丈量的中误差计算

观测次序	观测值/m	Δ/mm	$\Delta\Delta$	计　算
1	49.988	+4	16	
2	49.975	−9	81	
3	49.981	−3	9	$m = \pm\sqrt{\dfrac{[\Delta\Delta]}{n}}$
4	49.978	−6	36	$= \pm\sqrt{\dfrac{151}{6}}$
5	49.987	+3	9	$= \pm 5.02 \text{(mm)}$
6	49.984	0	0	
Σ			151	

此表计算亦可借助 Excel 软件轻松实现。

5.2.2 极限误差

由偶然误差的特性可知，在一定的观测条件下，偶然误差的绝对值不会超过一定限值，这个限值就是极限误差。怎样估计出极限误差呢？观测值的中误差只是衡量观测精度的一种指标，它并不代表某一个别观测值的真误差的大小，但从统计意义上来讲，它们却存在着一定的联系。在一组等精度观测值中，真误差的绝对值大于一倍中误差的个数约占整个误差个数的 32%，大于 2 倍中误差的个数约占 4.5%，大于 3 倍中误差的个数只占 0.3%。即 1000 个真误差中，只有 3 个绝对值可能超过 3 倍中误差，出现的概率很小，故测量规范中，通常以 3 倍或 2 倍中误差为真误差的容许值，该允许值称为极限误差（简称"限差"）或容许误差。

$$\Delta_容 = 3m \quad \text{或} \quad \Delta_容 = 2m \tag{5.2.3}$$

式中　$\Delta_容$——极限误差或容许误差；

　　　m——中误差。

当某观测值的误差超过了容许的 3 倍或 2 倍中误差时，认为该观测值不可靠或含有粗差，应舍去不用或重测。由式（5.2.3）可以看出，前者要求较宽，后者要求较严。

5.2.3 相对误差

在某些测量工作中，对观测值的精度仅用中误差来衡量还不能正确反映出观测值的质量。例如距离测量中，若测量长度约 100m 和 1000m 的两段距离，中误差皆为 ±5mm，显然不能认为这两段距离的测量精度是相等的，这时采用相对误差就比较合理。相对误差 K 等于绝对误差的绝对值与相应观测值 D 之比，它是无量纲的值，通常用分子为 1，分母为一较大的整数的分数来表示，分母越大，相对误差越小，精度越高，即

$$相对误差\ K = \frac{|绝对误差|}{观测值\ D} = 1/T \tag{5.2.4}$$

相对误差对应地分为相对真误差、相对中误差和相对极限误差。当上式中绝对误差为中误差 m_D 时，K 称为相对中误差，即

$$K_{中误差} = \frac{|m_D|}{D} = \frac{1}{D/m_D} \tag{5.2.5}$$

测量中常取相对极限误差（又称相对容许误差）为相对中误差的 2 倍，即

$$K_{限} = 2K_{中误差} = \frac{1}{D/|2m_D|} \tag{5.2.6}$$

在距离测量往返测量的相对较差要小于相对极限误差，相对较差是往返测较差与均值之比，故相对较差 K 即相对误差，又称往返较差率，可用来检核距离测量的内部符合精度。

$$K = \frac{|D_{往} - D_{返}|}{D_{平均}} = \frac{|\Delta D|}{D_{平均}} = \frac{1}{D_{平均}/\Delta D} \tag{5.2.7}$$

相对误差常用于距离丈量的精度评定，而不能用于角度测量和水准测量的精度评定，这是因为后两者的误差大小与观测角度、高差的大小无关。

5.3 误差传播定律及其应用

5.3.1 误差传播定律

前面阐述了用中误差作为衡量观测值精度的指标。但在实际测量工作中，某些量往往不是直接观测到的，而是通过一定的函数关系间接计算求得的。例如，欲测量两点间的水平距离 D，用测距仪测量出斜距 S，用经纬仪测出竖直角 α，以函数关系 $D = S\cos\alpha$ 来计算水平距离。我们把表述独立观测值函数的中误差与观测值中误差之间关系的定律称为误差传播定律。如下，见一般函数形式误差传播定律的计算公式。

设 Z 是由独立观测值 x_1、x_2、$\cdots$、x_n 组成的函数，即

$$Z = f(x_1, x_2, \cdots, x_n)$$

其中，观测值 x_1、x_2、$\cdots$、x_n 的中误差分别为 m_1、m_2、$\cdots$、m_n，当各观测值 x_i 的真误差为 Δ_i 时，函数 Z 也必然产生真误差 Δ_z，故

$$\Delta_z = f(x_1 + \Delta_1, x_2 + \Delta_2, \cdots, x_n + \Delta_n)$$

由于 Δ_i 很小，对函数取全微分，并用真误差代替微分，则有

$$\Delta_z = \frac{\partial f}{\partial x_1}\Delta_1 + \frac{\partial f}{\partial x_2}\Delta_2 + \cdots + \frac{\partial f}{\partial x_n}\Delta_n$$

其中，$\frac{\partial f}{\partial x_i}$ 为原函数的偏导数，其值由观测值代入求得。将其转化为用中误差表示的传播定律的通用形式

$$m_z^2 = \left(\frac{\partial f}{\partial x_1}\right)^2 m_1^2 + \left(\frac{\partial f}{\partial x_2}\right)^2 m_2^2 + \cdots + \left(\frac{\partial f}{\partial x_n}\right)^2 m_n^2$$

即

$$m_z = \pm\sqrt{\left(\frac{\partial f}{\partial x_1}\right)^2 m_1^2 + \left(\frac{\partial f}{\partial x_2}\right)^2 m_2^2 + \cdots + \left(\frac{\partial f}{\partial x_n}\right)^2 m_n^2} \tag{5.3.1}$$

式（5.3.1）即为观测值中误差与其函数中误差的一般关系式，称**中误差传播公式**。据此不难导出下列简单函数式中误差传播公式，见表 5.3.1。

表 5.3.1 中误差传播公式表

函数名称	函 数 式	中误差传播公式
倍数函数	$Z = Ax$	$m_z = \pm Am$
和差函数	$Z = x_1 \pm x_2$ $Z = x_1 \pm x_2 \pm \cdots \pm x_n$	$m_z = \pm \sqrt{m_1^2 + m_2^2}$ $m_z = \pm \sqrt{m_1^2 + m_2^2 + \cdots + m_n^2}$
线性函数	$Z = A_1 x_1 \pm A_2 x_2 \pm \cdots \pm A_n x_n$	$m_z = \pm \sqrt{A_1^2 m_1^2 + A_2^2 m_2^2 + \cdots + A_n^2 m_n^2}$

5.3.2 误差传播定律的应用

中误差传播公式在测量中的应用十分广泛。利用这个公式不仅可以求得观测值函数的中误差，还可以用来研究容许误差值的确定以及分析观测可能达到的精度等。下面举例说明其应用方法。

【例 5.3.1】 在 1∶500 地形图上量得某两点间的距离 $d = 543.2\text{mm}$，其中误差 $m_d = \pm 0.2\text{mm}$，求该两点间的地面水平距离 D 的值及其中误差 m_D。

解： $D = 500d = 500 \times 0.5432 = 271.60(\text{m})$

$$m_D = \pm 500 m_d = \pm 500 \times 0.0002 = \pm 0.10(\text{m})$$

【例 5.3.2】 设对某一个三角形观测了其中 α、β 两个角，测角中误差分别为 $m_\alpha = \pm 3.0''$，$m_\beta \pm 6.5''$，试求 γ 角的中误差 m_γ。

解： $\gamma = 180° - \alpha - \beta$

$$m_\gamma = \pm \sqrt{m_\alpha^2 + m_\beta^2} = \pm \sqrt{(3.0)^2 + (6.5)^2} = \pm 7.2''$$

【例 5.3.3】 试推导出算术平均值中误差的公式。

解： 前述算术平均值 $\quad x = \dfrac{[l]}{n} = \dfrac{1}{n} l_1 + \dfrac{1}{n} l_2 + \cdots + \dfrac{1}{n} l_n$

设 $\dfrac{1}{n} = k$，则 $\quad\quad\quad\quad x = k l_1 + k l_2 + \cdots + k l_n$

因为等精度观测，各观测值的中误差相同，即

$$m_1 = m_2 = \cdots = m_n$$

得算术平均值的中误差为

$$M = \pm \sqrt{k^2 m_1^2 + k^2 m_2^2 + \cdots + k^2 m_n^2}$$

$$= \pm \sqrt{\frac{1}{n^2} (m^2 + m^2 + \cdots + m^2)}$$

$$= \pm \sqrt{\frac{m^2}{n}}$$

即

$$M = \pm \frac{m}{\sqrt{n}} \tag{5.3.2}$$

式（5.3.2）表明，在相同的观测条件下，算术均值的中误差与观测次数的平方根成反比。随着观测次数的增加，算术平均值的精度固然随之提高，但是，当观测次数增加到

一定数值后（例如 $n=10$）算术平均值精度的提高是很微小的。因此，不能单以增加观测次数来提高观测成果的精度，还应设法提高观测本身的精度。例如，采用精度较高的仪器，提高观测技能，在良好的外界条件下进行观测等。

【例 5.3.4】 推导用三角形闭合差计算测角中误差公式。

解：设等精度观测了 n 个三角形的内角，其测角中误差为 m_β，各三角形闭合差为 $f_{\beta1}$，$f_{\beta2}$，…，$f_{\beta n}$（$f_{\beta i}=a_i+b_i+c_i-180°$）。按中误差定义得三角形内角和的中误差 m_Σ 为

$$m_\Sigma=\pm\sqrt{\frac{[f_\beta f_\beta]}{n}}$$

由于内角和 Σ 是每个三角形各观测角之和，即

$$\Sigma=a_i+b_i+c_i$$

其中误差为

$$m_\Sigma=\pm\sqrt{3}\,m_\beta$$

故测角中误差

$$m_\beta=\pm\sqrt{\frac{[f_\beta f_\beta]}{3n}} \tag{5.3.3}$$

上式称为菲列罗公式，通常用在三角测量中评定测角精度。

【例 5.3.5】 分析水准测量精度。

解：设在 A、B 两水准点间安置了 n 个测站，每个测站后视读数为 a，前视读数为 b，每次读数的中误差均为 $m_读$，由于每个测站高差为

$$h=a-b$$

根据误差传播定律，求得一个测站所测得的高差中误差 m_h 为

$$m_h=m_读\sqrt{2}$$

如果采用黑、红双面尺或两次仪器高法测定高差，并取两次高差的平均值作为每个测站的观测结果，则可求得每个测站高差平均值的中误差 $m_站$ 为

$$m_站=m_h\sqrt{2}=m_读$$

由于 A、B 两水准点间共安置了 n 个测站，可求得 n 站总高差的中误差 m 为

$$m=m_站\sqrt{n}=m_读\sqrt{n} \tag{5.3.4}$$

即水准测量高差的中误差与测站数的平方根成正比。

设每个测站的距离 S 大致相等，全长 $L=nS$，将 $n=L/S$ 代入上式

$$m=m_站\sqrt{1/S}\sqrt{L}$$

式中　$1/S$——每千米测站数；

$m_站\sqrt{1/S}$——每千米高差中误差，以 μ 表示，则

$$m=\pm\mu\sqrt{L} \tag{5.3.5}$$

即水准测量高差的中误差与距离平方根成正比。

由此，现行规范中规定，普通（图根）水准测量容许高差闭合差分别为

$$平地\ f_{h容}=\pm40\sqrt{L}\quad(mm)$$

$$山地\ f_{h容}=\pm12\sqrt{n}\quad(mm)$$

【例 5.3.6】 分析水平角测量的精度。

解：（1）DJ$_6$级光学经纬仪一测回的测角中误差。

DJ$_6$级光学经纬仪通过盘左、盘右（即一测回）观测同一方向的中误差 $m_方=\pm6''$作为出厂精度，也就是一测回方向中误差为$\pm6''$。由于水平角为两个方向值之差，$\beta=b-a$，故其中误差应为

$$m_\beta=m_方\sqrt{2}=\pm6''\sqrt{2}=\pm8.5''$$

即 DJ$_6$级光学经纬仪一测回的测角中误差为$\pm8.5''$。考虑仪器本身误差及其他不利因素，取 $m_\beta=\pm10''$。以两倍中误差作为容许误差，则

$$m_{\beta容}=2m_\beta=\pm20''$$

因而，规范中用 DJ$_6$型光学经纬仪施测一测回时，测角中误差规定为$\pm20''$。

用 DJ$_6$级光学经纬仪等精度观测三角形的三个内角，各角均用一测回观测，其三角形闭合差为

$$W=(\alpha_i+b_i+c_i)-180°$$

已知测角中误差

$$m_\beta=m_a=m_b=m_c$$

（2）按误差传播定律，三角形闭合差的中误差为

$$m_w=\sqrt{3}\,m_\beta$$

以 $m_\beta=\pm8.5''$代入

$$m_w=\pm8.5''\times\sqrt{3}=\pm15''$$

考虑仪器本身误差和其他不利因素，$m_w=\pm20''$。取 3 倍中误差为容许误差，则规范DJ$_6$级光学经纬仪施测一测回，三角形最大闭合差（容许闭合差）为$\pm60''$。

【例 5.3.7】 分析距离测量精度。

解：（1）钢尺量距的精度。

用尺长为 L 的钢尺丈量长度为 D 的距离，共丈量 n 个尺段，若已知每个尺段的中误差为 m，则

$$D=L_1+L_2+\cdots+L_n$$

按误差传播定律

$$m_D=m\sqrt{n}$$

式中 n 为整尺段数，$n=\dfrac{D}{L}$，将其代入上式，得

$$m_D=\frac{m}{\sqrt{L}}\sqrt{D}$$

在一定的观测条件下，采用同一把钢尺和相同的操作方法，式中的 m 和 L 应为常数，令 $u=\dfrac{m}{\sqrt{L}}$，则

$$m_D=u\sqrt{D} \qquad\qquad (5.3.6)$$

即丈量距离中误差与所量距离平方根成正比。

上式中，当 $D=1$ 时，$m_D=u$，即 u 为丈量单位长度的中误差。例如 $D=1\text{km}$，则 u

为丈量 1km 的中误差。

在实际工作中，通常以两次丈量结果的较差 ΔD 与长度之比来评定

$$m_{\Delta D} = \sqrt{2}\, m_D = \sqrt{2}\, u \sqrt{D}$$

以 2 倍中误差作为容许误差，则

$$\Delta D_{容} = 2 \sqrt{2u} \sqrt{D}$$

在良好地区，一般用钢尺丈量一尺段，完全可达到 $2u = \pm 0.005\text{m}$，则

$$\Delta D_{容} = \pm 0.005 \sqrt{2} \sqrt{D} = 0.007 \sqrt{D}$$

以常用长度 $D = 200\text{m}$ 代入，则

$$K_{容} = \frac{\Delta D_{容}}{D} = \frac{1}{2020}$$

因此，距离丈量规定的相对误差不低于 1/2000。

（2）视距测量的测距精度。

按倾斜视距公式

$$D = Kl \cos^2 \alpha$$

$$\frac{\partial D}{\partial l} = K \cos^2 \alpha$$

$$\frac{\partial D}{\partial \alpha} = -Kl \sin 2\alpha$$

水平距离中误差

$$m_D = \pm \sqrt{\left(\frac{\partial D}{\partial l}\right)^2 m_l^2 + \left(\frac{\partial D}{\partial \alpha}\right)^2 \left(\frac{m_\alpha}{\rho''}\right)^2}$$

$$= \pm \sqrt{(K \cos^2 \alpha)^2 m_l^2 + (Kl \sin 2\alpha)^2 \left(\frac{m_\alpha}{\rho''}\right)^2}$$

由于根式内第二项的值很小，为讨论方便起见将其略去，则

$$m_D = \pm \sqrt{(K \cos^2 \alpha)^2 m_l^2} = \pm K \cos^2 \alpha\, m_l \tag{5.3.7}$$

式中　m_α——标尺尺间隔 n 的读数中误差。

因 $l =$ 下丝读数－上丝读数，故

$$m_l = \pm m_{读} \sqrt{2} \tag{5.3.8}$$

式中　$m_{读}$——视距丝读数的中误差。

人眼的最小可分辨视角为 $60''$。DJ$_6$ 级经纬仪望远镜放大倍数为 24 倍，则人的肉眼通过望远镜来观测时，可达到的分辨视角 $\gamma = \dfrac{60''}{24} = 2.5''$。因此，一根视距丝的读数误差为 $\dfrac{2.5''}{206265''} \times D \approx 12.1 \times 10^{-6} D$，以它作为读数误差的 $m_{读}$ 代入式（5.3.8）后可得

$$m_l = \pm 12.1 \times 10^{-6} D \sqrt{2} \approx \pm 17.11 \times 10^{-6} D$$

又因视距测量时，一般情况下 α 值都不大，当 α 很小时 $\cos \alpha \approx 1$。为讨论方便起见将式（5.3.7）写为

$$m_D = \pm 17.11 \times 10 \times 10^{-4} D$$

则相对中误差为

$$\frac{m_D}{D} = \pm 17.11 \times 10^{-4} = \pm 0.00171 \approx 1/584$$

再考虑其他因素的影响，可以认为视距精度约为 1/300。

5.4 等精度独立观测量的最可靠值与精度评定

在相同的观测条件（人员、仪器设备、观测时的外界条件）下进行的观测，称为等精度观测。在不同的观测条件下进行的观测，称为不等精度观测。本节主要学习等精度观测时的观测量的精度评定方法。

5.4.1 算术平均值

设在相同的观测条件下对某量进行了 n 次等精度观测，观测值为 l_1、l_2、$\cdots$、l_n，其真值为 $\tilde{L}$，真误差为 Δ_1、Δ_2、$\cdots$、Δ_n。算术平均值 $\overline{L}$ 为

$$\overline{L} = \frac{l_1 + l_2 + \cdots + l_n}{n} = \frac{[l]}{n} \tag{5.4.1}$$

观测值的真误差公式为

$$\Delta_i = l_i - \tilde{L} (i = 1, 2, \cdots, n)$$

将上式相加后，得

$$[\Delta] = [l] - n\tilde{L}$$

上式等号两端除以 n，得

$$\frac{[\Delta]}{n} = \frac{[l]}{n} - \tilde{L}$$

将式（5.5.1）代入，得

$$\frac{[\Delta]}{n} = \overline{L} - \tilde{L}$$

上式右边第一项是真误差的算术平均值。由偶然误差的第四特性可知，当观测次数 n 无限增多时，$\frac{[\Delta]}{n} \rightarrow 0$，则 $\overline{L} \rightarrow \tilde{L}$，算术平均值就是观测量的真值。

在实际测量中，观测次数总是有限的。根据有限个观测值求出的算术平均值 $\overline{L}$ 与其真值 $\tilde{L}$ 仅差一微小量 $\frac{[\Delta]}{n}$。故算术平均值是观测量的最可靠值，通常也称为最或是值。

5.4.2 算术平均值的中误差

由于观测值的真值 $\tilde{L}$ 一般无法知道，故真误差 Δ 也无法求得。所以不能直接求观测值的中误差，而是利用观测值的最或是值 $\overline{L}$ 与各观测值之差 v_i 来计算中误差，v_i 被称为改正数，即

$$v_i = l_i - \overline{L} \tag{5.4.2}$$

式（5.4.2）中，l_i 为各个观测量，$\overline{L}$ 为各个观测量的算术平均值。

当观测次数 n 有限时，有

$$m = \pm\sqrt{\dfrac{[vv]}{n-1}} \tag{5.4.3}$$

式（5.4.3）即为等精度独立观测时，利用观测量的改正数计算中误差的公式，称为白塞尔公式（Bessel formula）。

【例 5.4.1】 设用全站仪测量某个水平角 6 个测回，观测值列于表 5.4.1 中，试求观测值的中误差。

表 5.4.1　　　　　　　　　　某水平角的中误差计算

观测次序	观测值	改正数 $v/('')$	$vv('')$	计　算
1	36°50′30″	+4	16	
2	36°50′26″	−9	81	
3	36°50′28″	−3	9	$m = \pm\sqrt{\dfrac{[vv]}{n-1}}$
4	36°50′24″	−6	36	$= \pm\sqrt{\dfrac{34}{6-1}}$
5	36°50′25″	+3	9	$= \pm 2.6$
6	36°50′23″	0	0	
	$\bar{l}=36°50′26″$	$[v]=0$	$[vv]=34$	

在求出观测值的中误差 m 后，就可应用误差传播定律求得观测值算术平均值的中误差 M，即

$$M = \pm\dfrac{m}{\sqrt{n}} \tag{5.4.4}$$

亦即

$$M = \pm\sqrt{\dfrac{[vv]}{n(n-1)}} \tag{5.4.5}$$

【例 5.4.2】 对某一段水平距离等精度观测了 6 次，其结果列于表 5.4.2 中，试求其算术平均值、一次丈量中误差、算术平均值中误差及其相对误差。

表 5.4.2　　　　　　　　　等精度观测结果平差计算

序号	观测值 l_i/m	改正数 v_i/mm	vv
1	136.658	−3	9
2	136.666	−11	121
3	136.651	+4	16
4	136.662	−7	49
5	136.645	+10	100
6	136.648	+7	49
Σ	819.930	0	344

解：

$$\overline{L}=\frac{l_1+l_2+\cdots+l_n}{n}=\frac{819.930}{6}=136.655(\mathrm{m})$$

$$m=\pm\sqrt{\frac{[vv]}{n-1}}=\sqrt{\frac{344}{6-1}}=\pm8.3(\mathrm{mm})$$

$$M=\pm\sqrt{\frac{[vv]}{n(n-1)}}=\frac{\pm8.3}{\sqrt{6}}=\pm3.4(\mathrm{mm})$$

$$K=\frac{1}{\dfrac{136.655}{3.4\times10^{-3}}}\approx\frac{1}{40000}$$

5.5 不等精度独立观测量的最可靠值与精度评定

5.5.1 权

前面所讨论的问题,是如何从 n 次同精度观测值中求出未知量的最或是值,并评定其精度。但在测量工作中,还可能经常遇到的是:对未知量进行 n 次不同精度观测,同样产生如何从这些不同精度观测值求出未知量的最或是值,并评定其精度的问题。

例如,对未知量 x 进行了 n 次不同精度的观测,得 n 个观测值 $l_i(i=1,2,\cdots,n)$,它们的中误差为 $m_i(i=1,2,\cdots,n)$。这时就不能取观测值的算木平均值作为未知量的最或是值了。而在计算不同精度观测值的最或然值时,精度高的观测值在其中占的"比重"大一些,而精度低的观测值在其中占的"比重"小一些。这里,这个"比重"就反映了观测的精度。"比重"可以用数值表示,在测量工作中,称这个数值为观测值的"权"。显然,观测值的精度越高,即中误差越小,其权就越大;反之,观测值的精度越低,即中误差越大,其权就越小。

在测量计算中,给出了用中误差求权的定义公式:设以 P_i 表示观测值 l_i 的权,则权的定义公式为

$$P_i=\frac{\mu^2}{m_i^2} \qquad (i=1,2,\cdots,n) \qquad (5.5.1)$$

式中 μ——任意常数。在用上式求一组观测值的权 P_i 时,必须采用同一个 μ 值。

从上式可见 P_i 是与中误差平方成反比的一组比例数。

式 (5.5.1) 可以写为

$$\mu^2=P_im_i^2 \qquad (i=1,2,\cdots,n)$$

或

$$\frac{\mu^2}{m_i^2}=\frac{P_i}{1}$$

由上式可见:μ 是权等于 1 的观测值的中误差,通常称等于 1 的权为单位权,权为 1 的观测值为单位权观测值。而 μ 为单位权观测值的中误差,简称为单位权中误差。

当已知一组观测值的中误差时，可以先设定 μ 值，然后按式（5.5.1）确定这组观测值的权。

由权的定义公式（5.5.1）知：权与中误差的平方成反比，即精度越高，权越大。并且，有

$$P_1 : P_2 : \cdots : P_n = \frac{1}{m_1^2} : \frac{1}{m_2^2} : \cdots : \frac{1}{m_n^2} \tag{5.5.2}$$

5.5.2 权的性质

（1）权和中误差都是用来衡量观测值精度的指标，但中误差是绝对性数值，表示观测值的绝对精度；权是相对性数值，表示观测值的相对精度。

（2）权与中误差平方成反比，中误差越小，权越大，表示观测值越可靠，精度越高。

（3）权始终取正号。

（4）由于权是一个相对性数值，对于单一观测值而言，权无意义。

（5）权的大小随 μ 的不同而不同，但权之间的比例关系不变。

（6）在同一个问题中只能选定一个 μ 值，不能同时选用几个不同的 μ 值，否则就破坏了权之间的比例关系。

5.5.3 测量中常用的确权方法

1. 同精度观测值的算术平均值的权

设一次观测的中误差为 m，由式（5.4.5）知 n 次同精度观测值的算术平均值的中误差 $M = m/\sqrt{n}$。由权的定义设 $\mu^2 = m^2$，则一次观测值的权为

$$P = \frac{\mu^2}{m^2} = \frac{m^2}{m^2} = 1$$

算术平均值的权为

$$P_L = \frac{\mu^2}{\dfrac{m^2}{n}} = \frac{m^2}{\dfrac{m^2}{n}} = n \tag{5.5.3}$$

由此可知，取一次观测值之权为 1，则 n 次观测的算术平均值的权为 n，故权与观测次数成正比。

在不同精度观测中引入"权"的概念，可以建立各观测值之间的精度比值，以便合理地处理观测数据。例如，设一次观测值的中误差为 m，其权为 P_0，并设 $\mu = m^2$，则

$$P_0 = \frac{m^2}{m^2} = 1$$

对于中误差为 m_i 的观测值（或观测值的函数），其权 P_i 为

$$P_i = \frac{\mu^2}{m_i^2} \tag{5.5.4}$$

则相应的中误差的另一表示式可写为

$$m_i = \mu \sqrt{\frac{1}{P_i}} \tag{5.5.5}$$

2. 权在水准测量中的应用

设每一测站观测高差的精度相同，其中误差为 $m_{站}$，则不同测站数的水准路线观测高差的中误差为

$$m_i = m_{站}\sqrt{N_i} \quad (i=1,2,\cdots,n)$$

式中　N_i——各水准路线的测站数。

取 c 个测站的高差中误差为单位权中误差，即 $\mu=\sqrt{c}\,m_{站}$，则各水准路线的权为

$$P_i = \frac{\mu^2}{m_i^2} = \frac{c}{N_i} \tag{5.5.6}$$

同理，可得

$$P_i = \frac{c}{L_i} \tag{5.5.7}$$

式中　L_i——各水准路线的长度。

式（5.5.6）、式（5.5.7）说明当各测站观测高差为同精度时，各水准路线的权与测站数或路线长度成反比。

3. 权在距离丈量工作中的应用

设单位长度（1km）的丈量中误差为 m，则长度为 s 的丈量中误差为 $m_s=m\sqrt{s}$ 取长度为 c km 的丈量中误差为单位权中误差，即 $\mu=\sqrt{c}\,m$，则得距离丈量的权为

$$P_i = \frac{\mu^2}{m_s^2} = \frac{c}{s} \tag{5.5.8}$$

式（5.5.8）说明距离丈量的权与长度成反比。

从上述几种定权公式中可以看出，在定权时，并不需要预先知道各观测值中误差的具体数值，在确定了观测方法后权就可以预先确定。这一点说明可以事先对最后观测结果的精度进行估算，这在实际工作中具有很重要的意义。

5.5.4　加权平均值及中误差

1. 加权平均值

设对某未知量 x 进行了 n 次不同精度观测，观测值为 L_1，L_2，$\cdots$，L_n 其相应权为 P_1，P_2，$\cdots$，P_n 下面讨论如何根据这组观测值来求出未知量的最或是值。

已知观测值 L_i 及其权 P_i，可以按式（5.5.1）求出其中误差：$m_i^2=\dfrac{\mu^2}{p_i}$，即 $m=$

$\dfrac{\mu}{\sqrt{p_i}}$；求算术平均值中误差的公式为 $m_x=\dfrac{m}{\sqrt{n}}$。将这两个公式对比一下，就可发现，上述 L_i 相当于 P_i 个中误差都为 μ 的观测值 $l_k^{(i)}(k=1,2,\cdots,p_i)$ 的算术平均值，即

$$\left.\begin{aligned}
L_1 &= \frac{l_1^{(1)}+l_2^{(1)}+\cdots+l_{p_1}^{(1)}}{p_1} \\[4pt]
L_2 &= \frac{l_1^{(2)}+l_2^{(2)}+\cdots+l_{p_2}^{(2)}}{p_2} \\[4pt]
&\cdots \\[4pt]
L_n &= \frac{l_1^{(n)}+l_2^{(n)}+\cdots+l_{p_n}^{n}}{p_n}
\end{aligned}\right\} \tag{5.5.9}$$

其中每个 $l_k^{(i)}$ 是同精度的,它们的中误差都是 μ。这样就相当于对未知量 x 进行了 $(P_1, P_2, \cdots, P_N)$ 次同精度观测,观测值为 $l_1^{(1)} l_2^{(1)} \cdots l_{p1}^{(1)}$,$l_1^{(2)} l_2^{(2)} \cdots l_{p2}^{(2)}$,$l_1^{(n)} l_2^{(n)} \cdots l_{pn}^{(n)}$,因此就可按算术平均值求出未知的最或是值。

$$x = \frac{l_1^{(1)} + l_2^{(1)} + \cdots + l_{p1}^{(1)} + l_1^{(1)} + l_2^{(2)} + \cdots + l_{p2}^{(2)} + l_1^{(n)} + l_2^{(n)} + \cdots + l_{pn}^{(n)}}{p_1 + p_2 + \cdots + p_n}$$

将式 (5.5.9) 代入上式,即

$$x = \frac{p_1 L_1 + p_2 L_2 + \cdots + p_n L_n}{p_1 + p_2 + \cdots + p_n} = \frac{[pL]}{[p]} \tag{5.5.10}$$

式 (5.5.10) 就是根据对未知量 x 进行了不同精度观测值求其最或是值的公式,称为带权平均值,或称广义算术平均值。

【例 5.5.1】 设对某长度进行了三次不同精度丈量,观测值为:$L_1 = 88.23$m,$L_2 = 88.20$m,$L = 88.19$m;其权为 $P_1 = 1$,$P_2 = 3$,$P_3 = 2$。试求其最或是值。

解:按式 (5.5.10) 得

$$x = \frac{[pL]}{[p]} = \frac{88.23 \times 1 + 88.20 \times 3 + 88.19 \times 2}{1 + 3 + 2} = 88.20(\text{m})$$

2. 加权平均值中误差

因为

$$x = \frac{[pl]}{[p]} = \frac{p_1}{[p]} l_1 + \frac{p_2}{[p]} l_2 + \cdots + \frac{p_n}{[p]} l_n$$

式中 $\frac{[pl]}{[p]}(i = 1, 2, \cdots, n)$——常数,按误差传播定律,可以求出 x 的中误差为

$$m_x^2 = \frac{p_1^2}{[p]^2} m_1^2 + \frac{p_2^2}{[p]^2} m_2^2 + \cdots + \frac{p_n^2}{[p]^2} m_n^2$$

将 $m_i^2 = \frac{\mu^2}{p^i}$ 代入上式得

$$m_x^2 = \frac{p_1^2}{[p]^2} \frac{\mu^2}{p_1} + \frac{p_2^2}{[p]^2} \frac{\mu^2}{p_2} + \cdots + \frac{p_n^2}{[p]^2} \frac{\mu^2}{p_n}$$

$$= \mu^2 \left\{ \frac{p_1}{[p]^2} + \frac{p_2}{[p]^2} + \cdots + \frac{p_n}{[p]^2} \right\}$$

$$= \mu^2 \frac{1}{[p]}$$

所以

$$m_x = \frac{\mu}{\sqrt{[p]}} \tag{5.5.11}$$

此为带权平均值中误差的计算公式。由权的定义公式

$$p_i = \frac{\mu^2}{m_i^2} \text{ 即 } m_i = \frac{\mu}{\sqrt{p_i}}$$

从式（5.5.11）中看出：带权平均值的权为$[p]$，即

$$p_x = [p] \tag{5.5.12}$$

3. 单位权观测值中误差

由式（5.5.4）得

$$\mu^2 = p_1 m_1^2$$
$$\mu^2 = p_2 m_2^2$$
$$\cdots$$
$$\mu^2 = p_n m_n^2$$

对其等号两端进行求和可得

$$n\mu^2 = P_1 m_1^2 + P_2 m_2^2 + \cdots P_n m_n^2 = [Pmm]$$

$$\mu = \pm\sqrt{\frac{[Pmm]}{n}} \tag{5.5.13}$$

当 $n \to \infty$ 时，用真误差 Δ 代替中误差 m，衡量精度的意义不变，则上式可改写为

$$\mu = \pm\sqrt{\frac{[P\Delta\Delta]}{n}} \tag{5.5.14}$$

式（5.5.14）即为用真误差计算单位权观测值中误差的公式。也可以推出用观测值改正数来计算单位权中误差的公式

$$\mu = \pm\sqrt{\frac{[Pvv]}{n-1}} \tag{5.5.15}$$

将式（5.5.15）代入式（5.5.11）可得

$$m_x = \pm\sqrt{\frac{[Pvv]}{[p](n-1)}} \tag{5.5.16}$$

式（5.5.16）即为用观测值改正数计算不同精度观测值最或是值中误差公式。

？　思考题与练习题

1. 研究测量误差的任务是什么？

2. 测量误差分哪几类？它们各有什么特点？

3. 为什么观测结果中一定存在误差？误差如何分类？

4. 偶然误差与系统误差有哪些不同？偶然误差有哪些特性？

5. 试述偶然误差的主要特性。

6. 何谓标准差、中误差和极限误差？

7. 何谓等精度观测？何谓不等精度观测？

8. 对某直线丈量了 6 次，观测结果为：246.535m、246.548m、246.520m、246.529m、246.550m、246.537m，试计算其算术平均值、一次测量的中误差、算术平均值的中误差及相对误差。

9. 在水准测量中，题表 5.1 所列情况对水准尺读数带来误差，试判别误差的性质及

其符号。

题表 5.1　　　　　　　　　　　**判别误差的性质及其符号**

误差来源	误差性质	误差符号
水准仪的水准管轴不平行视准轴		
估读最小分划不准		
符合气泡居中不准		
水准仪下沉		
水准尺下沉		
水准尺倾斜		

10. 用 J_6 型经纬仪观测某个水平角四测回，其观测值为：$68°32'18''$、$68°31'54''$、$68°31'42''$、$68°32'06''$，试求观测一测回的中误差、算术平均值及其中误差。

第 6 章

控制测量

学习目标

本章学习控制测量外业测量和内业计算方法。通过学习，了解控制测量的概念、分类、等级及其技术要求，了解国家平面控制网和图根控制网的建立方法；熟悉控制网等级的选用、PA2005平差易软件的使用及三角高程测量的方法；掌握导线测量的外业测量及内业计算方法；掌握三等、四等水准测量的观测与计算方法。

6.1 控制测量概述

根据测量工作的基本原则，测绘地形图或工程放样，都必须先在整体范围内进行控制测量。即首先在测区内选择一些具有控制意义的点，组成一定的几何图形，形成测区的骨架，在统一坐标系中，用相对精确的测量手段和计算方法，确定这些点的平面坐标和高程，然后以它为基础来测定其他地面点的点位或进行施工放样，或进行其他测量工作。其中，这些具有控制意义的点称为控制点，由控制点组成的几何图形称为控制网，对控制网进行布设、观测、计算，确定控制点位置的工作称为控制测量。控制测量的目的就是为地形图测绘和各种工程测量提供控制基础和起算基准，其实质是测定具有较高精度的平面坐标和高程的点位。

控制网按其性质不同分为平面控制网和高程控制网。测定控制点平面位置（x，y）的工作，称为平面控制测量。测定控制点高程（H）的工作，称为高程控制测量。按其范围和用途分为全球控制网、国家控制网、城市控制网和小地区控制网。根据国家经济建设和国防建设的需要，国家测绘部门在全国范围内采用"分级布网、逐级控制"的原则，建立国家级平面控制网，作为科学研究、地形测量和施工测量的依据，该控制网称为国家控制网；在城市地区，为测绘大比例尺地形图、进行市政工程和建筑工程放样，在国家控制网的控制下而建立的控制网，称为城市控制网；在一定区域内，针对某项具体工程建设测图、施工或管理的需要，布设的平面和高程控制网称为小区域控制网。在传统测量工作中，平面控制网与高程控制网通常分别单独布设。有时候也将两种控制网合起来布设成三维控制网。

在碎部测量中，专门为地形测图而布设的控制网称为图根控制网，相应的控制测量工作称为图根控制测量；而专门为工程施工布设的控制网称为施工控制网，施工控制网是施工放样和变形监测的依据。

6.1.1 平面控制测量

1. 我国平面控制网的基本情况

在全国范围内布设的平面控制网，称为国家平面控制网。我国原有国家平面控制网主要按三角网方法布设，分为四个等级，其中一等三角网精度最高，二等、三等、四等三角网精度逐级降低。一等三角网由沿经线、纬线方向的三角锁构成，并在锁段交叉处测定起始边。三角形平均边长为 20～25km。一等三角网不仅作为低等级平面控制网的基础，还为研究地球形状和大小提供重要的科学资料。二等三角网布设在一等三角锁所围成的范围内，构成全面三角网，平均边长为 13km。二等三角网是扩展低等平面控制网的基础。国家一等、二等网合称为天文大地网，我国天文大地网于 1951 年开始布设，1961 年基本完成，1975 年修补测工作全部结束。三等、四等三角网的布设采用插网和插点的方法，作为一等、二等三角网的进一步加密，三等三角网平均边长为 8km，四等三角网平均边长为 2～6km。四等三角点每点控制面积为 15～20km²，可以满足 1：10000 和 1：5000 比例尺地形测图需要。

国家基本网的主要技术规格和技术要求见表 6.1.1。

表 6.1.1　　　　　　　　　　　国家基本网主要技术规格和技术要求

等级	平均边长/km	测角中误差/(″)	三角形最大闭合差/(″)	起始边相对中误差
一等	20～25	±0.7	±2.5	1/350000
二等	13	±1.0	±3.5	1/350000
三等	8	±1.8	±7.0	1/150000
四等	2～6	±2.5	±9.0	1/80000

在城市地区，为满足 1：500～1：2000 比例尺地形测图和城市建设施工放样的需要，应进一步布设城市平面控制网。城市平面控制网在国家控制网的控制下布设，按城市范围大小布设不同等级的平面控制网，分为二等、三等、四等三角网或三等、四等导线网和一级、二级小三角网或一级、二级、三级导线网。

在小于 15km² 的范围内建立的控制网，称为小区域控制网。在这个范围内，水准面可视为水平面，采用平面直角坐标系，计算控制点的坐标，不需将测量成果归算到高斯平面上。小区域平面控制网，应尽可能与国家控制网或城市控制网联测，将国家或城市高级控制点坐标作为小区域控制网的起算和校核数据。如果测区内或测区附近无高级控制点或联测较为困难，也可建立独立平面控制网。

2. 平面控制网建立的主要方法

在传统测量工作中，平面控制通常采用三角网测量、导线测量和交会测量等常规方法建立，必要时，还要进行天文测量。目前，全球定位系统 GPS 已成为建立平面控制网的主要方法。

三角测量是将相邻控制点连接成三角形，组成网状图形，该网状图形称平面三角控制网，三角形的顶点称为三角点，如图 6.1.1（a）所示。在平面三角控制网中，量出一条边的长度，测出各三角形的内角，用正弦定理逐一推算出各三角形的边长，再根据起始点的坐标和起始边方位角，推算出各控制点的平面坐标，这种测量方法称为三角测量。

将控制点用直线连接起来形成折线，称为导线，这些控制点称为导线点，点间的折线边称为导线边，相邻导线边之间的夹角称为转折角，如图 6.1.1（c）所示。另外，与坐标方位角已知的导线边（称为定向边）相连接的转折角，称为连接角（又称定向角）。通过观测导线边的边长和转折角，根据起算数据计算获得导线点的平面坐标，即为导线测量。导线测量布设简单，每点仅需与前、后两点通视，选点方便，特别是在隐蔽地区和建筑物多而通视困难的城市，应用起来方便灵活，各等级导线测量的主要技术要求见表 6.1.2。

表 6.1.2　　　　　　　　　　　各等级导线测量的主要技术要求

等级	导线长度/km	平均边长/km	测角中误差(″)	测距中误差/mm	测距相对中误差	测回数			方位角闭合差/(″)	导线全长相对闭合差
						1″级仪器	2″级仪器	6″级仪器		
三等	14	3	1.8	20	1/150000	6	10	—	$3.6\sqrt{n}$	≤1/55000
四等	9	1.5	2.5	18	1/180000	4	6	—	$5\sqrt{n}$	≤1/35000
一级	4	0.5	5	15	1/30000	—	2	4	$10\sqrt{n}$	≤1/15000
二级	2.4	0.25	8	15	1/4000	—	1	3	$16\sqrt{n}$	≤1/10000
三级	1.2	0.1	12	15	1/7000	—	1	2	$24\sqrt{n}$	≤1/5000

注　表中的 n 为导线的边数。

GPS 控制网是以分布在空中的多个 GPS 卫星为观测目标来确定地面点三维坐标的定位方法，如图 6.1.1 (b) 所示。GPS 定位测量具有高精度、全天候、高效率、多功能、操作简便的特点，可同时精确测定点的三维坐标 (X, Y, H)。相关技术要求详见 7.4 节 GPS 控制测量相关内容。

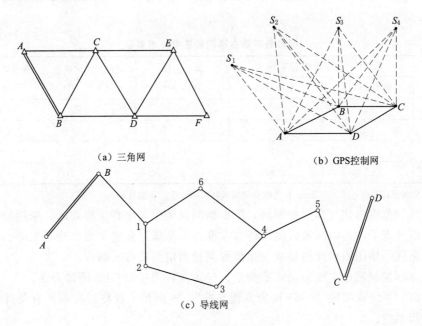

（a）三角网　　　　　　　　　　　　　（b）GPS控制网

（c）导线网

图 6.1.1　平面控制网

图根导线测量的主要技术要求应满足表 6.1.3 的规定。

表 6.1.3　　　　　　　　　　　　图根导线测量的主要技术要求

边长测定方法	测图比例尺	导线全长/m	平均边长/m	测回数	测角中误差/(″)	方位角闭合差/(″)	导线最大相对闭合差
光电测距	1∶500	≤750	75	≥1	≤±20	≤40$\sqrt{n}$	≤1/4000
	1∶1000	≤1500	150				
	1∶2000	≤3000	300				
钢尺量距	1∶500	≤500	50	≥1	≤±20	≤40$\sqrt{n}$	≤1/2000
	1∶1000	≤1000	85				
	1∶2000	≤2000	180				

注　1. n 为测站数。

　　2. 组成节点后，节点间或节点与起算间的长度不得大于表中规定的 0.7 倍。

　　3. 当导线长度小于表中规定 1/3 时，其绝对闭合差不应大于图上 0.3mm。

6.1.2　高程控制测量

在全国范围内采用水准测量方法建立的高程控制网，称为国家水准网。国家水准网遵循从整体到局部、由高级到低级，逐级控制、逐级加密的原则分四个等级布设，各等级水准网一般要求自身构成闭合环线或闭合于高一级水准路线上构成环形。

高程控制测量分为国家高程控制测量、城市高程控制测量和工程高程控制测量。国家水准测量按精度可分为国家一等、二等、三等、四等，城市水准测量按精度可分为二等、三等、四等以及用于地形测量的图根水准测量。工程水准测量按精度可分为二等、三等、四等、五等以及用于地形测量的图根水准测量。城市各等级水准测量的主要技术要求见表 6.1.4。

表 6.1.4　　　　　　　　　　　城市各等级水准测量主要技术要求

等级	每公里高差中数中误差/mm		附合路线长度/km	测段往返测高差不符值/mm	附合路线或环线闭合差/mm
	偶然中误差	全中误差			
二等	±1	±2	400	±4$\sqrt{R}$	±4$\sqrt{L}$
三等	±3	±6	45	±12$\sqrt{R}$	±12$\sqrt{L}$
四等	±5	±10	15	±20$\sqrt{R}$	±20$\sqrt{L}$
	±10	±20	8		±40$\sqrt{L}$

注　表中 R 为测段长度，单位为 km；L 为附合路线或环线的长度，单位为 km。

在小区域范围内建立高程控制网，应根据测区面积大小和工程要求，采用分级建立的方法。一般情况下，是以国家或城市等级水准点为基础，在整个测区建立三等、四等水准网或水准路线，用图根水准测量或三角高程测量测定图根点的高程。

目前高程控制测量主要采用水准测量、三角高程测量和 GPS 测量方法。

国家高程系统现采用"1985 国家高程基准"。城市和工程高程控制凡有条件的都应采用国家高程系统。

6.1.3　控制测量的一般作业步骤

控制测量作业包括技术设计、实地选点、标石埋设、观测和平差计算等步骤。在常规的高等级平面控制测量中，当某些方向受到地形条件限制不能使相邻控制点间直接通视时，需要在控制点上建造测标。采用GPS定位技术建立平面控制网，由于不要求相邻控制点间通视，因此不需要建立测标。

控制测量的技术设计主要包括精度指标的确定和控制网的网形设计。在实际工作中，控制网的等级和精度标准应根据测区大小和控制网的用途来确定。当测区范围较大时，为了既能使控制网形成一个整体，又能相互独立地进行工作，必须采用"从整体到局部，分级布网，逐级控制"的布网程序。若测区面积不大，也可布设同级全面网。控制网网形设计是在收集测区的地形图、已有控制点成果及测区的人文、地理、气象、交通、电力等资料的基础上，进行控制网的图上设计。首先在地形图上标出已有的控制点和测区范围，再根据测量目的对控制网的具体要求，结合地形条件在图上设计出控制网的形式和选定控制点的位置，然后到实地踏勘，判明图上标定的已知点是否与实地相符，并查明标石是否完好；查看预选的路线和控制点点位是否合适，通视是否良好；如有必要再作适当的调整并在图上标明。根据图上设计的控制网方案到实地选点，确定控制点的最佳位置。控制点点位一般应满足：点位稳定，等级控制点应能长期保存；便于扩展、加密和观测。经选点确定的控制点点位，要进行标石埋设，将它们在地面上固定下来。控制点的测量成果以标石中心的标志为准，因此标石的埋设、保存至关重要。标石类型很多，按控制网种类、等级和埋设地区地表条件的不同而有所差别。

控制网中控制点的坐标或高程是由起算数据和观测数据经平差计算得到的。控制网中只有一套必要起算数据（三角网中已知一个点的坐标、一条边的边长和一边的坐标方位角；水准网中已知一个点的高程）的控制网称为独立网。如果控制网中多于一套必要起算数据，则这种控制网称为附合网。观测工作完成后，应对观测数据进行检核，保证观测成果满足要求，然后进行平差计算。对于高等级控制网需进行严密的平差计算，而低等级的控制网允许采用近似平差计算。

控制测量作业应遵循的测量规范有《国家三角测量和精密导线测量规范》、《国家一、二等水准测量规范》（GB/T 12897—2006）、《国家三、四等水准测量规范》（GB/T 12898—2009）、《工程测量规范》（GB 50026—2016）、《城市测量规范》（GJJ 8—2011），以及《全球定位系统（GPS）测量规范》（GB/T 18314—2009）等。

6.2　导线测量

6.2.1　导线测量概述

导线测量是平面控制测量中的一种常用方法，主要用于隐蔽地区、带状地区、城建区、地下工程、公路、铁路和水利工程等控制点的测量。

将测区内相邻控制点连成直线而构成的折线图形称为导线，构成导线的控制点称为导线点，折线边称为导线边。导线测量就是依次测定各导线边的长度和各转折角，根据起算数据，推算各边的坐标方位角，从而求出各导线点的坐标。

1. 导线布设形式

导线可布设成单一导线和导线网。两条以上导线的汇聚点，称为导线的结点。单一导线与导线网的区别，在于导线网是否具有结点，如图 6.1.1（c）所示为导线网，而单一导线则不具有结点。

按照不同的情况和要求，单一导线可布设为闭合导线、附合导线和支导线。

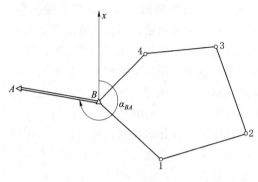

图 6.2.1   闭合导线

（1）闭合导线。闭合导线是从一已知点出发，经历若干个待定点后回到原点的导线。即导线的起始点为同一已知点。如图 6.2.1 所示，导线从一高级点 B 和已知方向 BA 出发，经过导线点 1、2、3、4，最后回到起点 B，形成一闭合多边形。它本身存在着严密的几何条件，具有检核作用。

（2）附合导线。自某一高级控制点出发最后附合到另一高级控制点上的导线，称为附合导线。如图 6.2.2 所示，导线从一高级控制点 B 和已知方向 AB 出发，经过导线点 1、2、3，附合到另一高级控制点 C 和已知方向 CD 上。此种布设形式，具有检核观测成果的作用。它适用于带状地区的测图控制，此外也广泛用于公路、铁路、管道、河道等工程的勘测与施工控制点的建立。

图 6.2.2   附合导线

（3）支导线。从一控制点出发，既不闭合也不附合于另一控制点上的单一导线，称为支导线，如图 6.2.3 所示。这种导线没有已知点进行检核，错误不易发现，所以导线的点数不得超过 2～3 个。

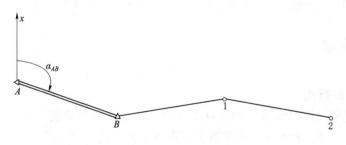

图 6.2.3   支导线

用经纬仪测量转折角，用钢尺测定边长的导线，称为经纬仪导线；若用全站仪测定角度和导线边长，则称为全站仪导线。

2. 导线测量主要技术要求

在局部地区的地形测量和一般工程测量中，根据测区范围及精度要求，导线测量被分为一级导线、二级导线和图根导线三个等级。它们可作为国家四等控制点或国家 E 级 GPS 点的加密，也可以作为独立地区的首级控制。《城市测量规范》（CJJ/T 8—2011）对光电测距导线主要技术要求见表 6.1.2。

直接用于测绘地形图的控制点称为图根控制点，简称图根点。对图根点进行的平面测量和高程测量称为图根控制测量，其任务是通过测量和计算，得到各点的平面坐标和高程，并将这些点精确地展绘在有坐标方格网的图纸上，作为测图控制。目前多数测绘单位已用 GPS-RTK 测量代替图根控制测量。为了满足测绘地形图的需要，必须在首级控制网的基础上对控制点进一步加密，测图控制点的密度见表 6.2.1。

表 6.2.1　　　　　　　　　　　　　　图根点密度表

测图比例尺	每平方千米的控制点数	每幅图的控制点数
1：5000	4	20
1：2000	15	15
1：1000	40	10
1：500	120	8

6.2.2　导线测量的外业工作

导线测量的外业工作包括：踏勘选点及建立标志、测角、量边和连接测量。

1. 踏勘选点及建立标志

选点前，应调查搜集测区已有的地形图和控制点的资料，先在已有的地形图上拟订导线布设方案，然后到野外去踏勘、核对、修改和落实点位。如果测区没有地形图资料，则需详细踏勘现场，根据已知控制点的分布、地形条件及测图和施工需要等具体情况，合理地选定导线点的位置。选点时应满足下列要求：

（1）相邻点间必须通视良好，地势较平坦，便于测角和量距。

（2）点位应选在土质坚实处，便于保存标志和安置仪器。

（3）视野开阔，便于测图或放样。

（4）导线各边的长度应大致相等，除特殊条件外，导线边长一般在 50～500m 之间，平均边长应符合表 6.1.2 规定。

（5）导线点应有足够的密度，分布较均匀，便于控制整个测区。

确定导线点位置后，应在地上打入木桩，桩顶钉一小钉作为临时性标志；若导线点需要保存的时间较长，需埋设混凝土桩作为永久性标志，如图 6.2.4 所示。

为了便于寻找，应量出导线点与附近固定而明显的地物点的距离，绘制草图，注明尺寸，该测量标志称为**点之记**。

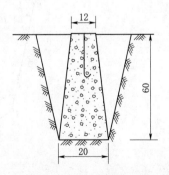

图 6.2.4　普通混凝土标石（单位：cm）

2. 测角

导线转折角的测量一般采用测回法观测。若转折角位于
导线前进方向的左侧则称为左角；位于导线前进方向的右侧则称为右角。一般在附合导线中，测量导线左角，在闭合导线中均测内角。若闭合导线按逆时针方向编号，则其内角是左角，反之，其内角是右角。对于支导线，应分别观测左、右角。不同等级导线的测角技术要求详见表 6.1.2，当测角精度要求较高，而导线边长较短时，为了减少对中误差和目标偏心误差，可采用三联脚架法作业。图根导线测角要求详见表 6.1.4。

3. 量边

导线边长一般光电测距仪测定，测量时要同时观测竖直角，供倾斜改正之用。若用钢尺丈量，钢尺必须经过检定。对于图根导线距离测量，一般要进行往返测或同一方向丈量两次。以进行校核和求其相对误差。光电测距的主要技术要求见表 6.1.2 之规定。

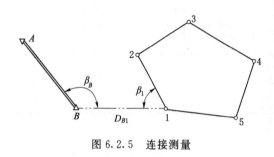

图 6.2.5　连接测量

4. 连接测量

导线与高级控制点进行连接，以取得坐标和坐标方位角的起算数据，称为连接测量。

如图 6.2.5 所示，A、B 为已知点，1～5 为新布设的导线点，连接测量就是观测连接角 β_B、β_1 和连接边 D_{B1}。

如果附近无高级控制点，则应用罗盘仪测定导线起始边的磁方位角，并假定起始点的坐标作为起算数据。

6.2.3　导线测量的内业计算

1. 闭合导线坐标计算

现以图 6.2.6 所注的数据为例，结合"闭合导线坐标计算表"（表 6.2.2）的使用，说明闭合导线坐标计算的步骤。

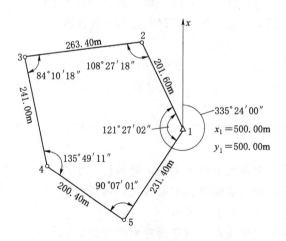

图 6.2.6　闭合导线草图

（1）准备工作。

将校核过的外业观测数据及起算数据填入"闭合导线坐标计算表"中，见表6.2.2。

（2）角度闭合差的计算与调整。

1）计算角度闭合差。

根据平面几何原理，n边形闭合导线内角和的理论值应为

$$\sum\beta_{理} = (n-2)\times180° \tag{6.2.1}$$

由于水平角观测有误差，致使实测的内角和$\sum\beta_{测}$不等于理论值$\sum\beta_{理}$，两者之差，称为角度闭合差，用f_β表示为

$$f_\beta = \sum\beta_{测} - \sum\beta_{理} = \sum\beta_{测} - (n-2)\times180° \tag{6.2.2}$$

2）计算角度闭合差的容许值。对图根光电测距导线，其角度闭合差的容许值$f_{\beta容} = \pm40''\sqrt{n}$；对图根钢尺量距导线，角度闭合差的容许值$f_{\beta容} = \pm60''\sqrt{n}$。

3）计算水平角改正数。如果$f_\beta \leqslant f_{\beta容}$，则将角度闭合差$f_\beta$按"反号平均分配"的原则，计算各角度的改正数$v_\beta$；若$f_\beta \geqslant f_{\beta容}$一般应对水平角重新检查或重测。

$$v_\beta = -\frac{f_\beta}{n} \tag{6.2.3}$$

计算检核：水平角改正数之和应与角度闭合差大小相等，符号相反，即

$$\sum v_\beta = -f_\beta \tag{6.2.4}$$

4）计算改正后的水平角。

改正后的水平角$\beta_{i改}$等于所测水平角β_i加上水平角改正数v_β，即

$$\beta_{i改} = \beta_i + v_\beta \tag{6.2.5}$$

对改正后的各观测角，再次求和

$$\sum\beta_{i改} = (n-2)\times180°$$

角度改正数和改正后的角值计算在表6.2.2的第3、4列中进行。

（3）坐标方位角的推算。

角度闭合差调整好后，用改正后的角值$\beta_{i改}$从第一条边的已知方位角α_{12}开始，依次推算出其他各边的方位角。其计算式为

$$\left.\begin{array}{l}\alpha_{前} = \alpha_{后} - \beta_{右} \pm 180° \\ \alpha_{前} = \alpha_{后} + \beta_{左} \pm 180°\end{array}\right\} \tag{6.2.6}$$

因为坐标方位角的范围是0°～360°，所以当计算出的$\alpha_{前} < 0°$时，$\alpha_{前}+360°$；当$\alpha_{前} > 360°$时，$\alpha_{前}-360°$。

本例中导线边2—3的坐标增量数为

$$\alpha_{23} = \alpha_{12} \pm 180° + \beta_{左} = 335°24'00'' - 180° + 108°27'08'' = 263°51'08''$$

同理可计算出各边的坐标方位角，填写在表6.2.2的第5列中。

计算检核：最终推算出的起始边坐标方位角，应与已知坐标方位角相等，否则应重新检查计算。

（4）坐标增量的计算及其闭合差的调整。

1）计算坐标增量。

求出边长D_{ij}的坐标方位角α_{ij}后，可计算各边的坐标增量，即

$$\left.\begin{array}{l}\Delta x_{ij}=D_{ij}\cos\alpha_{ij}\\\Delta y_{ij}=D_{ij}\sin\alpha_{ij}\end{array}\right\} \qquad (6.2.7)$$

本例中 1—2 导线边的坐标增量数为

$$\Delta x_{12}=D_{12}\cos\alpha_{12}=201.60\times\cos(335°24'00'')=183.30\text{m}$$

$$\Delta y_{12}=D_{12}\sin\alpha_{12}=201.60\times\cos(335°24'00'')=-83.92\text{m}$$

用同样的方法，计算出其他各边的坐标增量值，填入表 6.2.2 的第 7、8 两列的相应格内。

2）计算坐标增量闭合差。

如图 6.2.7（a）所示，闭合导线，纵、横坐标增量代数和的理论值应为 0，即

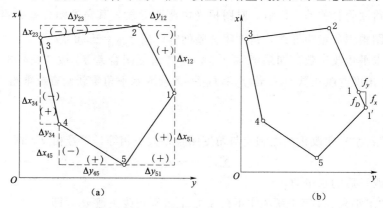

图 6.2.7　坐标增量闭合差

$$\left.\begin{array}{l}\sum\Delta x_{\text{理}}=0\\\sum\Delta y_{\text{理}}=0\end{array}\right\} \qquad (6.2.8)$$

由于导线边长测量误差和角度闭合差调整后仍然有残余误差，使得实际计算所得的 $\sum\Delta x$、$\sum\Delta y$ 不等于零，从而产生纵坐标增量闭合差 f_x 和横坐标增量闭合差 f_y，即

$$\left.\begin{array}{l}f_x=\sum\Delta x_{\text{测}}-\sum\Delta x_{\text{理}}=\sum\Delta x_{\text{测}}\\f_y=\sum\Delta y_{\text{测}}-\sum\Delta y_{\text{理}}=\sum\Delta y_{\text{测}}\end{array}\right\} \qquad (6.2.9)$$

实例中 $f_x=\sum\Delta x=-0.30\text{m}$；$f_y=\sum\Delta x=-0.09\text{m}$。

3）计算导线全长闭合差 f_D 和导线全长相对闭合差 K。

从图 6.2.7（b）中可以看出，由于坐标增量闭合差 f_x、f_y 的存在，使导线不能闭合，$1-1'$ 之长度 f_D 称为导线全长闭合差，用下式计算

$$f_D=\sqrt{f_x^2+f_y^2} \qquad (6.2.10)$$

本例中 $f_D=\sqrt{f_x^2+f_y^2}=\sqrt{(-0.30)^2+(-0.09)^2}=0.31\text{(m)}$

一般采用相对误差衡量导线测量的精度，将 f_D 与导线全长 $\sum D$ 相比，以分子为 1 的分数表示，称为导线全长相对闭合差 K，即

$$K=\frac{f_D}{\sum D}=\frac{1}{\sum D/f_D}=\frac{1}{N} \qquad (6.2.11)$$

实例的导线全长相对闭合差 $K=\dfrac{f_D}{\sum D}=\dfrac{0.31}{1137.80}=\dfrac{1}{3600}$。

K 的分母越大,精度越高。不同等级的导线,其导线全长相对闭合差的容许值参见表 6.1.2,本例钢尺量距图根导线的 $K_容$ 为 1/2000。

如果 $K \leqslant K_容$,说明测量成果符合精度要求,可以进行调整。否则应对导线的内业计算和外业工作进行检查,必要时须重测。

4) 调整坐标增量闭合差。调整的原则是将 f_x、f_y 反号,并按与边长成正比的原则,分配到各边对应的纵、横坐标增量中去。以 v_{xij}、v_{yij} 分别表示第 i 边的纵、横坐标增量改正数,即

$$\left.\begin{array}{l} v_{xij} = -\dfrac{f_x}{\sum D}D_{ij} \\[3mm] v_{yij} = -\dfrac{f_y}{\sum D}D_{ij} \end{array}\right\} \tag{6.2.12}$$

本例中导线边 1—2 的坐标增量改正数为

$$v_{x12} = -\frac{f_x}{\sum D}D_{12} = -\frac{-0.30}{1137.80} \times 201.60 = +0.05(\text{m})$$

$$v_{y12} = -\frac{f_y}{\sum D}D_{12} = -\frac{-0.09}{1137.80} \times 201.60 = +0.02(\text{m})$$

同理,计算出其他各导线边的纵、横坐标增量改正数,填入表 6.2.2 的第 7、8 列坐标增量值相应方格的上方。

计算检核:纵、横坐标增量改正数之和应满足

$$\left.\begin{array}{l} \sum v_{xij} = -f_x \\[2mm] \sum v_{yij} = -f_y \end{array}\right\} \tag{6.2.13}$$

(5) 计算改正后的坐标增量。

各边坐标增量计算值加上相应的改正数,可得各边改正后的坐标增量,即

$$\left.\begin{array}{l} \Delta x_{i改} = \Delta x_i + v_{xij} \\[2mm] \Delta y_{i改} = \Delta y_i + v_{yij} \end{array}\right\} \tag{6.2.14}$$

本例中导线边 1—2 改正后的坐标增量为

$$\Delta x_{12改} = \Delta x_{12} + v_{x12} = 183.30 + 0.05 = 183.35 \ (\text{m})$$

$$\Delta y_{12改} = \Delta y_{12} + v_{y12} = -83.92 + 0.02 = -83.90 \ (\text{m})$$

同理,计算出其余各导线边的改正后坐标增量,填入表 6.2.2 的第 9、10 列内。

计算检核:改正后纵、横坐标增量的代数和应分别为零。

(6) 计算各导线点的坐标。

根据起始点 1 的已知坐标和改正后各导线边的坐标增量,按下式依次推算出各导线点的坐标

$$\left.\begin{array}{l} x_i = x_{i-1} + \Delta x_{i-1改} \\[2mm] y_i = y_{i-1} + \Delta y_{i-1改} \end{array}\right\} \tag{6.2.15}$$

将推算出的各导线点坐标,填入表 6.2.2 中的第 11、12 列内。最后还应再次推算起始点 1 的坐标,其值应与原有的已知值相等,以此作为计算检核。

表 6.2.2

闭合导线坐标计算表

点号	观测角 (左角)	改正数	改正后角度	坐标方位角 α	距离 D /m	增量计算值 Δx/m	增量计算值 Δy/m	改正后增量 Δx/m	改正后增量 Δy/m	坐标值 x/m	坐标值 y/m
1	2	3	4	5	6	7	8	9	10	11	12
1										1500.00	1500.00
	108°27′18″	−10″	108°27′08″	335°24′00″	201.60	+0.05 +183.30	+0.02 −83.92	+183.35	−83.90		
2										1683.35	1416.10
	84°10′18″	−10″	84°10′08″	263°51′08″	263.40	+0.07 −28.21	+0.02 −261.89	−28.14	−261.87		
3										1655.21	1154.23
	135°49′11″	−10″	135°49′01″	168°01′16″	241.00	+0.07 −235.75	+0.02 +50.02	−235.68	+50.04		
4										1419.53	1204.27
	90°07′01″	−10″	90°06′51″	123°50′17″	200.40	+0.05 −111.59	+0.01 +166.46	−111.54	+166.47		
5										1307.99	1370.74
	121°27′02″	−10″	121°26′52″	33°57′08″	231.40	+0.06 +191.95	+0.02 +129.24	+192.01	+129.26		
1				335°24′00″						1500.00	1500.00
2											
Σ	540°00′50″	−50″	540°00′00″		1137.80	−0.30	−0.09	0	0		

辅助
计算

$\sum \beta_{理} = (5-2) \times 180° = 540°$

$\sum \beta_{测} = 540°00′50″$

$f_\beta = +50″$

$f_{\beta容} = \pm 40″\sqrt{n} = 89″$

$|f_\beta| < |f_{\beta容}|$

$f_x = \sum \Delta x = -0.30\text{m} \qquad f_y = \sum \Delta x = -0.09\text{m}$

$f_D = \sqrt{f_x^2 + f_y^2} = \sqrt{(-0.30)^2 + (-0.09)^2} = 0.31\text{m}$

$K = \dfrac{f_D}{\sum D} = \dfrac{0.31\text{m}}{1137.80\text{m}} = \dfrac{1}{3600} \qquad K < \dfrac{1}{2000}$

2. 附合导线坐标计算

附合导线的坐标计算与闭合导线的坐标计算基本相同，仅在角度闭合差的计算与坐标增量闭合差的计算方面稍有差别。

（1）角度闭合差的计算与调整。如图 6.2.8 所示，根据起始边 BA 的坐标方位角 α_{BA} 及观测的各右角，按第 4 章坐标方位角推算公式（4.4.7）一推算 CD 边的坐标方位角 α'_{CD}。

$$\left. \begin{aligned} \alpha'_{CD} &= \alpha_{AB} - n \times 180° + \sum \beta_{左} \\ \alpha'_{CD} &= \alpha_{AB} + n \times 180° - \sum \beta_{右} \end{aligned} \right\} \tag{6.2.16}$$

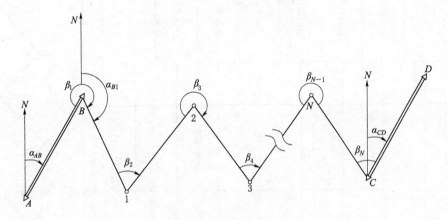

图 6.2.8　附合导线略图

附合导线的角度闭合差 f_β 为

$$f_\beta = \alpha'_{CD} - \alpha_{CD} \tag{6.2.17}$$

代入式（6.2.16）后，角度闭合差为

$$\left. \begin{aligned} f_\beta &= (\alpha_{AB} - \alpha_{CD}) - n \times 180° + \sum \beta_{左} \\ f_\beta &= (\alpha_{AB} - \alpha_{CD}) + n \times 180° - \sum \beta_{右} \end{aligned} \right\} \tag{6.2.18}$$

将上式写成一般式为

$$\left. \begin{aligned} f_\beta &= (\alpha_{始} - \alpha_{终}) - n \times 180° + \sum \beta_{左} \\ f_\beta &= (\alpha_{始} - \alpha_{终}) + n \times 180° - \sum \beta_{右} \end{aligned} \right\} \tag{6.2.19}$$

按"反号平均分配"的原则，角度改正数为：$v_\beta = -f_\beta/n$。必须特别注意，在调整角度闭合差时，若观测角为左角，则应以与闭合差相反的符号分配角度闭合差；若观测角为右角，则应以与闭合差相同的符号分配角度闭合差。

（2）坐标增量闭合差的计算。附合导线的坐标增量代数和的理论值应等于终、始两点的已知坐标值之差，即

$$\left. \begin{aligned} \sum \Delta x_{理} &= x_{终} - x_{始} \\ \sum \Delta y_{理} &= y_{终} - y_{始} \end{aligned} \right\} \tag{6.2.20}$$

纵、横坐标增量闭合差为

$$\left. \begin{aligned} f_x &= \sum \Delta x - (x_{终} - x_{始}) \\ f_y &= \sum \Delta y - (y_{终} - y_{始}) \end{aligned} \right\} \tag{6.2.21}$$

附合导线坐标计算示例，见表 6.2.3。

表 6.2.3

附合导线坐标计算表

点名	观测角 β	改正数	坐标方位角 α	边长/m	ΔX/m	v_x/mm	纵坐标 X/m	v_y/mm	ΔY/m	横坐标 Y/m
B			57°59′30″							
A	99°01′06″	+4″	157°00′40″	225.852	−207.915	−11	3284618.755	−6	88.207	498345.607
P1	167°45′32″	+4″	144°46′16″	139.128	−113.647	−6	3284410.829	−4	80.255	498433.808
P2	123°11′28″	+4″	87°57′48″	172.569	6.133	−8	3284297.176	−4	172.460	498514.059
P3	189°20′40″	+4″	97°18′32″	100.072	−12.731	−5	3284303.301	−3	99.259	498686.515
P4	179°59′20″	+4″	97°17′56″	102.480	−13.020	−5	3284290.565	−3	101.650	498785.771
C	129°27′30″	+4″	46°45′30″				3284277.540			498887.418
D	888°45′36″			ΣS=740.101	ΣΔX=−341.180		$X_C−X_A=−341.215$		ΣΔY=541.831	$Y_C−Y_A=541.811$

辅助
计算

$f_\beta = 57°59′30″ + \sum\beta_{左} - 46°45′30″ - (6-1) \times 180 = -24″$

$f_{\beta容} = \pm24″\sqrt{6} = 59″$

$f_X = \sum\Delta X - (X_C - X_A) = 0.035\text{m}$

$f_Y = \sum\Delta Y - (Y_C - Y_A) = 0.020\text{m}$

$f_S = \sqrt{f_X^2 + f_Y^2} = 0.040\text{m} \quad K = \dfrac{f_D}{\sum D} = \dfrac{0.040}{740.101} = \dfrac{1}{18500}$

3. 支导线的坐标计算

支导线中没有检核条件，因此没有闭合差产生，导线转折角和坐标增量均不需要改正。支导线的计算步骤为：

(1) 根据观测的转折角推算各边的坐标方位角。

(2) 根据各边坐标方位角和边长计算坐标增量。

(3) 根据各边的坐标增量推算各点的坐标。

支导线算例：已知 $\alpha_{AB}=260°33'54''$，B 点的坐标为 (1806.004，5785.775)，分别在导线点 B、1、2 观测左角，并测得 $B1$、12、13 的距离，见表 6.2.4，求各待定点 1、2、3 的坐标。

表 6.2.4　　　　　　　　　　　支 导 线 坐 标 计 算 表

点名	观测角（左角）	坐标方位角	边长/m	坐标增量 ΔX/m	坐标增量 ΔY/m	纵坐标 X/m	横坐标 Y/m
A		260°33′54″					
B	156°22′00″					21806.004	35785.775
		236°55′54″	109.467	−59.729	−91.736		
1	198°31′24″					21746.275	35694.039
		255°27′18″	234.378	−58.862	−226.866		
2	146°02′09″					21687.413	35467.173
		221°29′27″	130.987	−98.117	−86.779		
3						21589.296	35380.394

6.3　三等、四等水准测量

三等、四等水准测量除用于国家高程控制网的加密外，在地形测图和施工测量中，还可用于建立直接为工程项目建设服务的工程高程控制网的首级控制。在进行高程控制测量以前，必须事先根据精度和需要在测区布置一定密度的水准点。水准点标志及标石的埋设应符合有关规范要求。

三等、四等水准路线一般应从附近的一等、二等水准点引测，布设成附合水准路线或闭合水准路线的形式。《工程测量规范》(GB 50026—2007) 规定，三等、四等水准测量的主要技术要求，应符合表 6.3.1 和表 6.3.2 的规定。

表 6.3.1　　　　　　　　　　　水准测量的主要技术要求

等级	每千米高差全中误差/mm	路线长度/km	水准仪型号	水准尺	观测次数 与已知点联测	观测次数 附合或环线	往返较差、附合或环线闭合差/mm 平地	往返较差、附合或环线闭合差/mm 山地
二等	2		DS1	因瓦	往返各一次	往返各一次	$4\sqrt{L}$	
三等	6	≤50	DS1	因瓦	往返各一次	往一次	$12\sqrt{L}$	$4\sqrt{n}$
三等	6	≤50	DS3	双面	往返各一次	往返各一次	$12\sqrt{L}$	$4\sqrt{n}$

等级	每千米高差全中误差/mm	路线长度/km	水准仪型号	水准尺	观测次数		往返较差、附合或环线闭合差/mm	
					与已知点联测	附合或环线	平地	山地
四等	10	≤16	DS3	双面	往返各一次	往一次	$20\sqrt{L}$	$6\sqrt{n}$
五等	15	—	DS3	单面	往返各一次	往一次	$30\sqrt{L}$	—

注　1. 结点之间或结点与高级点之间，其路线的长度，不应大于表中规定的 0.7 倍。

　　2. L 为往返测段、附合或环线的水准路线长度（km）；n 为测站数。

　　3. 数字水准仪测量的技术要求和同等级的光学水准仪相同。

表 6.3.2　　　　　　　三等、四等水准测量观测的主要技术要求

等级	水准仪	水准尺	视线离地面最低高度/m	视线长度/m	前后视距差/m	前后视距累积差/m	黑红面读数之差/mm	黑红面高差较差/mm
三等	DS3	双面	≥0.3	≤75	≤3	≤6	≤2	≤3
四等	DS3	双面	≥0.2	≤100	≤5	≤10	≤3	≤5

注　1. 三等、四等水准采用变动仪器高度观测单面水准尺时，所测两次高差较差，应与黑面、红面所测高差之差的要求相同。

　　2. 数字水准仪观测，不受基、辅分划或黑、红面读数较差指标的限制，但测站两次观测的高差较差，应满足表中相应等级基、辅分划或黑、红面所测高差较差的限值。

6.3.1　三等、四等水准测量观测和记录

采用一对水准尺为配对的双面尺法，在测站应按以下顺序观测读数，读数应填入记录表的相应位置，见表 6.3.3。

表 6.3.3　　　　　　　四等水准测量观测手簿（双面尺法）

测　　白　　　　至　　　　　　　　　　　　　　　　　年　　月　　日

开始时刻　　　　时　　分　　　　　　　　　　　　　天气：

结束时刻　　　　时　　分　　　　　　　　　　　　　呈像：

测站编号	后尺 下丝 上丝	前尺 下丝 上丝	方向及尺号	标尺读数/mm		K+黑-红/mm	高差中数/m	备注
	后视距	前视距		黑面	红面			
	视距差/m	$\sum d$/m						
	(1)	(4)	后	(3)	(8)	(14)		
	(2)	(5)	前	(6)	(7)	(13)		$K_{01}=$
	(9)	(10)	后－前	(15)	(16)	(17)	(18)	4.787m
	(11)	(12)						
1 (BM1－ZD1)	1571	0739	后 01	1384	6171	0		$K_{02}=$
	1197	0363	前 02	0551	5239	−1		4.687m
	37.4	37.6	后－前	0833	0932	+1	0.8325	
	−0.2	−0.2						

续表

测站编号	后尺 下丝 上丝	前尺 下丝 上丝	方向及尺号	标尺读数/mm 黑面	标尺读数/mm 红面	K+黑－红 /mm	高差中数 /m	备注
	后视距	前视距						
	视距差/m	$\sum d$/m						
2 (ZD1－ZD2)	2121	2196	后 02	1934	6621	0		
	1747	1821	前 01	2008	6796	－1		
	37.4	37.5	后－前	－0074	－0175	+1	－0.0745	
	－0.1	－0.3						
3 (ZD2－ZD3)	1914	2055	后 01	1726	6513	0		
	1539	1678	前 02	1868	6554	－1		
	37.5	37.7	后－前	－0140	－0041	+1	－0.1405	
	－0.2	－0.5						
4 (ZD3－ZD4)	1965	2141	后 02	1832	6519	0		$K_{01}=$ 4.787m
	1700	1874	前 01	2007	6793	+1		
	26.5	26.7	后－前	－0175	－0274	－1	－0.1745	$K_{02}=$ 4.687m
	－0.2	－0.7						
5 (ZD4－BM2)	1540	2813	后 01	1304	6091	0		
	1069	2357	前 02	2585	7272	0		
	47.1	45.6	后－前	－1281	－1181		－1.2810	
	+1.5	+0.8						
$\sum$			$\sum$后	8180	31915			
			$\sum$前	9019	32654			
	185.9	185.1	$\sum$后－$\sum$前	－839	－739		－0.839	
	0.8	－0.9						

三等、四等水准测量在一测站上观测程序如下：

（1）照准后视标尺黑面，进行上、下、中丝读数。

（2）照准前视标尺黑面，进行上、下、中丝读数。

（3）照准前视标尺红面，进行中丝读数。

（4）照准后视标尺红面，进行中丝读数。

这样的顺序简称为"后前前后"（黑黑红红），四等水准测量每站观测顺序也可为"后后前前"（黑红黑红）。

四等水准测量的观测记录及计算见表6.3.3。表6.3.3中带括号的数据为观测读数和计算的顺序。（1）～（8）为观测数据，其余为计算数据。

四等水准测量，如果采用单面尺观测，则可按变更仪器高法进行，观测顺序为：后—前—变仪器高度—前—后，变更仪器高前按三丝读数，以后则按中丝读数。在每一测站上变动仪器高10cm以上，记录格式见表6.3.4。

无论何种顺序，上下丝（视距丝）和中丝的读数均应在水准管气泡居中时读取。

6.3.2 测站计算和检核

三等、四等水准测量的每一站都必须计算和校核，其成果符合限差要求后方可迁站。计算、校核的步骤和内容见表 6.3.3。

（1）视距部分。

后视距离(9)＝[(1)−(2)]×100

前视距离(10)＝[(4)−(5)]×100

后、前视距三等水准测量不超过 65m，四等水准测量不超过 80m。

后、前视距离差(11)＝[(9)−(10)]，其绝对值三等水准测量不超过 2m，四等水准测量不超过 3m。

后、前视距离累计差 (12)＝本站 (11)＋前站 (12)，其绝对值三等水准测量不超过 5m，四等水准测量不超过 10m。

（2）高差部分。

后视尺黑、红面读数差(14)＝K_{01}＋(3)−(8)，其绝对值三等水准测量不超过 2mm，四等水准测量不超过 3mm。

前视尺黑、红面读数差(13)＝K_{02}＋(6)−(7)，其绝对值三等水准测量不超过 2mm，四等水准测量不超过 3mm。

上两式中的 K_{01} 及 K_{02} 分别为两水准尺的红黑面中丝读数之差，应该等于该尺红黑面的零点常数差 K（K_{01}＝4.787m，K_{02}＝4.687m），亦称尺常数。

黑面高差(15)＝(3)−(6)

红面高差(16)＝(8)−(7)

黑、红面高差之差 (17)＝[(15)−(16)±0.100]＝[(14)−(13)]，其绝对值三等水准测量不应超过 3mm，四等水准测量不超过 5mm。

每一测站经过上述计算，并符合要求时，才能计算高差中数 (18)＝1/2[(15)＋(16)±0.100]，作为该两点测站的高差。

表 6.3.3 为三等、四等水准测量手簿，括号内的数字表示观测和计算校核的顺序。当整个水准路线测量完毕，应逐页或分测段校核计算有无错误，校核的方法如下：

当测站总数为奇数时，$\sum(18)＝1/2[\sum(15)＋\sum(16)±0.100]$

当测站总数为偶数时，$\sum(18)＝1/2[\sum(16)＋\sum(17)]$

最后算出水准路线总长度 $L＝\sum(9)＋\sum(10)$

表 6.3.4　　　　　　　　三等、四等水准测量手簿（变更仪器高法）

测站编号	后尺 下丝	前尺 下丝	水准尺读数		高差		平均高差	备注
	上丝	上丝						
	后视距	前视距	后视	前视	＋	−		
	视距差 d	$\sum d$						
1	1.681 (1)	0.849 (4)						
	1.307 (2)	0.473 (5)					+0.832	
	37.4 (9)	37.6 (10)	1.494 (3)	0.661 (6)	0.833 (12)		(15)	
	−0.2 (11)	−0.2 (12)	1.372 (8)	0.541 (7)	0.831 (14)			

6.3.3 成果计算

在完成一测段单程测量后，须立即计算其高差总和。完成一测段往、返观测后，应立即计算高差闭合差，进行成果检核。其高差闭合差应符合表 6.1.4 或表 6.3.1 的规定。然后对闭合差进行调整，最后按调整后的高差计算各水准点的高程。

6.4 三角高程测量

在高程测量中，除采用水准测量外，还可应用全站仪观测竖直角进行三角高程测量。在地形起伏较大进行水准测量较困难的地区，多用三角高程测量的方法。《工程测量规范》（GB/T 50026—2007）亦对其主要技术要求做出了规定。2005 年 5 月，我国登山测量队员成功登上珠穆朗玛峰峰顶后，矗立反射棱镜，使用三角高程测量技术测得峰顶雪盖高程，最终得出岩石面绝对高程为 8844.43m。

《工程测量规范》将三角高程控制测量分为两级，即四等和五等三角高程测量，它们可作为测区的首级控制。三角高程控制宜在平面控制点的基础上布设成三角高程网或高程导线，也可布置为闭合或附合的高程路线。电磁波测距三角高程测量的主要技术要求，应符合表 6.4.1 和表 6.4.2 的规定。全站仪三角高程测量的精度可以达到四等水准测量的要求。

表 6.4.1　　　　　　　　　　电磁波测距三角高程测量的主要技术要求

等级	每千米高差全中误差/mm	边长/km	观测方式	对向观测高差较差/mm	附合或环形闭合差/mm
四等	10	≤1	对向观测	$40\sqrt{D}$	$20\sqrt{\sum D}$
五等	15	≤1	对向观测	$60\sqrt{D}$	$30\sqrt{\sum D}$

注　1. D 为测距边的长度（km）。

　　2. 起讫点的精度等级，四等应起讫于不低于三等水准的高程点上，五等应起讫于不低于四等的高程点上。

　　3. 路线长度不应超过相应等级水准路线的长度限值。

表 6.4.2　　　　　　　　　　电磁波测距三角高程观测的主要技术要求

等级	垂直角观测				边长观测	
	仪器精度等级	测回数	指标差较差/(")	测回较差/(")	仪器精度等级	观测次数
四等	2"级仪器	3	≤7	≤7	10mm 级仪器	往返各一次
五等	2"级仪器	2	≤10	≤10	10mm 级仪器	往一次

注　1. 当采用 2"级光学经纬仪进行垂直角观测时，应根据仪器的垂直角检测精度，适当增加测回数。

　　2. 垂直角的对向观测，当直觇完成后应即刻迁站进行返觇测量。

　　3. 仪器、反光镜或觇牌的高度，应在观测前后各量测一次并精确至 1mm，取其平均值作为最终高度。

6.4.1 三角高程测量

三角高程测量是利用两点之间的水平距离或斜距，根据所测得的竖直角及量取的仪器高和目标高，应用三角原理算出测站点和观测点之间的高差。这种方法较之水准测量灵活方便，全站仪三角高程测量的精度较高、速度较快，故应用较广。在实际工作中主要用于

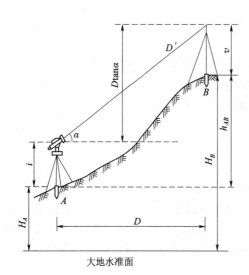

图 6.4.1　三角高程测量

山区的高程控制点测量和全站仪碎部点三维坐标采集等。

如图 6.4.1 所示，在已知高程的 A 点上安置全站仪，在 B 点上竖立标杆（或标尺），照准杆顶反射棱镜，测出竖直角 α。设 A、B 之间的水平距离 D_{AB} 为已知，则 A、B 之间的高差可以用下面公式计算：

$$h_{AB} = D_{AB} \tan\alpha + i - v \qquad (6.4.1)$$
$$或 \qquad h_{AB} = D' \sin\alpha + i - v \qquad (6.4.2)$$

式中　i——仪器高；

　　　v——觇标高（中丝读数或棱镜高）；

　　　D_{AB}——AB 两点间水平距离；

　　　D'——AB 两点间斜距；

　　　$D_{AB} \tan\alpha$——高差主值。

若 A 点的高程为 H_A，则 B 点的高程为

$$H_B = H_A + D_{AB} \tan\alpha + i - v \qquad (6.4.3)$$
$$或 \qquad H_B = H_A + D' \sin\alpha + i - v \qquad (6.4.4)$$

6.4.2　球气差影响及改正方法

三角高程测量的计算公式是假定水准面为水平面，视线是直线。而在实际观测时，并非如此。所以，还必须考虑地球曲率和大气折光造成的误差。前者为地球曲率差，简称球差，后者为大气垂直折光差，简称气差。

两差（球气差）的改正数为 f

$$f = p - r = \frac{D^2}{2R} - \frac{D^2}{14R} \approx 0.43 \frac{D^2}{R} \qquad (6.4.5)$$

式中　D——两点间的水平距离；

　　　R——地球半径，其值为 6371km。

用不同的 D 值计算出改正数，列于表 6.4.3。

表 6.4.3　　　　　　　　　　　球 气 差 改 正 数

D/m	200	300	400	500	600	700	800	900	1000
f/cm	0.3	0.6	1.1	1.7	2.4	3.3	4.3	5.5	6.8

加入球气差改正后的三角高程测量的计算公式为

$$H_B = H_A + D_{AB} \tan\alpha + i - v + f \qquad (6.4.6)$$
$$或 \qquad H_B = H_A + D' \sin\alpha + i - v + f \qquad (6.4.7)$$

6.4.3　三角高程测量的实施

为了消除或减小球气差，三角高程测量一般都采用往返测。在已知高程的点上安置仪器测未知点的测量过程，称为直觇；在未知点上安置仪器测已知点的测量过程，称为反

觇。当进行直反觇观测时，称为双向观测或对向观测，取对向观测的绝对值的平均值，符号以直觇为准作为高差结果时，可以消除球气差的影响，所以三角高程测量一般都用对向观测法。三角高程测量的内容与步骤如下：

（1）安置仪器于测站，量仪器高 i；立标杆或棱镜于测点，量取标杆或棱镜高度 v，读数至毫米。

（2）用全站仪采用测回法观测竖直角 1～3 个测回，前后半测回之间的较差及指标差如果符合表 6.4.2 规定，则取其平均值作为最后的结果。

（3）高差及高程的计算应用式（6.4.1）～式（6.4.7）进行计算。采用对向观测法且对向观测高差较差符合表 6.4.1 要求时，取其平均值作为高差结果。

采用全站仪进行三角高程测量时，也可先将球气差改正数参数及其他参数输入仪器，然后直接测定测点高程。

【例 6.4.1】 如图 6.4.2 为某一图根控制网示意图，三角高程测量观测结果列于图上。高差的计算和闭合差调整见表 6.4.4 和表 6.4.5。

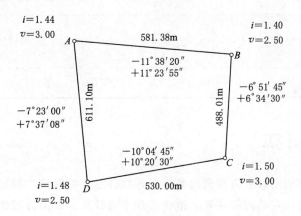

图 6.4.2 三角高程测量观测结果示意图

表 6.4.4　　　　　　　　　　　　三角高程测量高差计算表

起算点	A		B		C		D	
待定点	B		C		D		A	
	往	返	往	返	往	返	往	返
水平距离 D/m	581.38	581.38	488.01	488.01	530.00	530.00	611.10	611.10
垂直角 δ	+11°38′20″	−11°23′55″	+6°51′45″	−6°34′30″	−10°04′45″	+10°20′30″	−7°23′00″	+7°37′08″
仪器高 i/m	1.44	1.49	1.49	1.50	1.50	1.48	1.48	1.44
目标高 V/m	2.50	3.00	3.00	2.50	2.50	3.00	3.00	2.50
两差改正 f/m	+0.02	+0.02	+0.02	+0.02	+0.02	+0.02	+0.02	+0.02
高差/m	+118.71	−118.70	+57.24	−57.23	−95.19	+95.22	−80.69	+80.70
平均高差/m	+118.70		+57.24		−95.20		−80.70	

表 6.4.5 三角高程测量路线计算表

点号	距离/m	观测高差/m	改正数 v/m	改正后高差/m	高程/m
A					325.88
	581.38	+118.70	−0.01	+118.69	
B					444.57
	488.01	+57.24	−0.01	+57.23	
C					501.80
	530.00	−95.20	−0.01	−95.21	
D					406.59
	610.10	−80.70	−0.01	−80.71	
A					325.88
Σ	2209.49	+0.04	−0.04	0	
辅助计算	$f_h = +0.04 (\text{m}) < f_{h容} = 30\sqrt{\sum D} = 30\sqrt{2.209} = 0.044 (\text{m})$				

6.5 软件平差计算

随着计算机技术的发展及各种测绘数据处理软件的日臻完善，控制测量数据的平差计算可利用平差软件实现，其能够高效、准确实现平差计算。如南方测绘开发的小型平差软件"平差易"进行三角高程导线平差处理，参看拓展阅读。

思考题与练习题

1. 什么叫导线、导线点、导线边、转折角？
2. 导线外业工作包括哪些内容？选择导线点时应注意哪些问题？
3. 导线的布设形式有哪些，试绘图说明。
4. 附合导线与闭合导线计算有哪些不同点？
5. 简述平差易控制网平差过程。
6. 完成题表 6.1 中略图所示闭合导线坐标计算。
7. 完成题表 6.2 的附合导线坐标计算（观测角为右角）。
8. 如何进行局部地区平面控制网的定位和定向？
9. 用三等、四等水准测量建立高程控制时，如何观测、记录和计算？
10. 在什么情况下采用三角高程测量？三角高程测量应如何进行？

题表 6.1   **闭 合 导 线 坐 标 计 算**

点号	观测角 （改正数）	改正后 角值	坐标方位角	边长/m	增量计算值/m		改正后的增量值/m		坐标/m	
					Δx	Δy	Δx	Δy	x	y
1	2	4	5	6	7	8	9	10	11	12
1			<u>125°00′00″</u>	129.341					5000.123	6000.456
2	73°00′12″			80.183						
3	107°48′30″			105.258						
4	89°36′30″			78.162						
1	89°33′48″									
2			<u>125°00′00″</u>							
D										
Σ										

辅助计算	$f_\beta =$ $f_x =$ $f = \sqrt{f_x^2 + f_y^2} =$ $k = f/\sum D =$	$F_\beta = \pm 40''\sqrt{n} =$ $f_y =$

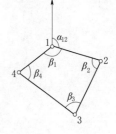

题表 6.2   **附 合 导 线 坐 标 计 算**

点号	观测角 （改正数）	改正后 角值	坐标 方位角	边长/m	增量计算值 /m		改正后的 增量值/m		坐标/m		
					Δx	Δy	Δx	Δy	x	y	
1	2	4	5	6	7	8	9	10	11	12	
A			<u>317°52′06″</u>								
B	267°29′58″			133.84					4028.53	4006.77	
2	203°29′46″			154.71							
3	184°29′36″			80.74							
4	179°16′06″			148.93							
5	81°16′52″			147.16							
C	147°07′34″		<u>334°42′42″</u>						3671.03	3619.24	
D											
Σ											

辅助计算	$f_\beta =$ $F_\beta = \pm 40''\sqrt{n} =$ $f_x =$ $f_y =$ $f = \sqrt{f_x^2 + f_y^2} =$ $k = f/\sum D =$

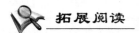 **拓展阅读**

6.5

第 7 章

GNSS 测量技术

学习目标

本章学习 GPS 测量原理及应用。通过学习，了解 GNSS 的组成、WGS-84 坐标系统、GPS 测量误差来源及其对定位精度的影响；熟悉 GPS 相对定位、实时差分定位原理及 RTK 测量技术；掌握 GPS 测量控制网的设计与实施，掌握 GPS 静态测量及其数据处理，掌握 RTK 测量放样的方法。

7.1 卫星定位系统概述

卫星定位技术是指人类利用人造地球卫星确定地面点位置的技术。通过卫星定位技术建立的定位服务系统称为卫星定位系统。全球导航卫星系统（global navigation satellite system，GNSS）主要包括美国的全球定位系统（global positioning system，GPS）、俄罗斯的格洛纳斯（GLONASS）定位系统、欧盟的伽利略（GALILEO）导航定位系统和中国的北斗卫星导航系统（BeiDou navigation satellite system，BDS）。

1. 全球定位系统（GPS）

1973 年 12 月，美国国防部组织研制新一代卫星导航系统——NAVSTAR GPS，即为目前的"授时与测距导航系统/全球定位系统"（Navigation Satellite Timing And Ranging / Global Positioning System），通常称之为全球定位系统，简称为 GPS 系统。GPS 系统历经 20 年，耗资 300 亿美元，于 1993 年建设成功。自 1974 年以来，系统的建立经历了方案论证、系统研制和生产实验三个阶段。1978 年 2 月 22 日，第一颗 GPS 实验卫星发射成功。1989 年 2 月 14 日，第一颗 GPS 工作卫星发射成功，宣告 GPS 系统进入了营运阶段。1994 年 3 月 28 日完成第 24 颗工作卫星的发射工作。GPS 共发射了 24 颗卫星（其中，21 颗为工作卫星，3 颗为备用卫星，目前的卫星数已经超过 32 颗），均匀分布在 6 个相对于赤道倾角为 55°的近似圆形轨道上，卫星距离地球表面的平均高度为 20200km，运行速度为 3800m/s，运行周期 11h58min，如图 7.1.1 所示。每颗卫星可覆盖全球约 38％的面积，卫星的分布可保证在地球上任何地点、任何时刻，同时能观测到至少 4 颗卫星。

GPS 导航定位系统在民用上也发挥着重大作

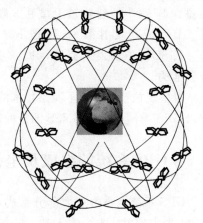

图 7.1.1　GPS 卫星星座

用。如智能交通系统中的车辆导航、车辆管理和救援、电力和通信系统中时间控制、地震和地球板块运动监测、地球动力学研究等。特别是在大地测量、城市和矿山控制测量、建筑物变形测量、水下地形测量等方面得到了广泛的应用。GPS 利用卫星发射的无线电信号导航定位，具有全球性、全天候、高精度、快速实时的三维导航、定位、测速和授时功能，以及良好的保密性和抗干扰性，被称为 20 世纪继阿波罗登月、航天飞机之后第三大航天技术。

2. 格洛纳斯（GLONASS）定位系统

GLONASS 是俄罗斯研制的卫星定位系统，至 1996 年共发射（24＋1）颗卫星，经数据加载，调整和检验，于 1996 年 1 月 18 日系统正式运行。GLONASS 卫星均匀地分布在 3 个轨道平面内，轨道倾角为 64.8°，每个轨道上等间隔地分布 8 颗卫星。卫星距离地面高度为 19100km，卫星的运行周期为 11h15min。从 2004 年后，GLONASS 系统基本上进入了较好的运营状态，主要为军用。

3. 伽利略（GALILEO）导航定位系统

GALILE 是欧盟在 1992 年提出的，其基本结构包括星座与地面设施、服务中心、用户接收机等。设计卫星星座由 30 颗卫星（27 颗工作卫星和 3 颗备用卫星）组成，卫星采用中等地球轨道，均匀分布在高度约为 23616km 的 3 个中高度圆轨道面上，倾角为 56°。地面控制设施包括卫星控制中心和提供各项服务所必需的地面设施，用于管理卫星星座及测定和传播集成信号。该系统的主要特点是向用户提供公开服务、安全服务、商业服务、政府服务等。它除具有与 GPS 系统相同的全球导航定位功能以外，还具有全球搜寻援救（search and rescue，SAR）功能。

4. 北斗卫星导航系统（BDS）

北斗卫星导航系统（BDS）是中国着眼于国家安全和经济社会发展需要，自主建设、独立运行的全球卫星导航系统。1994 年，中国正式开始北斗卫星导航试验系统的研制。2004 年，中国启动了具有全球导航能力的北斗卫星导航系统的建设。2018 年前后，发射 18 颗北斗三号组网卫星，覆盖"一带一路"沿线国家。2019 年 9 月，北斗系统正式向全球提供服务。北斗卫星导航系统空间星座计划由 5 颗地球静止轨道卫星、27 颗中地球轨道卫星和 3 颗倾斜同步轨道卫星组成混合导航星座。2019 年 11 月 5 日，成功发射第 49 颗北斗导航卫星，北斗三号系统最后一颗倾斜地球同步轨道（IGSO）卫星发射完毕，进一步提升了北斗系统覆盖能力和服务性能，实现全球服务能力。

卫星定位技术引起了测绘技术的一场革命，从而使测绘领域步入一个崭新的时代。本章以 GPS 为例，介绍 GNSS 测量的基本方法。

7.2　GPS 系统的组成及坐标系统

GPS 系统主要由三大部分组成，即空间卫星部分（GPS 卫星及星座）、地面监控部分（1 个主控站、3 个注入站、5 个监测站）、用户接收部分（GPS 用户接收机），如图 7.2.1 所示。

7.2.1 空间卫星部分

1. GPS 卫星及星座

GPS 空间部分是由 24 颗 GPS 工作卫星所组成，21 颗工作卫星和 3 颗在轨备用卫星共同组成了 GPS 卫星星座。如图 7.1.1 所示，这 24 颗卫星分布在 6 个倾角为 55°的轨道上绕地球运行，各个轨道平面之间相距 60°，轨道平均高度 20200km。卫星的运行周期，即绕地球一周的时间约为 12 恒星时（11h58min）。每颗 GPS 工作卫星都发出用于导航定位的信号。GPS 卫星空间星座的分布保障了在地球上任何地点、任何时刻至少有 4 颗卫星被同时观测，加之卫星信号的传播和接收不受天气的影响，因此，GPS 是一种全球性、全天候的连续实时定位系统。

2. GPS 卫星及功能

GPS 卫星的主体呈圆柱形，直径约为 1.5m，重约 774kg，设计寿命为 7.5 年；两侧设有两块双叶太阳能板，能自动对太阳定向，以保证卫星正常供电如图 7.2.2 所示。每颗卫星配置有 4 台高精度原子钟（2 台铷钟和 2 台铯钟），这是卫星的核心设备。它将发射标准频率信号，为 GPS 定位提供高精度的时间标准。

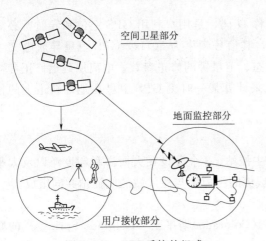

图 7.2.1 GPS 系统的组成

图 7.2.2 GPS 卫星图

GPS 卫星的基本功能如下：

（1）接收和存储由地面控制站发来的信息，执行的控制指令。

（2）微处理机进行必要的数据处理。

（3）利用星载原子钟提供精密的时间标准。

（4）向用户发送导航和定位信息。

3. GPS 卫星信号的组成

GPS 卫星所播发的信号，包含载波（L_1、L_2）、测距码（C/A 码、P 码）和卫星导航电文（D 码）三种信号分量，它们都是在同一个基本频率 $f_0 = 10.23\text{MHz}$ 的控制下产生的，GPS 卫星取 L 波段的两种不同频率的电磁波为载波，其中：

L_1 载波，频率 $f_1 = 154 \times f_0 = 1575.42\text{MHz}$，波长 $\lambda_1 = 19.03\text{cm}$；

L_2 载波，频率 $f_2=120\times f_0=1277.60\text{MHz}$，波长 $\lambda_2=24.42\text{cm}$。

在无线电通信技术中，为了有效传播信息，通常将频率较低的信号加载在频率较高的载波上，此过程称为信号调制。然后载波携带着有用信号传送出去，到达用户接收机。GPS 卫星的测距码和数据码是采用调相技术调制到载波上的，在载波 L_1 上，调制码有 C/A 码、P 码和卫星导航电文（D 码）；而在载波 L_2 上，调制码只有 P 码和数据码（D 码）。

在 GPS 卫星信号中，C/A 码是用于粗测距和快速捕获卫星的码，是 10.23MHz 的伪随机噪声码（PRN 码），由卫星上的原子钟所产生的基准频率 f_0 降频 10 倍产生，即 $f_{C/A}=f_0/10=1.023\text{MHz}$。由于每颗卫星的 C/A 码都不一样，因此，经常用它们的 PRN 号来区分它们。C/A 码是普通用户用以测定测站到卫星间的距离的一种主要的信号。

P 码又被称为精码，它被调制在 L_1 和 L_2 载波上，是 10.23MHz 的伪随机噪声码，直接使用由卫星上的原子钟所产生的基准频率，即 $f_p=f_0=10.23\text{MHz}$，其周期为 7 天。在实施 AS 时，P 码与 W 码进行模二相加生成保密的 Y 码，此时，一般用户无法利用 P 码来进行导航定位。

数据码就是前文已提及的导航电文，也称 D 码，是用户利用 GPS 定位和导航所必需的基础数据。导航信息被调制在 L_1 载波上，其信号频率为 50Hz，GPS 卫星导航电文主要提供了卫星在空间的位置、卫星的工作状态、卫星钟的修正参数、电离层延迟修正参数等重要信息。用户一般需要利用此导航信息来计算某一时刻 GPS 卫星在地球轨道上的位置，导航信息也被称为广播星历。

7.2.2　地面监控部分

地面控制部分由 1 个设立在美国本土的主控站、3 个分设在大西洋和印度洋以及太平洋美国空军基地上的注入站、5 个分设在夏威夷的主控站与注入站的监控站共同组成。

1. 主控站

主控站有一个，设在美国本土科罗拉多（Colorado）斯平士（Colorado Springs）的联合空间执行中心 CSOC，它的作用是：

（1）根据各监控站对 GPS 的观测数据，计算出卫星的星历、卫星钟的改正参数和大气层的修正参数等等，并把这些数据传送到注入站，并通过注入站注入卫星中去。

（2）提供全球定位系统的时间基准。各测站和 GPS 卫星的原子钟，均应与主控站的原子钟同步，或测出其间的钟差，并把这些钟差信息编入导航电文，送到注入站。

（3）对卫星进行控制，向卫星发布指令，当工作卫星出现故障时，调度备用卫星，替代失效的卫星工作。另外，主控站也具有监控站的功能。

（4）调整偏离轨道的卫星，使之沿预定的轨道运行。

2. 监测站

现有的 5 个地面站均具有监测站的功能，除主控站外，其他 4 个分别位于夏威夷（Hawaii）、阿松森群岛（Ascencion）、迭哥伽西亚（Diego Garcia）、卡瓦加兰（Kwajalein），监控站的作用是接收卫星信号，监测卫星的工作状态。

监测站是在主控站直接控制下的数据自动采集中心。站内设有双频 GPS 接收机、高精度原子钟、计算机各一台和若干台环境数据传感器。接收机对 GPS 卫星进行连续观测，以采集数据和监测卫星的工作状况。原子钟提供时间标准，而环境传感器收集有关当地的气象数据。所有观测资料由计算机进行初步处理，并储存和传送到主控站，用以确定卫星的轨道。

3.注入站

注入站的作用是将主控站计算出的卫星星历和卫星钟的改正数等信息注入卫星中去。注入站现有三个，分别设在印度洋的迪哥伽西亚（Diego Garcia）、南大西洋阿松森群岛（Ascencion）和南太平洋的卡瓦加兰（Kwajalein）。注入站的主要设备包括一台直径为 3.6m 的天线，一台 C 波段发射机和一台计算机。其主要任务是在主控站的控制下将主控站推算和编制的卫星星历、钟差、导航电文和其他控制指令等，注入相应卫星的存储系统，并检测注入星系的正确性。

整个 GPS 的地面监控部分，除主控站外均无人值守。各站间用现代化的通讯网络联系起来，在原子钟和计算机的驱动和精确控制下，各项工作实现了高度的自动化和标准化。

7.2.3　用户接收部分

用户设备的主要任务是接受 GPS 卫星发射的无线电信号，以获得必要的定位信息及观测量，并经数据处理而完成定位工作。GPS 用户设备部分主要包括 GPS 接收机及其天线、微处理器及其终端设备、电源等。其中接收机和天线，是用户设备的核心部分，一般习惯上统称为 GPS 接收机。

天线由接收天线和前置放大器两部分组成。天线的作用是将 GPS 卫星信号极微弱的电磁波能转化为相应的电流，而前置放大器则是将 GPS 信号电流予以放大，以便于接收机对信号进行跟踪、处理和测量。GPS 测量的结果就是接收机天线相位中心的点位坐标。

接收机主机主要部件包括变频器、中频放大器、信号通道、存储器和微处理器。其主要功能是搜索、跟踪、变换、放大和处理卫星信号。

GPS 接收机主要任务是：自动跟踪用户视界内 GPS 卫星的运行，捕获 GPS 信号；变换、放大和处理接收到的 GPS 信号；测量出 GPS 信号从卫星到接收天线的传播时间，解译出 GPS 卫星发送的导航电文；实时计算出测站的三维位置，甚至三维速度和时间。

随着 GPS 定位技术的迅速发展和应用领域的不断开拓，世界各国对 GPS 接收机的研制与生产都极为重视。世界上生产 GPS 接收机的厂家有数百家，型号超过数千种，而且越来越趋于小型化，便于外业观测。目前，各种类型的 GPS 测地型接收机用于精密相对定位时，其双频接收机精度可达 $5mm+1\times10^{-6}$，单频接收机在一定距离内精度可达 $10mm+2\times10^{-6}$。用于差分定位，其精度可达分米级至厘米级。

GPS 用户接收机根据频率、用途和载体的不同分为很多不同类型的产品，其性能指标相差很大，价格从几百元到几十万元不等。

1.按频率划分

按频率划分为单频接收机和双频接收机。双频接收机可以同时接收载波 L_1、L_2

($L_1 = 1.575\text{GHz}$，$L_2 = 1227.60\text{MHz}$）上的信号，单频接收机只能接收载波 L_1 上的信号。双频信号可以消除电离层折射的影响，因此双频接收机的定位精度比单频接收机高，可用于基线长达几千千米的精密定位，但其价格要高一些。

2. 按用途划分

按用途划分为导航型、测量型和授时型。导航型接收机主要用于运动载体的导航，它可以实时给出载体的位置和速度，这类接收机价格便宜，应用广泛，一般采用 C/A 码伪距测量，单点实时定位精度只有 $10 \sim 30\text{m}$；测量型接收机主要用于大地测量和工程测量，定位精度高，但仪器结构复杂，价格较贵；授时型接收机主要用于高精度授时，常用于天文台及无线电通信中的时间同步。

3. 按载体划分

按载体划分可分为手持式、车载型、航海型、航空型和星载型。

目前，在测量型 GPS 技术开发和实际应用方面，国际上较为知名的生产厂商有美国 Trimble（天宝）导航公司、瑞士 Leica Geosystems（徕卡测量系统）、日本 TOPCON（拓普康）公司、美国 Magellan（麦哲伦）公司（原泰雷兹导航）等。

Trimble（天宝）的测地型 GPS 接收机产品主要有 R8、R7、R6 及 5800、5700 等。其中，5800 为 24 通道 GPS/WAAS/EGNOS 接收机，它把双频 GPS 接收机、GPS 天线、UHF 无线电和电源组合在一个袖珍单元中，具有内置 Trimble Maxwell 4 芯片的超跟踪技术。即使在恶劣的电磁环境中，仍然能用小于 2.5W 的功率提供对卫星有效的追踪。同时，为扩大作业覆盖范围和全面减小误差，5800 可以同频率多基准站的方式工作。此外，它还与 TrimbleVRS 网络技术完全兼容，其内置的 WAAS 和 EGNOS 功能提供了无基准站的实时差分定位。Trimble - 5800 如图 7.2.3 所示。

Leica Geosystems（徕卡测量系统）是全球著名的专业测量公司，是快速静态、动态 RTK 技术的先驱。其 GPS1200 系统中的接收机包括 4 种型号：GX1230 GG/ATX1230 GG、GX1230/ATX1230、GX1220 和 GX1210。GPS1200 系统如图 7.2.4 所示。

图 7.2.3　Trimble - 5800 GPS 接收机

图 7.2.4　Leica - GPS1200 接收机

其中，GX1230 GG/ATX1230 GG 为 72 通道、双频 RTK 测量接收机，接收机集成电台、GSM、GPRS 和 CDMA 模块，具有连续检核（SmartCheck＋）功能，可防水（水下 1m）、防尘、防沙。动态精度：水平 10mm＋1ppm，垂直 20mm＋1ppm；静态精度：水平 5mm＋0.5ppm，垂直 10mm＋0.5ppm。它在 20Hz 时的 RTK 距离能够达到 30km 甚至更长，并且可保证厘米级的测量精度，基线在 30km 时的可靠性是 99.99%。

日本 TOPCON（拓普康）公司生产的 GPS 接收机主要有 GR-3、GB-1000、Hiper、Net-G3 等。其中，GR-3 大地测量型接收机可 100% 兼容三大卫星系统（GPS＋GLONASS＋GALIEO）的所有可用信号，有 72 个跟踪频道，采用抗 2m 摔落坚固设计，支持蓝牙通讯，内置 GSM/GPRS 模块（可选）。静态、快速静态的精度：水平 3mm＋0.5ppm，垂直 5mm＋0.5ppm；RTK 精度：水平 10mm＋1ppm，垂直 15mm＋1ppm；DGPS 精度：优于 25cm。值得一提的是，该款接收机于 2007 年 2 月在德国获得了 2007 年度 iF 工业设计大奖，如图 7.2.5 所示。

图 7.2.5 TOPCON-GR-3

各种类型的 GPS 测地型接收机用于精密相对定位时，其双频接收机精度可达 $5mm＋1×10^{-6}D$，单频接收机在一定距离内精度可达 $10mm＋2×10^{-6}D$。

国内的 GPS 接收机生产厂家主要有南方测绘仪器公司、中海达测绘仪器有限公司和华测导航技术有限公司，如图 7.2.6 所示，为我国南方测绘仪器公司生产的 NGS-9600 GPS 静态 GPS 信号接收机，其静态平面精度达 $5mm＋1×10^{-6}D$。

7.2.4 WGS-84 大地坐标系

GPS 系统从 1987 年开始使用 WGS-84 系统，是美国国防部于 1984 年开始发展的一种新型世界大地坐标系，该系统于 1985 年启用。它为广播星历和精度星历提供准确的参考坐标系，这样用户可以从 GPS 定位测量中得到更精密的地心坐标，也可以通过相似变换得到精度较高的局部大地坐标系坐标。

目前采用的 WGS-84 坐标系是一个地心、地固坐标系，其原点为地球质心，如图 7.2.7 所示。坐标系的定向与国际时间局（Bureau Intenational de l'Heure，BIH）所定义的方向一致，亦即该坐标系的 Z 轴平行于协议地球极（conventional terrestrial pole，CTP）

图 7.2.6 NGS-9600 GPS 静态接收机

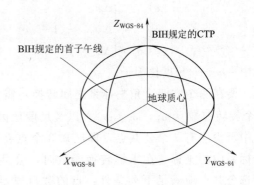

图 7.2.7 WGS-84 坐标系

的方向；X 轴为 WGS 参考子午圈与平行于 CTP 赤道的平面的交线，Y 轴同 X 轴、Z 轴构成右手坐标系。WGS-84 的椭球及有关常数，采用国际大地测量与地球物理联合会第 17 届大会大地测量常数推荐值，即大地参考系 1980（GRS80）的参数。

表 7.2.1   WGS-84 坐标系定义

坐标系类型	WGS-84 坐标系属地心坐标系
原点	地球质量中心
z 轴	指向国际时间局定义的 BIH1984.0 的协议地球北极
x 轴	指向 BIH1984.0 的起始子午线与赤道的交点
参考椭球	椭球参数采用 1979 年第 17 届国际大地测量与地球物理联合会推荐值
椭球长半径	$a = 6378137\mathrm{m}$
椭球扁率	由相关参数计算的扁率：$f = 1/298.257223563$

7.2.5 坐标系统之间的转换

GPS 采用 WGS-84 坐标系，而在工程测量中所采用的是北京 54 坐标系、西安 80 坐标系或地方坐标系。因此需要将 WGS-84 坐标系转换为工程测量中所采用的坐标系。

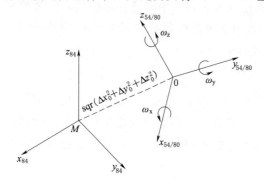

图 7.2.8 空间直角坐标系的转换

1. 空间直角坐标系的转换

如图 7.2.8 所示，WGS-84 坐标系的坐标原点为地球质量中心，而北京 54 和西安 80 坐标系的坐标原点是参考椭球中心。所以在两个坐标系之间进行转换时，应进行坐标系的平移，平移量可分解为 Δx_0、Δy_0 和 Δz_0。又因为 WGS-84 坐标系的三个坐标轴方向也与北京 54 或西安 80 的坐标轴方向不同，所以还需将北京 54 或西安 80 坐标系分别绕 x 轴、y 轴和 z 轴旋转 ω_x、ω_y、ω_z。

此外，两坐标系的尺度也不相同，还需进行尺度转换。两坐标系间转换的公式为

$$\begin{bmatrix} x \\ y \\ z \end{bmatrix}_{84} = \begin{bmatrix} \Delta x_0 \\ \Delta y_0 \\ \Delta z_0 \end{bmatrix} + (1+m)\begin{bmatrix} 1 & \omega_z & -\omega_y \\ -\omega_z & 1 & \omega_x \\ \omega_y & -\omega_x & 1 \end{bmatrix}\begin{bmatrix} x \\ y \\ z \end{bmatrix}_{54/80} \tag{7.2.1}$$

式中 m——尺度比因子。

要在两个空间直角坐标系之间转换，需要知道 3 个平移参数（Δx_0，Δy_0，Δz_0），3 个旋转参数（ω_x，ω_y，ω_z）以及尺度比因子 m。为求得 7 个转换参数，在两个坐标系中至少应有 3 个公共点，即已知 3 个点在 WGS-84 中的坐标和在北京 54 或西安 80 坐标系中的坐标。在求解转换参数时，公共点坐标的误差对所求参数影响很大，因此所选公共点应满足下列条件：点的数目要足够多，以便检核；坐标精度要足够高；分布要均匀；覆盖面要大，以免因公共点坐标误差引起较大的尺度比因子误差和旋转角度误差。

在 WGS-84 坐标系与北京 54 或西安 80 坐标系的大地坐标系之间进行转换，除上述 7 参数外，还应给出两坐标系的两个椭球参数，一个是长半径，另一个是扁率。

以上转换步骤中，计算人员只需输入 7 个转换参数或公共点坐标、椭球参数、中央子午线经度和 x、y 加常数即可，其他计算工作由软件自动完成。

在 WGS-84 坐标系与地方坐标系之间进行转换的方法与北京 54 或西安 80 坐标系类似，但有以下三点不同：一是地方坐标系的参考椭球长半径是在北京 54 或西安 80 坐标系的椭球长半径上加上测区平均高程面的高程 h_0；二是中央子午线通过测区中央；三是平面直角坐标 x、y 的加常数不是 0 和 500km，而另有加常数。

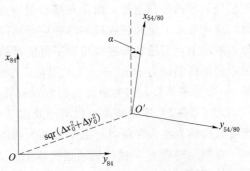

图 7.2.9 平面直角坐标系的转换

2. 平面直角坐标系的转换

如图 7.2.9 所示，在两平面直角坐标系之间进行转换，需要有四个转换参数，其中两个平移参数（Δx_0，Δy_0），一个旋转参数 α 和一个尺度比因子 m。转换公式为

$$\binom{x}{y}_{84} = (1+m)\left[\binom{\Delta x_0}{\Delta y_0} + \begin{pmatrix} \cos\alpha & \sin\alpha \\ -\sin\alpha & \cos\alpha \end{pmatrix}\binom{x}{y}_{54/80}\right] \qquad (7.2.2)$$

为了计算出测区 WGS-84 坐标系与测区坐标系的坐标转换参数，要求至少有 2 个及以上的 GPS 控制网点与测区坐标系的已知控制网点重合。坐标转换计算通常由 GPS 附带的数据处理软件自动完成。

7.3 GPS 定位原理

7.3.1 GPS 定位原理概述

1. GPS 定位原理

测量学中的交会法测量里有一种测距交会确定点位的方法，与其相似，GPS 的定位原理就是利用空间分布的卫星以及卫星与地面点的距离交会得出地面点位置。简而言之，GPS 定位原理是一种空间的距离交会原理。

如图 7.3.1 所示，为了测定地面某点在图中空间直角坐标系 O_{xyz}（称 WGS-84 坐标系）中的三维坐标 (x_p, y_p, z_p)，将 GPS 接收机安置在 P 点，通过接收卫星发射的测距码信号，在接收机时钟的控制下，可以解出测距码从卫星传播到接收机的时间 Δt，乘以光速 c 并

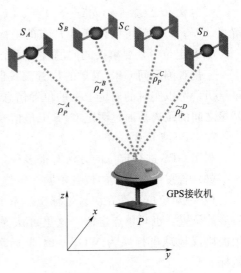

图 7.3.1 GPS 定位原理

加上卫星时钟与接收机时钟不同步改正就可以计算出卫星至接收机的空间距为

$$\tilde{\rho} = c\Delta t + c(v_T - v_t) \tag{7.3.1}$$

式中　v_t——卫星的钟差；

　　　v_T——接收机的钟差。

与 EDM 使用双程测距方式不同，GPS 使用的是单程测距方式，即接收机接收到的测距信号不再返回到卫星，而是在接收机中直接解算传播时间并计算出卫星至接收机的测距离，这就要求卫星和接收机的时钟应严格同步，卫星在严格同步的时钟控制下发射测距信号。事实上，卫星钟与接收机钟不可能严格同步，这就会产生钟误差，两个时钟不同步对测距结果的影响为 $c(v_T - v_t)$。卫星广播中包含有卫星钟差 v_t 它是已知的，而接收机钟差 v_T 却是未知数，需要通过观测方程解算。

式（7.3.1）中的距离 $\tilde{\rho}$ 没有顾及大气电离层和对流层折射误差的影响，它不是卫星至接收机的真实几何距离，通常称其为伪距。

在测距时刻 t_i，接收机通过接收卫星 S_i 的广播星历可以解算出 S_i 在 WGS‐84 坐标系中的三维坐标 (x_i, y_i, z_i)，则 S_i 卫星与 P 点的几何距离为

$$R_p^i = \sqrt{(x_p - x_i)^2 + (y_p - y_i)^2 + (z_p - z_i)^2} \tag{7.3.2}$$

由此可得伪距观测方程为

$$\tilde{\rho}_p^i = c\Delta t_{ip} + c(v_t^i - v_T) = R_p^i = \sqrt{(x_p - x_i)^2 + (y_p - y_i)^2 + (z_p - z_i)^2} \tag{7.3.3}$$

式（7.3.3）中有 x_p、y_p、z_p、v_T 4 个未知数，为了解算这 4 个未知数，应同时锁定 4 颗卫星进行观测。图 7.3.1 中对 A、B、C、D 等 4 颗卫星进行观测的伪距方程为

$$\left. \begin{array}{l} \tilde{\rho}_P^A = c\Delta t_{AP} + c(v_t^A - v_T) = \sqrt{(x_p - x_A)^2 + (y_p - y_A)^2 + (z_p - z_A)^2} \\ \tilde{\rho}_P^B = c\Delta t_{BP} + c(v_t^B - v_T) = \sqrt{(x_p - x_B)^2 + (y_p - y_B)^2 + (z_p - z_B)^2} \\ \tilde{\rho}_P^C = c\Delta t_{CP} + c(v_t^C - v_T) = \sqrt{(x_p - x_C)^2 + (y_p - y_C)^2 + (z_p - z_C)^2} \\ \tilde{\rho}_P^D = c\Delta t_{DP} + c(v_t^D - v_T) = \sqrt{(x_p - x_D)^2 + (y_p - y_D)^2 + (z_p - z_D)^2} \end{array} \right\} \tag{7.3.4}$$

解式（7.3.4），就可以计算出 P 点的坐标（x_p，y_p，z_p）。

GPS 定位中，要解决的问题就是两个：

一是观测瞬间 GPS 卫星的位置。我们知道 GPS 卫星发射的导航电文中含有 GPS 卫星星历，可以实时的确定卫星的位置信息。二是观测瞬间测站点至 GPS 卫星之间的距离。站星之间的距离是通过测定 GPS 卫星信号在卫星和测站点之间的传播时间来确定的。

2. GPS 定位方法分类

利用 GPS 进行定位的方法有很多种。

（1）若按照参考点的位置不同，定位方法可分为：

1）绝对定位。即在协议地球坐标系中，利用一台接收机来测定该点相对于协议地球质心的位置，也叫单点定位。这里可认为参考点与协议地球质心相重合。GPS 定位所采用的协议地球坐标系为 WGS‐84 坐标系。因此绝对定位的坐标最初成果为 WGS‐84 坐标。

2）相对定位。即在协议地球坐标系中，利用两台以上的接收机测定观测点至某一地

面参考点（已知点）之间的相对位置。也就是测定地面参考点到未知点的坐标增量。由于星历误差和大气折射误差有相关性，所以通过观测量求差可消除这些误差，因此相对定位的精度远高于绝对定位的精度。

（2）按用户接收机在作业中的运动状态不同，则定位方法可分为：

1）静态定位。即在定位过程中，将接收机安置在测站点上并固定不动。严格来说，这种静止状态只是相对的，通常指接收机相对与其周围点位没有发生变化。

2）动态定位。即在定位过程中，接收机处于运动状态。

（3）GPS绝对定位和相对定位中，又都包含静态和动态两种方式。即动态绝对定位、静态绝对定位、动态相对定位和静态相对定位。若依照测距的原理不同，又可分为测码伪距法定位、测相伪距法定位、实时动态差分定位等。

7.3.2 伪距测量原理

1. GPS测量的基本观测量

由于卫星信号含有多种定位信息，根据不同的要求和方法，可获得不同的观测量：测码伪距观测量（码相位观测量）、测相伪距观测量、多普勒积分计数伪距差、干涉法测量时间延迟。目前，在GPS定位测量中，广泛采用的观测量为前两种，即码相位观测量和载波相位观测量。

2. 测码伪距测量与绝对定位

伪距定位分单点定位和多点定位。

单点定位是将GPS接收机安置在测点上并锁定4颗以上的卫星，通过将接收到的卫星测距码与接收机产生的复制码对齐来测量各锁定卫星测距码到接收机的传播时间 Δt_i，进而求出卫星至接收机的伪距值，从锁定卫星广播的星历中获得其空间坐标，采用距离交会的原理解算出天线所在点的三维坐标。如图7.3.1所示，设锁定4颗卫星时的伪距观测方程为式（7.3.4）时，因4个方程中刚好有4个未知数，所以方程有唯一解。当锁定的卫星数超过4颗时，伪距观测方程中就有多余观测，此时要使用最小二乘原理通过平差求解待定点的坐标。

由于伪距观测方程没有考虑大气电离层和对流层折射误差、星历误差的影响，所以使用单点定位的精度不高。用 C/A 码定位的精度一般为25m，用 P 码定位的精度一般为10m。

但其具有速度快、无多值性、作业环境要求低等优点，从而在运动载体的导航定位上得到了广泛的应用。

7.3.3 GPS相对定位

GPS相对定位，又称差分GPS定位，是目前GPS定位中精度最高的一种定位方法，它广泛地应用于大地测量、精密工程测量、地球动力学的研究和精密导航。

1. 相对定位原理

相对定位，是用两台GPS接收机，分别安置在基线的两端，同步观测相同的卫星，通过两测站同步采集GPS数据，经过数据处理以确定基线两端点的相对位置或基线向量（图7.3.2）。这种方法可以推广到多台GPS接收机安置在若干条基线的端点，通过同

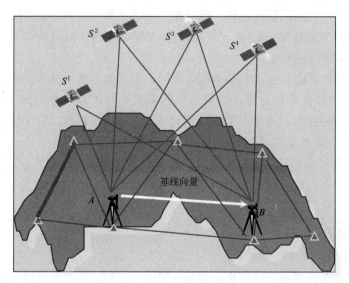

图 7.3.2 GPS 相对定位

步观测相同的 GPS 卫星，以确定多条基线向量。相对定位中，需要多个测站中至少一个测站的坐标值作为基准，利用观测出的基线向量，去求解出其他各站点的坐标值。

在相对定位中，两个或多个观测站同步观测同组卫星的情况下，卫星的轨道误差、卫星钟差、接收机钟差以及大气层延迟误差，对观测量的影响具有一定的相关性。利用这些观测量的不同组合，按照测站、卫星、历元三种要素来求差，可以大大削弱有关误差的影响，从而提高相对定位精度。

根据定位过程中接收机所处的状态不同，相对定位可分为静态相对定位和动态相对定位（或称差分 GPS 定位）。

2. 静态相对定位

设置在基线两端点的接收机相对于周围的参照物固定不动，通过连续观测获得充分的多余观测数据，解算基线向量，称为静态相对定位。在静态相对定位中，利用观测量的不同组合求差进行相对定位，可以有效地消除观测量中包含的相关误差，提高相对定位精度。

静态相对定位，一般均采用载波相位观测值（或测相伪距）为基本观测量。这一定位方法，是当前 GPS 定位中精度最高的一个方法，广泛地应用于工程测量、大地测量和地球动力学研究等项工作。实践表明，对中等长度的基线（100~500km），其相对定位精度可达 $1\times15^{-6}\sim1\times15^{-7}$，甚至更好些。所以，在精度要求较高的测量工作中，均普遍采用这一方法。

3. 差分定位原理（动态相对）

动态相对定位，是将一台接收机设置在一个固定的观测站（基准站 T_0），基准站在协议地球坐标系中的坐标是已知的。另一台接收机安装在运动的载体上，载体在运动过程中，其上的 GPS 接收机与基准站上的接收机同步观测 GPS 卫星，以实时确定载体在每个观测历元的瞬时位置。

在动态相对定位过程中，由基准站接收机通过数据链发送修正数据，用户站接收该修正数据并对测量结果进行改正处理，以获得精确的定位结果。由于用户接收基准站的修正数据，对用户站观测量进行改正，这种数据处理本质上是求差处理（差分），以达到消除或减少相关误差的影响，提高定位精度，因此 GPS 动态相对定位通常又称差分 GPS 定位。

按照提供修正数据的基准站的数量不同，又可以分为单基准站差分、多基准站差分。而多基准站差分又包括局部区域差分、广域差分和多基准站 RTK 技术。

7.3.4 载波相位测量

载波相位测量是测定 GPS 卫星信号发射的载波信号在传播路径上的相位变化值，来确定信号传播的距离。由于载波的波长比测距码的波长短得多，因此对载波进行相位测量，可得到较高的测距精度，目前测地型接收机的载波相位测量精度一般为 $1\sim2\text{mm}$。

GPS 接收机能产生一个频率和初相位与卫星载波信号完全一致的基准信号，设卫星 S 在 t_0 时刻发射的载波信号的相位为 (S)，当它传播到接收机 K 时，接收机基准信号的相位为 (K)，则它们的相位差为 $\varphi=(k)-(S)$，相位差 φ 包含 N_0 个整周期相位和不足一周期的相位 Δ，则由此可求得 t_0 时刻卫星到接收机天线相位中心的距离为

$$\rho=\lambda\varphi=\lambda(N_0+\Delta) \tag{7.3.5}$$

式中　λ——载波的波长，ρ 中因含有卫星时钟与接收机时钟不同步误差、电离层和对流层延迟误差的影响，故称之为测相伪距。

如图 7.3.3 所示，接收机在 t_i 时刻测定相位观测值 Δi 为不足一个整周期的相位值，N_0 为一个未知的整周数。当接收机连续跟踪卫星信号至 t_k 时刻，测定不足一个整周期的相位值为 Δk，利用整波计数器记录到的整周期数为 $\text{Int}()$，由于从 t_1 到 t_k 时刻接收机连续跟踪卫星信号，则 N_0 为常数，载波信号 t_k 时刻由卫星到接收机的相位差为

$$\varphi_k=N_O+\text{Int}(\varphi)+\Delta_{\varphi k} \tag{7.3.6}$$

将式（7.3.6）代入式（7.3.7）即可求得 t_k 时刻测相伪距

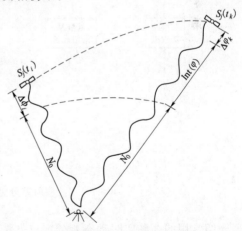

图 7.3.3　载波相位测量

$$\rho_k=\lambda[N_O+\text{Int}(\varphi)+\Delta_{\varphi k}] \tag{7.3.7}$$

用载波相位测量进行相对定位一般是用两台 GPS 接收机，分别安置在测线两端（该测线称为基线），固定不动，同步接收 GPS 卫星信号。利用相同卫星的相位观测值进行解算，求定基线端点在 WGS - 84 坐标系中的相对位置或基线向量。当其中一个端点坐标已知，则可推算另一个待定点的坐标。

载波相位相对定位普遍采用将相位观测值进行线性组合的方法。其具体方法有 3 种，即单差法、双差法和三差法。

单差法是对不同测站 (T_1，T_2) 同步观测卫星 S_i 所得到的相位观测值 φ 求差，站间单差可以消除卫星钟差、电离层误差和对流层迟延误差。

双差法是在不同测站同步观测一组卫星得到的单差之差。这种方法可消除两个测站接收机相对钟差改正数，经过双差处理后大大地减小了各种系统误差。在 GPS 相对定位中都是采用双差法作为基线解算的基本方法。

三差观测法是对同历元 (t 和 $t+1$ 时刻) 同步观测同一组卫星所得观测值的双差之差，三差法可消整周模糊度差，三差方程中只剩下基线坐标增量，故可解基线坐标增量。

7.3.5 实时差分定位

实时差分定位（real time differential positioning）是在已知坐标的点上安置一台 GPS 接收机（称为基准站），利用已知坐标和卫星星历计算出观测值的校正值，并通过无线电通信设备（称数据链）将校正值发送给运动中的 GPS 接收机（称为移动站），移动站应用接收到的校正值对自身的 GPS 观测值进行改正，以消除卫星钟差、接收机钟差、大气电离层和对流层折射误差的影响，实时解算出移动站的坐标，故 GPS 实时差分定位系统由基准站、流动站和数据链三部分组成，其工作原理与方法如图 7.3.4 所示。

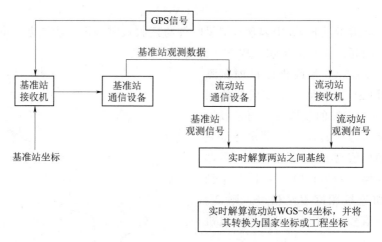

图 7.3.4 实时差分定位工作原理与方法

现介绍常用的 3 种实时动态差分定位方法。

1. 位置差分

基准站的已知坐标与 GPS 伪距单点定位获得的坐标值进行差分，通过数据链由基准站向移动站传送坐标改正值，移动站用接收到的坐标改正值修正其测量得到的坐标。

设基准站的已知坐标为 $(x_B^0，y_B^0，z_B^0)$ 使用 GPS 伪距单点定位测得的基准站的坐标为 $(x_B，y_B，z_B)$，通过差分求得基准站的坐标改正值为

$$\left.\begin{array}{l} \Delta x_B = x_B^0 - x_B \\ \Delta y_B = y_B^0 - y_B \\ \Delta z_B = z_B^0 - z_B \end{array}\right\} \tag{7.3.8}$$

设移动站使用 GPS 伪距单点定位测得的坐标为 (x_i, y_i, z_i)，则使用基准站坐标改正值修正后的移动站坐标为

$$\left.\begin{array}{l} x_i^0 = x_i + \Delta x_B \\ y_i^0 = y_i + \Delta y_B \\ z_i^0 = z_i + \Delta z_B \end{array}\right\} \qquad (7.3.9)$$

位置差分要求基准站与移动站同步接收相同卫星的信号。

2. 伪距差分

利用基准站的已知坐标和卫星星历计算卫星到基准站间的几何距离，R_{BO}^i，并与使用伪距单点定位测得的基准站伪距值 $\tilde{\rho}_B^i$ 进行差分，得到伪距改正数

$$\Delta \tilde{\rho}_B^i = R_{BO}^i - \tilde{\rho}_B^i \qquad (7.3.10)$$

通过数据链向移动站传送 $\Delta \tilde{\rho}_B^i$，移动站用接收的 $\Delta \tilde{\rho}_B^i$ 修正其测得的伪距值。基准站只要观测 4 颗以上的卫星并用 $\Delta \tilde{\rho}_B^i$ 修正其至各卫星的伪距值就可以进行定位，所以它不要求基准站与移动站接收的卫星完全一致。

3. 载波相位实时动态差分（RTK）

前面两种差分法都是使用伪距定位原理进行观测，而载波相位实时动态差分（real time kinenatic，RTK）是使用载波定位原理进行观测，是 GPS 测量技术发展中的一个新突破，目前应用很广泛。

图 7.3.5 所示为 RTK GPS 接收机的工作原理，它由基准站和移动站组成，移动站数量可根据工程需要配置，个数不限。载波相位实时差分的原理与伪距差分类似，因为是使用载波相位信号测距，所以其伪距观测值的精度高于伪距定位法观测的伪距值。由于要解算整周模糊度，所以要求基准站与移动站同步接收相同的卫星信号，且两者相距一般不应大于 30km，其定位精度可达到 1～2cm。

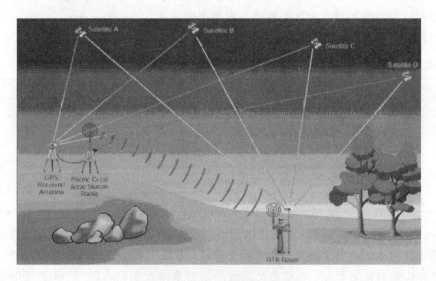

图 7.3.5 RTK 接收机工作原理

7.4 GPS 控制测量

7.4.1 GPS 控制网技术设计

GPS 测量的技术设计是进行 GPS 测量定位的最基础性工作，它是根据国家现行的规范、规程，针对 GPS 控制网的用途及用户要求，提出的对 GPS 测量的网形、精度及基准等的具体设计。

1. GPS 控制网技术设计的依据

GPS 控制网技术设计及外业测量的主要技术依据是 GPS 测量规范（规程）和测量任务书。GPS 测量规范主要有 2001 年国家质量技术监督局发布的国家标准《全球定位系统（GPS）测量规范》（GB/T 18314—2009）、1992 年国家测绘局发布的测绘行业标准《全球定位系统（GPS）测量规范》（GB/T 18314—2009）、1998 年建设部发布的行业标准《全球定位系统城市测量技术规程》（CJJ 73—2010），以及各部委根据本部门 GPS 工作的实际情况指定的其他 GPS 测量规程或细则。

测量任务书或测量合同是测量施工单位上级主管部门或合同甲方下达的技术要求文件。这种技术文件是指令性的，它规定了测量任务的范围、目的、精度和密度要求、提交成果资料的项目和时间、完成任务的经济指标等。

在 GPS 测量方案设计时，一般首先依据测量任务书提出 GPS 网的精度、点位密度和经济指标，并结合国家标准或其他行业规范（规程），现场具体确定点位及点间的连接方式、各点设站观测的次数及时段长短等布网施测方案。

2. GPS 控制网的精度

应用 GPS 定位技术建立的测量控制网称为 GPS 控制网，其控制点称为 GPS 点。GPS 控制网可分为两大类：一类是国家或区域性的高精度 GPS 控制网；另一类是局部性的 GPS 控制网，包括城市或工矿区及各类工程控制网。

GPS 控制网按其精度划分为 AA、A、B、C、D、E 六个精度级别，见表 7.4.1。

表 7.4.1　　　　　　　　　　　　GPS 测量控制网精度分级

级别	平均距离/km	固定误差 a/mm	比例误差系数 $b/10^{-6}$
AA	1000	≤3	≤0.01
A	300	≤5	≤0.1
B	70	≤8	≤1
C	10~15	≤10	≤5
D	5~10	≤10	≤10
E	0.2~5	≤10	≤20

其中，AA 级主要用于全球性的地球动力学研究、地壳形变测量和精密定轨；A 级主要用于区域性的地球动力学研究和地壳形变测量；B 级主要用于局部变形监测和各种精密工程测量；C 级主要用于大、中城市及工程测量的基本控制网；D、E 级主要用于中小城市及城镇的测图、地籍、土地信息、房产、物探、勘测、建筑施工等控制测量。AA、A

级是建立地心参考框架的基础，同时 AA、A、B 级也是建立国家空间大地测量控制网的基础。

为了进行城市和工程测量，建设部发布的行业标准《规程》将 GPS 测量划分为二等、三等、四等和一级、二级。GPS 基线测量的中误差应小于式（7.4.1）计算的标准差。各等级控制测量固定误差 a、比例误差系数 b 的取值应符合表 7.4.2 的规定。

表 7.4.2 GPS 测量控制网精度分级

等 级	平均距离/km	固定误差 a/mm	比例误差 $b/10^{-6}$	最弱边相对中误差
二等	9	≤10	≤2	1/120000
三等	5	≤10	≤5	1/80000
四等	2	≤10	≤10	1/45000
一级	1	≤10	≤10	1/20000
二级	<1	≤15	≤20	1/10000

注 当边长小于 200m 时，边长中误差应小于 20mm。

$$\sigma = \pm\sqrt{a^2 + (bd \times 10^{-6})^2} \tag{7.4.1}$$

式中　σ——标准差，mm；

　　　a——固定误差，mm；

　　　b——比例误差系数，ppm；

　　　d——基线长度，km。

在实际工作中，精度标准的确定还要根据用户的实际需要及人力、物力、财力等情况合理设计，也可参照本部门已有的生产规程和作业经验适当掌握。在布网时可以逐步布设、越级布设或布设同级全面网。

3. GPS 控制网的基准设计

通过 GPS 测量可以获得地面点间的 GPS 基线向量，它属于 WGS-84 坐标系的三维坐标系。在实际工程应用中，我们需要的是国家坐标系（1954 北京坐标系或 1980 西安坐标系）或地方独立坐标系的坐标。因此，对于一个 GPS 网测量工程，在技术设计阶段必须明确 GPS 成果所采用的坐标系统和起算数据，即明确 GPS 网所采用的基准。通常将这项工作称为 GPS 网的基准设计。

在进行 GPS 网控制的基准设计时，必须考虑以下几个问题：

（1）GPS 测量成果转化到工程所需的地面坐标系中的坐标，应选择足够的地面坐标系的起算数据与 GPS 测量数据重合，或者联测足够的地方控制点，以求得坐标转换参数用以坐标转换。在选择联测点时既要考虑充分利用旧资料，又要使新建的高精度 GPS 网不受旧资料精度较低的影响。因此，大中城市 GPS 控制网应与附近的国家控制点联测 3 个以上。小城市或工程控制可以联测 2～3 个点。

（2）为保证 GPS 网进行约束平差后坐标精度的均匀性以及减少尺度比误差影响，对 GPS 网内重合的高等级国家点或原城市等级控制网点，除未知点连接图形观测外，对它们也要构成图形。

（3）为求得 GPS 点的正常高程，可根据具体情况联测高程点。联测的高程点需均匀分布于网中，对丘陵或山区联测高程点应按高程拟合曲面的要求进行布设。AA、A 级网应按二等水准逐点联测高程；B 级网应按三等水准或与其相当的方法至少每隔 2～3 点联测一点；C 级网应按四等水准或与其相当的方法至少每隔 3～6 点联测一点；D、E 级网具体联测宜采用不低于四等水准或与其精度相当的方法进行。GPS 点高程在经过精度分析后可供测图或其他方面使用。

（4）新建 GPS 网的坐标系应尽量与测区过去采用的坐标系统一致。如果采用的是地方独立或城市独立坐标系，应进行坐标转换，并应具备下列技术参数：

1）所采用的参考椭球几何参数。

2）坐标系的中央子午线经度值。

3）纵横坐标的加常数。

4）坐标系的投影面高程及测区平均高程异常值。

5）起算点的坐标值及起算方位。

7.4.2　GPS 控制网的图形设计

1. GPS 网图构成的几个基本概念

（1）观测时段（observation session）：测站上开始接收卫星信号进行观测到停止，连续观测的时间间隔。

（2）同步观测（simultaneous observation）：两台及以上接收机同时对同一组卫星进行的观测。

（3）独立基线（independent baseline）：对于 N 台 GPS 接收机构成的同步观测环，独立基线数为 $N-1$。

（4）同步观测环（simultaneous observation loop）：三台及以上接收机同步观测获得的基线向量所构成的闭合环，简称同步环。

（5）独立观测环（independent observation loop）：由独立观测所获得的基线向量构成的闭合环。

（6）异步观测环（non-simultaneous observation loop）：在构成多边形环路的所有基线向量中，只要有非同步观测基线向量，则该多边形环路叫异步观测环，简称异步环。

（7）星历（ephemeris）：不同时刻卫星在轨道上的坐标值。

（8）数据剔除率（percentage of data rejection）：删除的观测值个数与应获得的观测值个数比值。

（9）天线高（antenna height）：观测时接收机天线平均相位中心到测站中心标志面的高度。

2. GPS 网同步图形构成及独立边选择

假若在一个测区中需要布设 n 个 GPS 点，用 N 台接收机进行观测，在每一个点观测 m 次，则根据 R. A Sany 提出的观测时段数计算 GPS 观测时段数

$$S = \frac{m}{N}n \qquad (7.4.2)$$

在此基础上，可以计算出所需要 GPS 网特征条件参数见表 7.4.3。

表 7.4.3　　　　　　　　　　　　　　GPS 网特征条件参数

GPS 网特征条件参数	GPS 网特征条件计算公式	公式编号
总基线数	$B_{总} = SN(N-1)/2$	(7.4.4)
必要基线数	$B_{必} = n-1$	(7.4.5)
独立基线数	$B_{独} = S(N-1)$	(7.4.6)
多余基线数	$B_{多} = S(N-1)-(n-1)$	(7.4.7)

根据公式（7.4.2），由 N 台 GPS 接收机同步观测可得到的基线（GPS 边）数为

$$B = N(N-1)/2 \tag{7.4.3}$$

图 7.4.1 给出了当接收机数 $N=2\sim5$ 时所构成的同步图形。

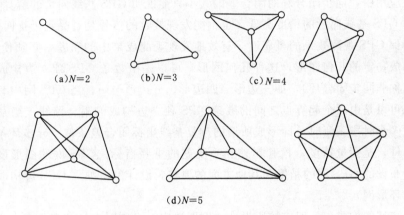

(a)$N=2$　　(b)$N=3$　　(c)$N=4$

(d)$N=5$

图 7.4.1　N 台接收机同步观测图形

在图 7.4.1 中，仅有 $N-1$ 条边是独立的，其余边为非独立边。图 7.4.2 给出了独立 GPS 边的不同选择形式。

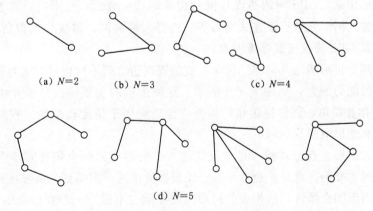

(a) $N=2$　　(b) $N=3$　　(c) $N=4$

(d) $N=5$

图 7.4.2　独立 GPS 边的不同选择

当同步观测的 GPS 接收机数 $N\geqslant3$ 时，同步闭合环的最少个数应为

$$L = B-(N-1) = (N-1)(N-2)/2 \tag{7.4.4}$$

接收机数 N、GPS 边数 B 和同步闭合环数 L（最少个数）的对应关系见表 7.4.4。理论上，同步环中各 GPS 边的坐标差分量之和（即坐标闭合差）应为 0，但由于各台 GPS 接收机间并不严格同步，以及模型误差和处理软件内在的缺陷，导致同步闭合环的闭合差并不等于 0，GPS 规范规定了同步闭合差的限差。

表 7.4.4　　　　　　　　　GPS 接收机数、边数、同步闭合环关系

接收机数	2	3	4	5	6
GPS 边数	1	3	6	10	15
同步闭合环数	0	1	3	6	10

在工程应用中，同步闭合环的闭合差的大小只能说明 GPS 基线向量的解算是否合格，并不能说明 GPS 基线向量的精度高低，也不能发现接收的信号是否受到干扰而含有粗差。

为了确保 GPS 观测效果的可靠性，有效地发现观测成果中的粗差，必须使 GPS 网中的独立边构成一定的几何图形，这种几何图形，可以是由数条 GPS 独立边构成的非同步多边形（也称非同步闭合环），如三边形、四边形、五边形……；当 GPS 网中有若干个起算点时，也可以是由两个起算点之间的数条 GPS 独立边构成的附合路线。当某条基线进行了两个或多个时段观测时，即形成所谓的重复基线坐标闭合差条件。异步环条件及全部基线坐标条件，是衡量精度、检验粗差和系统差的重要指标。GPS 网的图形设计，也就是根据对所布设的 GPS 网的精度和其他方面的要求，设计出由独立 GPS 边构成的多边形网（或称为环形网）。

对于异步环的构成，一般应按所设计的网图选定，必要时在经技术负责人审定后，根据具体情况适当调整。当接收机多于 3 台时，也可按软件功能自动挑选独立基线构成环路。

3. GPS 网的图形设计

根据不同的用途，GPS 网的布设按网的构成形式可分为：星形网、点连式网形、边连式网形、网连式网形及边点混连式网形等。选择怎样的网，取决于工程所要求的精度、外业观测条件及 GPS 接收机数量等因素。

（1）星形网。星形图的几何图形简单，直接观测边之间不构成任何闭合图形，所以检验和发现粗差的能力较差，如图 7.4.3 所示。这种图形的主要优点是作业中只需要两台 GPS 接收机，作业简单，能快速定位，因而广泛地应用于精度较低的工程测量、边界测量、地籍测量和地形测图等领域。

（2）点连式网形。点连式网形是指仅通过一个公共点将两个相邻同步图形连接在一起。点连式布网主要的优点是作业效率高、图形扩展迅速，但图形几何强度很弱，没有或极少有非同步图形闭合条件，所构成的网形抗粗差能力不强，一般在作业中不单独采用。图 7.4.4 所示为 3 台接收机同步观测构成的点连式图形。

（3）边连式网形。边连式网形是指通过一条公共边将两个同步图形之间连接起来，如图 7.4.5 所示。边连式布网有较多的重复基线和独立环，有较好的几何强度。与点连式网比较，在相同的仪器台数条件下，精度提高，但观测时段数大大增加。

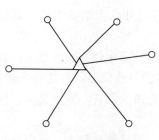
图 7.4.3　星形网

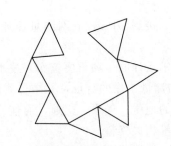
图 7.4.4　点连式网形

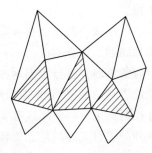
图 7.4.5　边连式网形

（4）网连式网形。网连式网形是指相邻同步图形之间有两个以上的公共点相连接，相邻图形间有一定的重叠，这种作业方法需要 4 台以上的接收机。采用这种布网方式所测设的 GPS 网具有较强的图形强度和较高的可靠性，但作业效率低，花费的经费和时间较多，一般仅用于要求精度较高的控制网测量。

（5）边点混连式网形。在实际作业中，由于上述几种布网方案都存在缺点，因而常把点连式网形与边连式网形有机地结合起来，组成边点混连式网形，如图 7.4.6 所示。混连式布网方式能保证网的几何强度，提高网的可靠指标，能有效地发现粗差，这样既减少了外业工作量，又降低了成本。

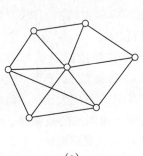
（a）

（b）

图 7.4.6　边点混连式网形

不论是哪一种布网方式，在实际布网设计时还要注意以下几点：

（1）GPS 网点间尽管不要求通视，但考虑到利用常规测量加密时的需要，每点应有一个以上通视方向。

（2）为了顾及原有城市测绘成果资料以及各种大比例尺地形图的延用，应采用原有城市坐标系统。凡符合 GPS 网点要求的旧点，应充分利用其标石。

（3）GPS 网必须构成若干非同步闭合环或附合路线，各级 GPS 网中每个最简单独立闭合环或附合路线中的边数应符合表 7.4.4 中的规定。

7.4.3　GPS 控制测量的外业实施

1. GPS 观测设计

GPS 测量工程项目在进行具体的外业观测工作之前，应做好施测前的资料收集、器材准备、人员组织、外业观测计划拟订等工作，为编写技术设计、施工设计、成本预算提供依据。

(1) 测区踏勘及资料收集。接到 GPS 控制网测量任务后,可以依据施工设计图纸进行实地踏勘、调查测区。

收集资料是进行控制网技术设计的一项重要工作。技术设计前应收集测区或工程各项有关的资料,根据 GPS 控制网测量工作的特点,并结合测区的具体情况,收集各类图件,原有控制测量资料,测区有关的地质、气象、交通、通信等方面的资料,城市及乡、村行政区划分表有关的规范、规程等相关资料。

(2) 器材准备及人员组织。根据技术设计的要求,设备、器材筹备及人员组织应包括以下内容:观测仪器、计算机及配套设备的准备;交通、通信设施的准备;施工器材的准备;计划油料和其他消耗材料;组织测量队伍,拟订测量人员名单及岗位,并进行必要的培训;测量工作成本的详细预算。

(3) 外业观测计划的拟订。外业观测工作是 GPS 测量的主要工作。为了保证外业观测工作能按计划、按质、按量顺利完成,必须制订科学合理的外业观测计划。

根据 GPS 网的精度要求确定所需的观测时间、观测时段数;GPS 网规模的大小、点位精度及密度;观测期间 GPS 卫星星历分布状况、卫星的几何图形强度;参加作业的 GPS 接收机类型数量;测区交通、通信及后勤保障等。

(4) 可视卫星预测。可视卫星预测是预报将来某一个观测时间段内,某个测站点上能观测到的卫星数及卫星号。在作业组进入测区观测前,应事先编制 GPS 卫星可见性预报图。GPS 卫星可见性可利用 GPS 的数据处理软件进行预测。

(5) 最佳观测窗口与最佳观测时段的选择。GPS 定位精度同卫星与测站构成的图形强度有关,所测卫星与观测站所组成的几何图形,其强度因子可用空间位置因子(PDOP)来代表,无论是绝对定位还是相对定位,PDOP 值不应大于 4。此时,可视卫星几何分布对应的观测窗口称为最佳观测窗口。使用软件,用测站的概略经、纬度和星历龄期不大于 20d 的星历所做出的 PDOP 值预报,用以选择最佳观测时段。

(6) 观测区域的设计与划分。当 GPS 网的点数较多,网的规模较大,而参与观测的接收机数量有限,交通和通信不便时,可实行分区观测。为了增强网的整体性,提高网的精度,相邻分区应设置公共观测点,且公共点数不得少于 3 个。

(7) 接收机调度计划制订。作业组在观测前应根据测区的地形、交通状况、控制网的大小、精度的高低、仪器的数量、GPS 网的设计、卫星预报表和测区的天气、地理环境等拟订接收机调度计划和编制作业的调度表。若作业仪器台数、观测时段数及测站数较多时,在每日出测前应采用外业观测通知单进行调度,以提高工作效益。调度计划制订应遵循以下原则:①保证同步观测;②保证足够重复基线;③设计最优接收机调度路径;④保证最佳观测窗口。

2. 静态外业施测

GPS 外业测量的实施包括 GPS 点的选埋、观测、数据传输及数据处理等工作。

(1) 选点。与传统控制测量的选点相比,由于 GPS 测量不要求测站间相互通视,且网的图形结构比较灵活,因此选点工作简单很多。但由于点位的选择对于保证观测工作的顺利进行和保证测量结果的可靠性有着重要意义,因此在选点工作开始前,除收集和了解有关测区的地理情况和原有测量控制点分布及标型、标石完好情况外，选点工作还应遵守以下原则：

1) 点位应设在地面基础稳定、易于保存的地方。最好设在交通方便、易于安装接收机、视野开阔的较高点上，便于与其他观测手段扩展与联测。

2) 点位目标要显著，视场周围15°以上不应有障碍物，以减小 GPS 信号被遮挡或被障碍物吸收。为了避免电磁场对 GPS 信号的干扰，点位应远离大功率无线电发射源（如电视塔、微波站等），其距离不小于 200m，同时也应远离高压输电线。

3) 点位附近不应有大面积水域或强烈干扰信号接收的物体，以减弱多路径效应的影响。

4) 选点人员应按技术设计进行踏勘，在实地按要求选定点位。

5) 当所选点位需要进行水准联测时，选点人员应实地踏勘水准路线，提出有关建议。

6) 网形应有利于同步观测和联测。

7) 当利用旧点时，应对旧点的稳定性、完好性及觇标是否安全可用进行认真检查，符合要求后方可利用。

(2) 埋设标志。GPS 网点一般应埋设具有中心标志的标石，以精确标志点位。点的标石和标志必须稳定、坚固，利于长久保存和利用。在基岩露头地区，也可直接在基岩上嵌入金属标志。每个点位标石埋设结束后，应提交以下资料：①点之记；②GPS 网的选点网图；③土地占用批准文件和测量标志委托保管书；④选点与埋石工作技术总结。

(3) 观测。GPS 控制点埋设完毕后，对 GPS 接收机和各种必要的设备进行必要的检定检查后，根据测区的地理条件和交通情况安排好每天的工作计划表和调度命令，即可进行外业观测。GPS 外业观测工作主要包括接收机天线安置、开机观测与记录。

天线安置包括对中、整平、天线定向及量取天线高，对中与整平同常规测量仪器相同，定向是使天线顶面的定向标志指向正北；天线安置完成后，接通接收机与电源、天线的连接电缆，即可启动接收机进行观测；接收机锁定卫星并开始记录数据后，观测员可进行必要的输入（如点名、时段号、天线高等）和查询操作。

每天的外业观测结束后，随即用基线解算软件解出各条基线，外业验算除根据解算基线时软件提供的基线质量指标标准衡量外，还要从同步环、异步环和重复基线闭合差三个 GPS 外业质量控制指标来衡量。

一般来说，在外业观测工作中，仪器操作人员应注意以下事项：

1) GPS 观测方法必须遵守《静态 GPS 测量作业技术规定》（表7.4.5）。

表 7.4.5　　　　　　　　　　　静态 GPS 测量作业技术规定

等级	二等	三等	四等	一级	二级
卫星高度角/(°)	≥15	≥15	≥15	≥15	≥15
PDOP	≥6	≥6	≥6	≥6	≥6
有效观测卫星数	≥4	≥4	≥4	≥4	≥4
平均重复设站数	≥2	≥2	≥1.6	≥1.6	≥1.6
时段长度/min	≥90	≥90	≥45	≥45	≥45
数据采样间隔/s	6～10	10～60	10～60	10～60	10～60

2）天线不应架设过低，一般应距地面 1m 以上。天线架设好以后，在圆盘天线间隔 120°的 3 个方向分别量取天线高，3 次测量结果之差不应超过 3mm，取其 3 次结果的平均值记入测量观测手簿中，天线高记录取位到 0.001m。仪器高要在观测开始、结束时各量测一次，并及时输入仪器和记入静态 GPS 观测外业记录见表 7.4.6。

表 7.4.6　　　　　　　　　　　　静态 GPS 观测外业记录表

控制网名称					
测点名称		测点类别			
开始观测时间		结束观测时间			
卫星颗数		数据采集间隔			
GDOP/PDOP 值		有效观测时间			
接收设备		天气情况		天线高/m	
接收机型号		天气		测量前	
接收机编号		风向		测量后	
天线类型		温度		平均值	
测站近似位置	经度			时段内其他点号	
	纬度				
	高程				
观　测　记　事			观　测　环　草　图		

3）当确认外接电源电缆及天线等各项连接完全无误后，方可接通电源，启动接收机。观测过程中要特别注意供电情况，听到仪器低电压报警要及时予以处理，否则可能会造成仪器内部数据的破坏或丢失。

4）在正常情况下，一个时段观测过程中不允许进行以下操作：关闭又重新启动；进行自测试；改变卫星高度角；改变天线位置；改变数据采样间隔；按动关闭文件和删除文件等功能。

5）进行高精度 GPS 观测时，一般应在每一观测时段的始、中、末各观测记录一次气象元素，当时段较长时可以适当增加观测次数。

6）在观测过程中不要靠近接收机使用对讲机；雷雨季节架设天线要防止雷击，雷雨过境时应关机停测，并卸下天线。

7）测站的全部预定作业项目应完成且记录与资料完整无误后方可迁站。

8）当天观测结束后，应及时将数据导入计算机，确保数据不丢失。

7.4.4　GPS 控制数据解算

1. GPS 基线解算的过程

每一个厂商所生产的接收机都会配备相应的数据处理软件，它们在使用方法上都会有各自不同的特点，但是，无论是哪种软件，使用步骤大体相同。GPS 基线解算的过程如下：

（1）原始观测数据的导入。各接收机厂商随接收机一起提供的数据处理软件都可以直接处理从接收机中传输出来的 GPS 原始观测值数据，而由第三方所开发的数据处理软件则不一定能对各接收机的原始观测数据进行处理，要处理这些数据，首先需要进行格式转换。

（2）外业输入数据的检查与修改。在读入了 GPS 观测值数据后，就需要对观测数据进行必要的检查，检查的项目包括：测站名、点号、测站坐标、天线高等。对这些项目进行检查，是为了避免外业的误操作。

（3）基线解算。先设定基线解算的控制参数，它是基线解算时的一个非常重要的环节。通过控制参数的设定，确定数据处理软件采用何种处理方法进行基线解算。选择较好的控制参数可以提高基线解算精度。如何设置控制参数，要根据 GPS 观测数据的实际情况而定。

设置好控制参数后，就可以进行基线解算。基线解算的过程一般是自动进行的，无须过多的人工干预。

基线解算完毕后，基线结果并不能马上用于后续的处理，还必须对基线的质量进行检验，只有质量合格的基线才能用于后续的数据处理，如果不合格，则需要对基线进行重新解算或重新测量。

（4）网平差。先进行三维无约束平差。根据无约束平差的结果，判别在所构成的 GPS 网中是否有粗差基线，如发现含有粗差基线，需要进行相应的处理，必须使最后用于构网的所有基线向量均满足质量要求。

在进行完三维无约束平差后，需要进行约束平差或联合平差，平差可根据需要在三维空间中进行或二维空间中进行。约束平差的具体步骤是：

1）指定进行平差的基准和坐标系统。

2）指定起算数据。

3）检验约束条件的质量。

4）进行平差解算。

（5）成果转化输出。根据实际生产需要，转化为当地坐标，一般商用软件均有该功能。

2. 南方 GPS 基线解算实例

（1）新建工程。在主界面下，点击新建工程，然后对项目属性进行设置，如图 7.4.7，主要设置项目名称、施工单位、负责人、坐标系统和控制网等级等。建立项目中根据要求完成各个项目的填写并点击"确定"按钮确认。坐标系若是自定义坐标系，点击"定义坐标系统"按钮，根据"系统参数"中的配置完成自定义坐标系。

（2）增加观测数据。选择加入数据文件，弹出如图 7.4.8 的对话框，将野外采集

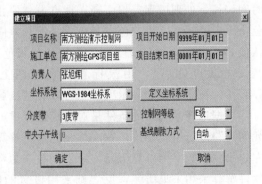

图 7.4.7 建立项目

数据调入软件，可以用鼠标左键点击文件，一个个单选，也可"全选"所有文件，然后点击"确定"按钮。

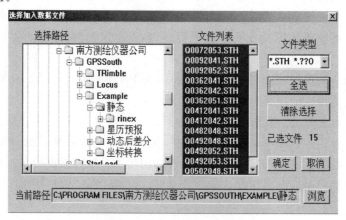

图 7.4.8　数据文件录入菜单

然后稍等片刻，调入完毕后，则显示图 7.4.9 演示网图。

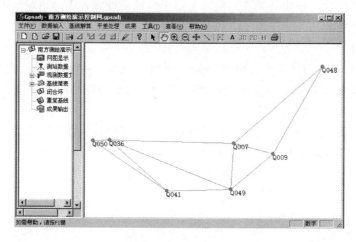

图 7.4.9　演示网图

（3）解算基线。选择解算全部基线，系统自动解算每条基线，这一解算过程可能等待时间较长，处理过程若想中断，请点击"停止"。基线处理完全结束后，网图中的基线颜色由原来的绿色变成红色或灰色。基线双差固定解方差比大于 3 的基线变为红色（软件默认值 3），小于 3 的基线颜色变为灰色。灰色基线方差比过低，可以进行重解。例如对于基线"Q009-Q007"，用鼠标直接在网图上双击该基线，弹出基线解算对话框如图 7.4.10，在对话框的显示项目中可以对基线解算进行必要的设置。

　　数据选择系列中的条件是对基线进行重解的重要条件。可以对"高度截止角"和"历元间隔"进行组合设置，完成基线的重新解算，以提高基线的方差比。"历元间隔"中的左边第一个数字为解算历元，第二个数字为数据采集历元。当解算历元小于采集历元时，软件解算采用采集历元，反之则采用设置的解算历元。"编辑"中的数字表示误差放大系数。

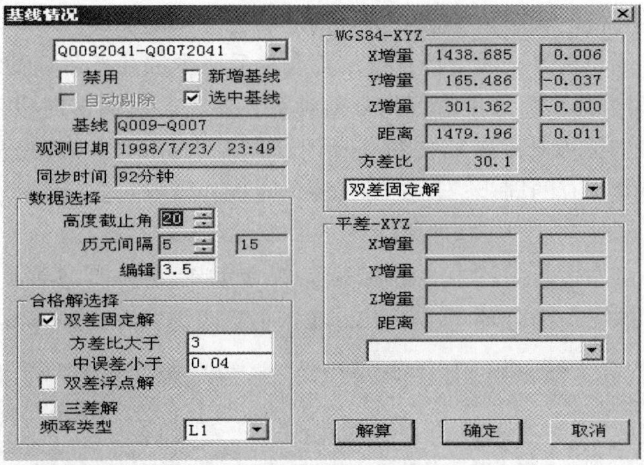

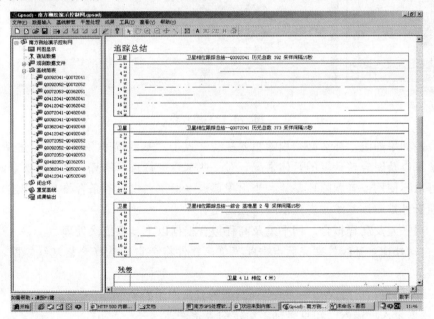

图 7.4.10　基线情况

"合格解选择"为设置基线解的方法，分别有"双差固定解""双差浮点解"和"三差解"三种，默认设置为双差固定解。

在反复组合"高度截止角"和"历元间隔"进行解算仍不合格的情况下，可点状态栏基线简表查看该条基线详表。点击左边"基线简表"，点击基线"Q0092041-Q0072041"，显示栏中会显示基线详情，如图 7.4.11 所示。

图 7.4.11　基线详情

图 7.4.11 中详细列出了每条基线的测站、星历情况，以及基线解算处理中周跳、剔除、精度分析等处理情况。在"基线简表"窗口中将显示基线处理的情况，先解算三差解，最后解算出双差解。点击该基线可查看三差解、双差浮动解、双差固定解的详细情况。无效历元过多可在左边状态栏中"观测数据"文件下剔除。在删除了无效历元后重解

基线，若基线仍不合格，就应该考虑对不合格基线进行重测了。

（4）检查闭合环和重复基线。待基线解算合格后（少数几条解算基线不合格可让其不参与平差），在"闭合环"窗口中进行闭合差计算。首先，对同步时段任一三边同步环的坐标分量闭合差和全长相对闭合差按独立环闭合差要求进行同步环检核，然后计算异步环。程序将自动搜索所有的同步、异步闭合环。同步、异步闭合环、重复基线的要求参照有关国家规范。

搜索闭合环，点左边状态栏中"闭合环"，显示如图7.4.12界面。从图7.4.12中可以看出，此网所有的同步闭合环均小于10ppm，小于四等网（≤10ppm）的要求。

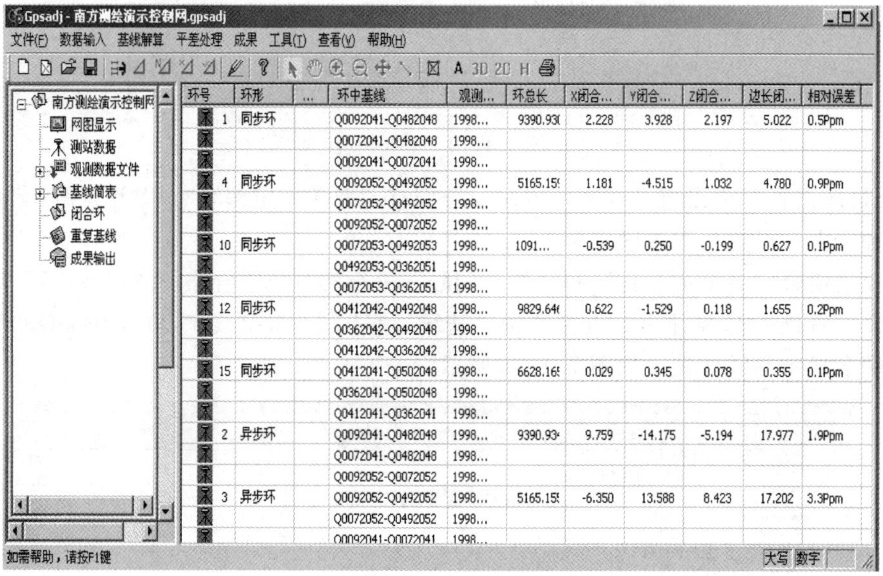

图7.4.12 闭合环

闭合差如果超限，那么必须剔除粗差基线。点击"基线简表"状态栏"重新算"，根据基线解算以及闭合差计算的具体情况，对一些基线进行重新解算，具有多次观测基线的情况下可以不使用或者删除该基线。当出现孤点（即该点仅有一条合格基线相连）的情况下，必须野外重测该基线或者该基线所在的闭合环。

（5）网平差及高程拟合。网平差及高程拟合根据以下步骤依次处理。

1）自动处理：基线处理完后点击此菜单，软件将会自动选择合格基线组网，进行环闭合平差。

2）三维平差：进行WGS-84坐标系下的自由网平差。

3）数据录入：输入已知点坐标，给定约束条件。

本例控制网中Q007、Q049为已知约束点，在点击"数据输入"菜单中的"坐标数据录入"弹出对话框如图7.4.13所示。在"请选择"中选中"Q007"，单击"Q007"对应的"北向X"的空白框后，空白框就被激活，此时可录入坐标。通过以上操作完成所有已知数据的录入。

4）二维平差：把已知点坐标带入网中进行整网约束二维平差。但要注意的是，当已

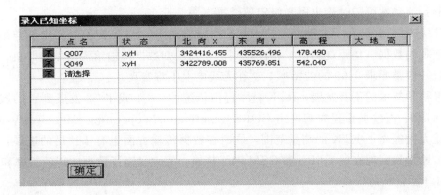

图 7.4.13　录入已知数据

知点的点位误差太大时，软件会给出提示。此时点击"二维平差"是不能进行计算的。需要对已知数据进行检合。

5）高程拟合：根据"平差参数设置"中的"高程拟合方案"对观测点进行高程计算。

（6）输出成果。平差完成后，可选择"输出成果"菜单项，生成平差报告、坐标成果和网图等文本文件，以上资料均可在当前窗口打印，或在其他软件中导入使用。

7.5　GPS-RTK 点位测定与测设

7.5.1　GPS-RTK 测量系统简介

1. RTK 工作原理

RTK（real time kinematic）是 GPS 实时载波相位差分的简称。RTK 是一种将 GPS 测量技术与无线数据传输技术相结合，实时数据处理，在 1～2s 时间内得到高精度位置信息的技术。1993 年，莱卡公司成功地开发了一种动态确定整周未知数的方法，并研制出了相应软件，能够在接收机运动过程中确定整周未知数或实现动态初始化，从而实现了精密实时动态相对定位（RTK）。该技术的问世，拓展了 GPS 的应用空间，使 GPS 不仅可以应用于控制测量领域，还可以广泛应用于工程测量领域。

其原理是：将 1 台接收机置于基准站上，另 1 台或几台接收机置于流动站上，基准站和流动站同时接收相同的 GPS 卫星信号，基准站将获得的观测值与已知位置信息进行比较，得到 GPS 差分改正值。然后将这个改正值及时通过数据链（无线电台）或无线网络传递给流动站，流动站经实时进行整周模糊度、坐标转换等数据处理，得到经差分改正后的流动站较准确的实时位置。

在 RTK 作业模式下，基准站通过数据链将其观测值和测站坐标信息一起传送给流动站。流动站不仅通过数据链接收来自基准站的数据，还要采集 GPS 观测数据，并在系统内组成差分观测值进行实时处理，同时给出厘米级定位结果，历时不足 1s。流动站可处于静止状态，也可处于运动状态；可在固定点上先进行初始化后再进入动态作业，也可在动态条件下直接开机，并在动态环境下完成整周模糊度的搜索求解。在整周未知数解固定后，即可进行每个历元的实时处理，只要能保持 4 颗以上卫星相位观测值的跟踪和必要的几何图形，流动站可随时给出厘米级定位结果（图 7.5.1）。

RTK 技术的关键在于数据处理技术和数据传输技术，RTK 定位时要求基准站接收机实时地把观测数据（伪距观测值，相位观测值）及已知数据传输给流动站接收机，数据量比较大，一般都要求 9600 的波特率，这在无线电上不难实现。

随着科学技术的不断发展，RTK 技术已由传统的 1＋1 或 1＋2 发展到了广域差分系统 WADGPS。有些城市建立起网络 CORS（continuously operating reference system）系统，这就大大提高了 RTK 的测量范围，同时在数据传输方面也有了长足的进展，由原先的电台传输发展到现在的 GPRS 和 GSM 网络传输，大大提高了数据的传输效率和范围。

2．RTK 系统的组成

（1）按照软硬件来划分。如图 7.5.2 所示，RTK 系统主要由 GPS 接收机、数据传输系统和 RTK 测量的软件系统三部分组成。RTK 除具有 GPS 测量的优点外，还具有观测时间短、能实现坐标实时解算的优点，因此工作效率高，其采用快速静态测量模式，在 15km 范围内，定位精度可达 1～2cm。

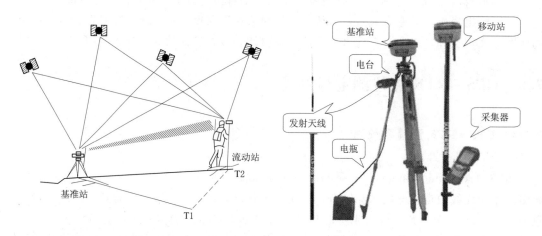

图 7.5.1　RTK 测量示意图　　　　图 7.5.2　南方测绘公司 S86 双频 RTK GPS 接收机

1）GPS 接收机。GPS－RTK 测量系统中至少应包含两台 GPS 接收机，其中一台安置于基准站上，另一台或若干台分别安置于不同的用户流动站上。基准站应设在测区内较高，且观测条件良好的已知点上。在作业中，基准站的接收机应连续跟踪全部可见 GPS 卫星，并将观测数据传输系统实时地发送给用户站。GPS 接收机可以是单频或双频，当系统中包含多个用户接收机时，基准站上的接收机多采用双频接收机，采样本应与流动站接收机采样本相同。

2）数据传输系统。基准站同用户流动站之间的联系是靠数据传输系统（简称数据链）来实现的。主要包括数据传输设备（如基准站的发射电台、流动站的接收电台），或者是网络运营商（如中国移动）的无线通信网络。数据传输设备是完成实时动态测量的关键设备之一，由调制解调器和无线电台组成。在基准站上，利用调制解调器将有关数据进行编码调制，然后由无线电发射台发射出去；在用户站上利用无线电接收机将其接收下来，再由调制解调器将数据还原，并送给用户流动站上的 GPS 接收机。

3）GPS-RTK 测量的软件系统。软件系统的功能和质量，对于保障实时动态测量的可行性、测量结果的可靠性及精度具有决定性意义。实时动态测量软件系统应具备的基本功能为：①整周未知数的快速解算；②根据相对定位原理，实时解算用户站在 WGS-84 坐标系中的三维坐标；③根据已知转换参数，进行坐标系统的转换；④求解坐标系之间的转换参数；⑤解算结果的质量分析与评价；⑥作业模式（静态、准动态、动态等）的选择与转换；⑦测量结果的显示与绘图。

（2）按仪器架设位置划分。按仪器架设位置划分主要由基准站和流动站两部分组成。其工作流程如图 7.3.4 所示。

GPS-RTK 系统基准站由基准站 GPS 接收机及卫星接收天线、无线电数据链电台及发射天线、直流电源等组成。根据数据链的不同，可选择使用外挂电台模式、内置电台（UHF）模式、内置网络（GSM）模式等基准站，如若使用 GSM 模式，需要在主机上插入开通网络的手机 SIM 卡。

基准站的作用是求出 GPS 实时相位差分改正值，然后将改正值及时地通过数据电台传递给流动站以精化其 GPS 观测值，得到经差分改正后流动站较准确的实时位置。GPS-RTK 作业能否顺利进行，关键的问题是无线电数据链的稳定性和作用距离是否满足要求。它和无线电数据链电台本身的性能、发射天线的类型、参考站的选址、设备的架设、环境无线电的干扰情况等有直接的关系。

流动站由一台 GPS 接收机、一台接收电台和一台控制器（如电子手簿）组成，可选择使用外挂电台模式、内置电台（UHF）模式、内置网络（GSM）等模式。流动站主要根据实时接收到的卫星数据和基准站观测数据，实时解算两点之间的基线，并根据参数计算显示用户站相应坐标系的三维坐标及其精度。

3. 网络 RTK 测量系统

网络 RTK 技术就是利用连续运行参考站系统 CORS 各个参考站原始观测信息，以 CORS 网络体系结构为基础，建立精确的差分信息解算模型，解算出高精度的差分改正信息，然后通过无线网络将差分改正信息发送给用户的测量技术。网络 RTK 技术集 Internet 技术、无线通信技术、计算机网络管理技术和 GNSS 定位技术于一体，是 CORS 网络服务系统和核心支持技术的解决方案。

网络 RTK 在一定区域内建立多个参考站，对该地区构成网状覆盖，并进行连续跟踪观测，通过这些站点组成卫星定位观测值的网络解算，获取覆盖该地区和该时间段的 RTK 改正参数，用于该区域内 RTK 测量用户进行实时 RTK 改正的定位方式。与常规 RTK 相比，多基准站 RTK 的优势有以下几点：①扩大了移动站与基准站的作业距离，且完全保证定位精度；②对于长基线 GPS 网络，用户无须架设自己的基准站，费用大幅度降低；③改进了 OTF 初始化时间，提高了作业效率；④提高了定位的可靠性，确保了定位质量；⑤可以进行实时定位，又可以进行事后差分处理；⑥应用范围更广泛，可以满足各种控制测量、水运工程测量、疏浚定位、施工放样定位、变形观测、工程监控、船舶导航、生态环保以及城市测量与城市规划等。

目前应用于网络 RTK 数据处理的方法有：虚拟 RTK 基准站法（virtual reference station，VRS）、偏导数法、线性内插法和条件平差法等，其中 VRS 是多基准站 RTK 中一种较好的方法，技术最为成熟。

（1）网络 RTK 系统工作原理。如果在某一大区域内，均匀布设若干个（3 个以上）连续运行的 GPS 基准站，构成一个基准站网，就可以借鉴广域差分 GPS 和具有多个基准站的局域差分 GPS 中的基本原理和方法，经过有效的组合，移动站会将其概略坐标播发给控制中心；然后控制中心搜集周围基准站的数据进行网平差，算出移动站的虚拟观测值，再将这些观测值播发给移动站，从而实时算出移动站的精密坐标。

（2）网络 RTK 系统组成。CORS 网络 RTK 主要由控制中心、固定参考站、数据通信部分和用户部分组成。

1）控制中心是整个系统的核心，既是通信控制中心，也是数据处理中心。它通过通信线（光缆、ISDN、电话线等）与所有的固定参考站通信，通过无线网络（GSM、CDMA、GPRS 等）与移动站用户通信。由计算机实时系统控制整个控制中心。

2）固定参考站是固定的 CNSS 接收系统，分布在整个网络中，一个 CORS 网络可以包含无数个固定参考站，但最少需要 3 个固定参考站，站间距可达 70km。固定参考站与控制中心之间用通信线连接，其观测数据实时传送到控制中心。

3）数据通信部分包括固定参考站到控制中心的通信及控制中心到移动用户的通信。

4）用户部分是移动用户的接收机，加上无线通信的调制解调器及相关的设备。

（3）网络 RTK 数据流程及 VRS 技术。网络 RTK 系统由基准站网、数据处理中心和数据通信线路组成，如图 7.5.3 所示。基准站上应配置双频全波长 GPS 接收机，该接收机能同时提供精确的双频伪距观测值。基准站按规定的采样频率进行连续观测，并通过数据链实时将观测资料传送给数据处理中心，其通信方式可采用数字数据网 DON 或其他方式。而流动站可以采用数字移动电话网络，如 GSM、CDMA、COPD 或 GPRS 等方式向控制中心传送标准的 NAME 位置信息，告知它的概位。控制中心接收到其信息后重新计算所有 GPS 观测数据，并内插到与流动站相匹配的位置。数据处理中心根据流动站送来的近似坐标来判断该站位于哪 3 个基准站所组成的区域内，然后根据这 3 个基准站的观测资料求出该流动站处所受到的系统误差，再向流动站发送改正过的 RTCM 信息，流动站根据接收到的 RTCM 信息，结合自身 GPS 观测值，组成双差相位观测值，快速确定整周模糊度参数和位置信息，

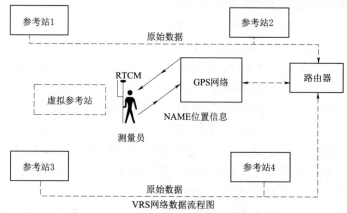

图 7.5.3　多基准站 RTK 系统组成及数据流程流程示意图

完成实时定位。流动站可以处于 VRS 网络中任何一点，这样流动站的 RTK 接收机的定位系统误差就能减少或削弱，提高了定位的准确度、可靠度。这是一种为一个虚拟的、没有实际架设基准站建立原始基准数据的技术，故称为"虚拟基准站（VRS）"。

VRS 的优点是：用户不需要购置与设置基准站，也不需要进行数据处理，只需增加一个数据接收设备（流动站 GNSS 接收机），降低了成本，且接收机的兼容性比较好；控制中心应用整个网络的信息来计算电离层和对流层的复杂模型，成果的可靠性和定位精度在有效覆盖范围内大致均匀，与离开最近参考站的距离没有明显的相关性。

VRS 技术要求双向数据通信，流动站既要接收数据，也要发送自己的定位结果和状态，每个流动站和控利中心交换的数据都是唯一的，这对系统数据处理控制中心的数据处理能力和数据传输能力有很高的要求。

（4）网络 RTK 技术操作。网络 RTK 操作，只需将一张手机 SIM 卡插入主机，类似前面介绍的 RTK 移动站的设置一样，将其设置为"移动站"模式，再将数据链选项设置为"GPRS 网络"，并向城市或单位 CORS 控制中心申请一个 IP 地址即可进行测量与放样。

网络 RTK 技术的发展与应用代表了 GPS 发展未来的方向。由于多基准站 RTK 技术的先进性，它一经问世便受到了世界各国的广泛关注。德国、瑞士、日本等一些国家已建成或正在建设。由中国兵器工业集团公司和阿里巴巴集团各占 50％股权成立的"千寻位置"网络有限公司的网络 RTK 技术已经步入厘米级乃至毫米级的高精度位置定位，标志着北斗卫星导航系统的应用迈出了重要步伐。

7.5.2　GPS RTK 坐标数据采集

1. 基准站和流动站模式

下面以南方 S86 为例进行操作说明。

（1）基准站和流动站的安置。

1）安置基准站应遵循的原则：基准站要尽量选在地势高、视野开阔的地带；要远离高压输电线路、微波塔及其他微波辐射源，其距离不小于 200m；要远离树林、水域等大面积反射物；要避开高大建筑物及人员密集地带。

2）安置基准站的方法：基准站可以安置在已知控制点上，也可以任意设站，安置在未知点上。将脚架安置于控制点上（或未知点上），安装基座，再将基准站主机装上连接器置于基座之上，对中整平；安置发射天线和电台，建议使用对中杆支架，将连接好的天线尽量升高，再在合适的地方安放发射电台，连接好主机、电台和蓄电池；检查连接无误后，打开电池开关，再打开电台和主机开关，并进行相关设置。

3）安置流动站的方法：连接碳纤对中杆、移动站主机和接收天线，完毕后主机开机；安装 PSION 手簿，将托架连接在对中杆上，在托架上固定数据采集手簿；打开手簿进行蓝牙连接，连接完毕后即可进行仪器设置操作。

4）安置基准站时的注意事项：安置脚架要保证稳定，风天作业时要用其他物体固定脚架，避免被大风刮倒。电源线及连接电缆要完好无损，以免影响信号发射与接收。电瓶要时常检测电解液、电量，发现电量不足或电解液不足要及时充电或填充电解液。开机后要随时观察主机及电台信号灯状态，从而判断主机与电台工作是否正常。基准站要留人看管，以便及时发现基准站工作状态及避免基准站被他人破坏或丢失。安置基准站时要检查箱内所有附件的数量及位置，工作结束后要"归位"，避免影响以后工作。

（2）基准站和流动站的设置。

1）基准站设置。安置好基准站，开机，界面显示如图7.5.4（a）所示，选择基准站模式，进入基准站模式设置显示如图7.5.4（b）所示，选择修改进入参数设置接口，可分别选择差分格式、发射间隔、记录数据的设置。设置完参数后返回，选择"开始"，则进入模块设置界面如图7.5.4（c）所示，设置为电台模式如图7.5.4（d）所示。

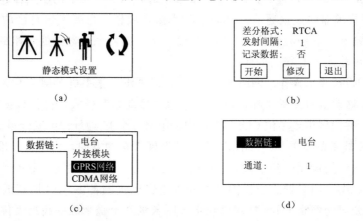

图 7.5.4 基准站与流动站设置

2）流动站设置。开机，界面显示如图7.5.4（a）所示，选择移动站模式，其余与基准站模式设置方法相同。

3）流动站手簿设置。手簿端口设置主要完成手簿和主机的通信设置。在手簿中，选择"配置"进行端口配置，如图7.5.5（a）所示。点击"搜索"，手簿会对附近的蓝牙进行搜索，搜索完毕后，在显示框中点击自己的主机机身号，然后点"连接"，进行手簿和流动站的蓝牙通信连接。

图 7.5.5 流动站手簿设置

　　连接完成后，状态栏有数据，测量视窗左下角的时间开始走动，说明蓝牙已经连通，此时 GPS 主机上的蓝牙灯也会变亮，如图 7.5.5（b）所示。

　　（3）测站校正。测站校正的目的是将 GPS 所获得的 WGS-84 坐标转换至工程所需要的当地坐标。

　　1）新建工程。一般以工程名称或日期命名，如图 7.5.6 所示，单击新建工程，出现新建作业的界面，新建作业的方式有向导和套用两种。输入新建的工程名保存在作业路径中，如图 7.5.7 所示，然后单击"确定"。

图 7.5.6　新建工程

图 7.5.7　作业名称

　　2）坐标系建立及投影参数设置。系统可供选择的坐标系有北京 54 坐标系、国家 80 坐标系、2000 国家坐标系、WGS-84 坐标系和自定义坐标系等，如图 7.5.8 所示。如果选择的是常用的标准椭球系，例如北京 54 坐标系，椭球系的参数已经按标准设置好并且不可更改。如果选择用户自定义，则需要用户输入自定义椭球系的长轴和扁率定义椭球。输入设置参数后单击"确定"，表明已经建立工程完毕，如图 7.5.9 所示。

图 7.5.8　参数设置

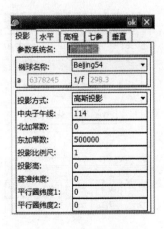

图 7.5.9　椭球参数

3）求转换参数。转换参数主要有四参数、七参数和高程拟合参数，通常采用四参数。

四参数是同一个椭球内不同坐标系之间进行转换的参数。参与计算的控制点原则上要用两个或两个以上的公共点，控制点等级的高低和分布直接决定了四参数的控制范围。经验上四参数理想的控制范围一般都在 5～7km 以内。四参数通常利用两个已知点来求转换参数，要有两点的 GPS 原始记录坐标和测量施工坐标。在工程之星软件中四参数的计算有两种方式，一种是利用"工具/参数计算/计算四参数"来计算，另一种是用"控制点坐标库"计算。

下面以实地测量时求转换参数的做法为例进行说明。

先将已知点坐标输入到移动站手簿中，各项连接正常，设置坐标系后，将移动再置于一个已知点上，在"控制点坐标库"下面点击"增加"弹出如图 7.5.10 所示界面，右上角按钮可选择已知点，输入已知点后点击"确定"，弹出如图 7.5.11 所示界面，获取大地坐标，选择读取当前坐标完成第一点的设站；将移动在置于下一个已知点上，同样的方法完成第二点的设置，所有的控制点都输入以后察看确定无误后，单击"保存"，保存的参数文件为扩展名 ∗.cot，然后启用四参数，弹出如图 7.5.12 所示界面，点击 YES，显示计算结果，如图 7.5.13 界面。

图 7.5.10 新增已知点坐标

图 7.5.11 获取大地点坐标

图 7.5.12 四参数计算

图 7.5.13 四参数计算结果

也可以将已知点的大地坐标采集后，按照参数计算→计算四参数→增加→输入转换前和转换后坐标（两个公共点）→计算→保存→启用四参数的步骤完成设置，在基准站不动的情况下，参数可以和其他移动站共享，也可以长期使用。

为了保证校正的正确，完成后还要在一已知点上进行检验，合格后方可进行测量。

（4）数据采集。当校正完成后就可以进行数据采集：选择测量→点测量→输入点名、属性、天线高→确定保存。工程之星软件提供了快捷方式，测量点时按"A"键，显示测量点信息，输入点名及天线高，按手簿上回车键"Enter"保存数据。

RTK 差分解有以下几种形式：

单点解：表示没有进行差分解，无差分信号。

浮点解：表示整周模糊度还没有固定，点精度较低。

固定解：表示固定了整周模糊度，精度较高。

在数据采集时只有达到固定解状态时方可保存数据。

2. 网络 RTK 测量模式

网络在 RTK 的应用中会越来越广，特别是随着 CORS 系统的推广，使测量变得越来越轻松。网络用的最广的当属单基站和多基站 VRS 系统，它免去了每天都要求参数的麻烦，移动站的作用距离也更加广泛，使得测量更加精确，更加快捷。

连接网络之前需要对主机模块进行设置。以后再用网络，如果使用的是同样的基站系统，则不需要再进行设置，直接开机，把移动站设成移动站网络模式即可。设置好后主机会自动连接上网络。

（1）网络设置。网络设置的方法有很多，电脑和手簿都可以对主机进行设置，电脑上设置主要用到的软件有灵锐助手和模块设置工具（模块升级压缩包里自带），手簿上设置主要用到的工具有工程之星和网络设置工具。最常用也是最方便的是用工程之星来进行设置。

1）打开工程之星，连接主机，将主机调到移动站网络模式。

配置→网络设置，进入图 7.5.14 所示的网络设置界面，点击"编辑"或"增加"按钮，进入图 7.5.15 所示界面，进行网络参数设置。

图 7.5.14 网络设置　　　　　图 7.5.15 网络参数设置

2）点击"从模块读取"功能，读取模块上存储的网络信息，此网络信息为 CORS 系统提供的参数，读取成功后，会将信息填写到输入栏，以供检查和修改，如图 7.5.16 所示。

3）依次输入相应的网络配置信息，APN 没有特殊的说明，平常用到的都是 cmnet，有些网络系统用到另外的上网方式（专卡专用），此时需要修改，接入点不需要输入。

对于 NTRIP - VRS 模式，一组账号和密码只能供任意的 1 台机子来使用，不能同时使用于 2 台或是 2 台以上的机子。输完后，点击"获取接入点"，显示如图 7.5.17 所示对话框。

4）进入获取源列表界面，工程之星会对主机模块进行输入信息的设置，并登录服务器，获取到所有的接入点。

5）最后在网络配置界面下，接入点后面的下拉框中选择需要的接入点，点击"确定"会将该配置配置到主机的模块中，返回到网络配置界面，设置完成。

（2）网络连接。在网络设置初始页面（图 7.5.14）点击"连接"，进入网络连接界面，显示如图 7.5.18 所示界面。

  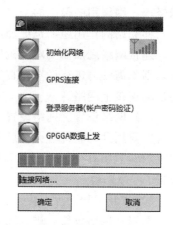

图 7.5.16　网络参数输入　　　图 7.5.17　获取接入点　　　图 7.5.18　网络连接

主机会根据程序步骤一步一步地进行拨号链接，接下来的对话分别会显示链接的进度和当前进行步骤的文字说明（账号密码错误或是卡欠费等错误信息都可以在此处显示出来）。链接成功，上发 GGA 之后点击"确定"，进入到工程之星初始界面。

设置成功后将会接收到差分信息，当状态达到固定解时，即可进行测量的其他操作。

7.6　GPS 测量误差来源对定位精度的影响

GPS 测量是通过地面接收设备接收卫星传送来的信息，计算同一时刻地面接收设备到多颗卫星之间的伪距离，采用空间距离后方交会方法，来确定地面点的三维坐标。因此，GPS 卫星、卫星信号传播过程和地面接收设备都会对 GPS 测量产生误差。影响测量精度的主要误差来源有与 GPS 卫星有关的误差、与信号传播有关的误差、与接收机设备有关的误差、与几何图形强度有关的误差。

1. 与GPS卫星有关的误差

（1）卫星星历误差。在进行GPS定位时，计算在某时刻GPS卫星位置所需的卫星轨道参数是通过各种类型的星历提供的，但不论采用哪种类型的星历，所计算出的卫星位置都会与其真实位置有所差异，这就是星历误差。在相对定位中，随着基线长度的增加，卫星星历误差将成为影响定位精度的主要因素。在GPS精密定位中可采用精密星历的方法来减小这种误差对定位结果的影响。

（2）卫星钟差。在GPS测量中，要求卫星钟与接收机钟保持严格同步。实际上，尽管GPS卫星均设有高精度的原子钟，但它们与GPS标准时间之间仍存在一定误差，即卫星钟差。卫星钟差可用钟差模型改正，经改正后的残差，在相对定位中可以通过观测量求差的方法消除。

（3）卫星信号发射天线相位中心偏差。卫星信号发射天线相位中心偏差是GPS卫星上信号发射天线的标称相位中心与其真实相位中心不重合所产生的误差。

（4）相对论效应。由于卫星钟和接收机钟所处的状态不同而引起的卫星钟和接收机钟之间产生相对钟误差的现象。卫星钟在高20200km的轨道上运行时，其频率与地面接收机钟相比，将发生频率偏移，这在精密定位中不可忽略。

2. 与信号传播有关的误差

（1）电离层延迟。电离层即地球上空大气圈的上层，距离地面高度在$50\sim1000$km之间的大气层。GPS信号通过电离层时，信号的传播路径将发生变化（电离层折射），传播速度也发生变化。在GPS定位中通常采用的措施有：

1）利用双频机进行观测，利用不同频率的观测值组合来对电离层的延迟进行改正。

2）采用相对定位方法，测站同步求差，这种方法对于短基线的效果尤为明显。

3）对于单频机一般采用导航电文中提供的电离层延迟模型加以改正，但该模型最多可消除75%的影响。

（2）对流层延迟。对流层即高度在50km以下的大气底层。由于离地面更近，其大气密度比电离层更大，大气状态变化也更复杂。对流层折射与大气压力、温度和湿度有关，其影响可分为干分量和湿分量两部分。干分量主要与大气的温度和压力有关，而湿分量主要与信号传播路径上的大气湿度和高度有关。在GPS定位中通常采用的措施主要有：

1）采用对流层延迟模型加以改正。

2）采用相对定位方法，测站同步求差。这一方法在精密相对定位中被广泛应用，不过随着同步观测站之间距离的增大，大气状况相关性减弱。当距离大于$50\sim100$km时，对流层折射的影响就成为制约GPS定位精度提高的重要因素。

（3）多路径效应。接收机天线除直接收到卫星信号外，还可能接收到天线周围地物反射的卫星信号，如图7.6.1所示，多种信号叠加就会引起测量参考点（相位中心）位置的变化，这种由于多路径的信号传播所引起的干涉时延效应，称为多路

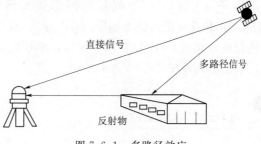

图7.6.1 多路径效应

径效应。通常采用的措施有：①选设点位时应避开较大的反射物，如远离大面积水域、玻璃建筑物、汽车等；②选择多路径、屏蔽性良好的特殊天线。

3. 接收机设备有关的误差

（1）接收机钟差。GPS 接收机钟的钟面时与 GPS 标准时之间的差值。减弱接收机钟差比较有效的方法是：将每个时刻的接收机钟差当作一个独立的未知数，在数据处理中与测站的位置参数一并求解。伪距单点定位就是根据这一原理进行的。此外还可以通过在卫星间求一次差来减弱接收机钟差的影响。

（2）接收机天线相位中心偏差。在 GPS 测量中，观测值都是以接收机天线的相位中心位置为准的，所以天线的相位中心应该与其几何中心保持一致。但实际上天线的相位中心位置随信号输入的强度和方向不同会发生变化，使其偏离几何中心。这种偏差因天线性能的好坏可达数毫米甚至数厘米。在相对定位中，若使用同一类型天线，在相距不远的多个测站同步观测同一组卫星，可以通过观测值求差的方法来减弱相位中心偏移的影响，不过此时各测站的天线均应按天线附有的方位标志进行定向，根据仪器说明书的要求，罗盘指向磁北极，其定向偏差应在 3° 以内。

4. 与几何图形强度有关的误差

前面所述与 GPS 卫星、传播路径、接收机设备有关的各种误差，其对 GPS 定位的综合影响可用一个精度指标来表示，这就是等效距离误差。等效距离误差也就是各项误差投影到测站至卫星方向上的具体数值，如果认为各项误差之间相互独立，就可以求出总的等效距离误差，并用 σ_0 表示。σ_0 可以作为 GPS 定位时衡量观测精度的客观标准。

GPS 定位的精度除取决于等效距离误差 σ_0 外，还取决于空间后方交会的几何图形强度。即 GPS 星座与测站所构成的几何图形不同，即使相同精度的观测值所求得的点位精度也不相同。为此需要研究卫星星座几何图形与定位精度的关系。通常用图形强度因子 DOP（Dilution of Precision）来表示几何图形强度，其定义为

$$m_x = \mathrm{DOP}\sigma_0 \tag{7.6.1}$$

式中　　m_x ——某定位元素的标准差；

σ_0 ——等效距离的标准差；

DOP ——图形强度因子，可见 DOP 是一个直接影响定位精度但又独立于观测值和其他误差之外的一个量，其值恒大于 1，最大值可达 10，其大小随时间和测站位置的变化而变化，在 GPS 测量中，希望 DOP 值越小越好。

实际工作中，图形强度因子 DOP 又分为平面位置图形强度因子（HDOP）、高程图形强度因子（VDOP）、空间位置图形强度因子（PDOP）、接收机钟差图形强度因子（TDOP）和几何图形强度因子（GDOP）。其中 PDOP 值使用最广泛，《全球定位系统城市测量技术规程》（CJJ/T 73—2010）中规定，二等至二级的 GPS 静态、快速静态定位，PDOP 值必须小于 6。

？思考题与练习题

1. 用文字配合公式和图形说明 GPS 定位的基本原理，并简述 GPS 卫星定位系统的组

成及各部分的作用。

2. 卫星星历包括什么信息? 它的作用是什么?

3. 什么叫伪距? 什么叫码相位观测和载波相位观测?

4. 测定地面一点在 WGS-84 坐标系中的坐标时, GPS 接收机为什么要接至少 4 颗工作卫星的信号?

5. GPS 由哪些部分组成? 各部分的功能和作用是什么?

6. 载波相位相对定位的单差法和双差法分别可以消除什么误差?

7. 什么叫绝对定位? 什么叫相对定位? 什么叫 GPS 差分定位?

8. GPS 测量技术相对于常规测量技术有什么特点?

9. 简述 RTK 工作原理。

10. 简述 RTK 测量的技术特点。

11. GPS 内业数据处理应做哪几项工作?

12. 请结合身边的生活及科技应用, 描述 GPS 定位技术的应用前景。

第 8 章

大比例尺地形图测绘与应用

学习目标

本章学习大比例尺地形图测绘和地形图应用的相关知识。通过学习，了解地形、地物符号的分类和地形图的分幅与编号；熟悉地形图的基本知识、大比例尺地形图的测绘方法和基于南方 CASS 成图软件的数字测图基本知识；熟悉利用地形图绘制断面图、确定汇水面积、估算土石方量等工程应用；掌握地形图比例尺、比例尺精度、等高线、等高距、等高线平距、等高线分类及等高线的特性等基本概念，掌握用全站仪和 RTK 完成数字测图外业数据采集及内业图形处理的基本技能。

8.1 地形图基本知识

地形图是地图的一种，地图按内容可分为普通地图和专题地图。普通地图是综合、全面地反映一定制图区域内的自然要素和社会经济现象一般特征的地图，如中华人民共和国地图；专题地图是以普通地图为基础，着重表示制图区域内某种或某几种自然或社会经济现象的地图，如中国土壤分布图。

普通地图分为普通地理图和地形图。普通地理图简称地理图，它反映制图区域内的水系、土壤、地貌、居民点、交通网等内容，反映这些地理要素的总体特征及分布规律；地形图指的是地表起伏形态和地理位置、形状在水平面上的投影图。

8.1.1 地形图及其分类

地面上天然形成或人工构筑的各种固定物体称为地物，如河流、湖泊、房屋、道路、桥梁和农田、森林等；地面高低起伏的自然形态称为地貌，如高山、丘陵、平原、洼地等。地物和地貌总称为地形。地形图是指按一定的比例尺，用规定的符号表示地物、地貌平面位置和高程的正射投影图，具体来讲，是将地面上的地物和地貌按水平投影的方法（沿铅垂线方向投影到水平面上），并按一定的比例尺缩绘到图纸上，同时按要求标注测点高程，绘制等高线。地形图按比例尺可分为：

大比例尺地形图：1∶500～1∶5000 比例尺地形图；

中比例尺地形图：1∶1 万～1∶10 万比例尺地形图；

小比例尺地形图：1∶10 万～1∶100 万比例尺地形图。

我国基本比例尺地形图包括 1∶500、1∶1000、1∶2000、1∶5000、1∶1 万、1∶2.5 万、1∶5 万、1∶10 万、1∶25 万、1∶50 万和 1∶100 万等 11 种。基本地形图是经济建设、国防建设和文教科研的重要图件，又是编绘各种地理图的基础资料，其测绘精度、成图数量和速度等是衡量国家测绘技术水平的重要标志。

8.1.2　地形图比例尺

地形图的比例尺指的是该地形图上任意一段长度与实地上相应线段的水平长度之比。例如，实地测出的水平距离为 1000m，画到图上的长度为 1m，那么这张图的比例尺为 1：1000，也称 1/1000 的图。地形图的比例尺一般用 1：M 表示。

1. 比例尺种类

目前我国使用的比例尺表示方法主要有两种：

（1）数字比例尺。数字比例尺一般用分子为 1 的分数形式表示，依比例尺的定义有

$$\frac{l}{L} = \frac{1}{\frac{L}{l}} = \frac{1}{M} \tag{8.1.1}$$

式中：M 称比例尺分母，表示图上的单位长 l 代表实地平距 L 的 M 个单位长。例如，某地形图上 2cm 的长度是实地平距 100m 缩小的结果，则该图的比例尺是

$$\frac{2cm}{100m} = \frac{2cm}{10000cm} = \frac{1}{5000}$$

比例尺 1/5000 表示图上 1cm 代表实地平距 5000cm（即 50m）。按照地形图图式规定，比例尺以 20K 宋体进行注记，标注在外图廓正下方 9mm 处。

（2）图示比例尺。为了用图方便，以及减弱由于图纸伸缩而引起的变形误差，在绘制地形图时，常在图上绘制图示比例尺，如图 8.1.1 所示，比例尺的基本单位为 2cm，将左端的一段基本单位又分成十等分，每等分的长度相当于实地 1m，每一基本单位所代表的实地长度为 10m。

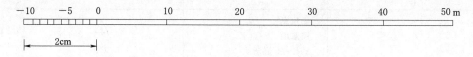

图 8.1.1　图示比例尺

2. 比例尺的精度

一般正常视力的人肉眼分辨的最小距离是 0.1mm。因此，实际水平距离按比例尺缩绘到图上时不宜小于 0.1mm。在测量工作中称相当于图上 0.1mm 的实地水平距离为比例尺的精度。

比例尺精度的概念，对测图和用图有着重要的指导意义。首先，根据比例尺精度可以确定在测图时距离测量应准确到什么程度。例如在按 1：2000 的比例尺测图时，比例尺精度为 0.2m，故实地量距只需取到 0.2m。其次，当设计规定需要在图上能量出的实地最短长度时，可根据比例尺精度确定合理的测图比例尺。例如某项工程建设，要求在图上能反映地面上 10cm 的精度，则所选图的比例尺就不能小于 1：1000。图的比例尺越大，测绘工作量会成倍地增加，因此应该按城市规划和工程建设、施工的实际需要合理选择图的比例尺。

大比例尺地形图的比例尺精度见表 8.1.1。

表 8.1.1 比 例 尺 的 精 度

比例尺	1:500	1:1000	1:2000	1:5000
比例尺精度	0.05m	0.1m	0.2m	0.5m

8.1.3 地形图的内容

地形图内容丰富，主要由数学要素、地理要素和辅助要素构成。

1. 数学要素

数学要素主要包括地图投影、坐标系统、高程系统、比例尺和定向等，这些内容在前面章节里都有介绍。

2. 地理要素

地理要素是地形图图廓以内的主体地理信息，主要通过地物、地貌和注记体现，地物在地形图上一般用地物符号表示，地貌在地形图上一般用等高线表示。

（1）地物符号。实地的地物和地貌是用各种符号表示在图上的，这些符号总称为地形图图式。地形图图式是由自然资源部国土测绘司统一制定，它是测绘和使用地形图的重要依据。按照地物特性分成测量控制点、居民地及附属设施、交通及附属设施、管线及附属设施、水系及附属设施、境界、地貌和土质、植被等八大类，以便查询使用。表 8.1.2 为国家标准《国家基本比例尺地图图式 第 1 部分：1:500，1:1000，1:2000 地形图图式》（GB/T 20257.1—2017）中的部分地形图图式符号。

表 8.1.2 《1:500，1:1000，1:2000 地形图图式》部分地形图图式符号

类别	说　明	图　例	图　例
1.控制点	测量控制点是测制地形图和工程测量的主要依据，在图上必须精确表示。图上各测量控制点符号的几何中心，表示地面上控制点标志的中心位置。高程注记表示实地标志顶的高程。点名和高程以分式表示，分子为点名或点号，分母为高程，一般注在符号的右方。水准点和经水准联测（或代水准联测）的三角点、小三角程一般注至 0.001m，用三角高程测定的高程一般注至 0.01m	三角点 凤凰山——点名 394.468 高程	3.0　△ 凤凰山 / 394.468
		导线点 a——土堆上的 I16，I23——等级、点号 84.46，94.40——高程 2.4——比高导线点	2.0 ⊙ I16 / 84.46 a 2.4 ⊙ I23 / 94.40
		埋石图根点 a——土堆上的 12，16——点号 275.46，175.64——高程 2.5——比高	2.0 ⊡ 12 / 275.46 a 2.5 ⊡ 16 / 175.64
		水准点 Ⅱ京 16——等级、点名、点号 32.804——高程	2.0 ⊗ Ⅱ京石5 / 32.804
		GPS 控制点 B14——等级、点号 495.267——高程	◬ B14 / 495.267 3.0

续表

类别	说　明	图　例	图　例
2. 水 系	水系是江、河、湖、海、井、泉、水库、池塘、沟渠等自然和人工水体及连通体系的总称。 　　岸线是水面与陆地的交界线，又称水涯线。河流、湖泊和水库的岸线，航测成图一般按摄影时的水位测定，实地测图一般按测图时的水位测定。高水位岸线系常年雨季的高水面与陆地的交界线，又称高水界。高水界与水涯线之间有岸滩，用相应的岸滩符号表示。运河、沟渠应根据实地上沟边间的距离确定图上的表示。图上宽度小于0.5mm用单线表示。有固定流向的江、河、运河、水渠应表示流向。通航河段应表示流速，图上每隔15cm标注一次。池塘的水涯线沿上边缘表示。用以人工养鱼或繁殖鱼苗的需加注"（鱼）"字。单色表示时，池塘水域部分加注"塘"字	地面河流 a——岸线 b——高水位岸线 清江——河流名称	
		岸滩 a——沙泥滩 b——沙砾滩 c——沙滩 d——泥滩	
		沟渠 a——往复流向 b——单向流向	
		涵洞 a——依比例尺的 b——半依比例尺的	
		水井、机井 a——依比例尺的 b——不依比例尺的 51.2——井口高程 5.2——井口至水面深度 咸——水质	
		池塘	

类别	说　　　明	图　　例	图　　　　例
3. 居 民 地 及 设 施	居民地及设施主要包括居民建筑、工矿构筑等及其附属设施。 　　单幢房屋是指在外形结构上自成一体的各种类型的独立房屋。应按真实方向逐个表示，并加注房屋结构简注及层数。1∶2000 地形图上不注房屋结构简注，只注房屋层数；根据需要也可表示突出房屋。 　　矿井井口是指地下开采矿物的坑道的出入口。井口大于符号尺寸的，符号外轮廓依比例尺表示。通风井应加箭头，入风口其箭头向下，出风口其箭头向上。开采的矿井应加注相应的产品名称。 　　露天开采矿物及挖掘沙、石、黏土等的场地（包括乱掘地）。有明显坎、坡的用陡坎或斜坡符号表示，无明显坎、坡的用地类界表示其范围，并加注开采品种说明。特别零乱的乱掘地用地类界表示范围，其中适当表示陡坎符号。图上面积较大的可表示等高线。有专有名称的采掘场应加注名称。 　　水塔是提供供水水压的塔形建筑物。依比例尺表示的用实线表示轮廓，其内配置符号。 　　起重机是工矿区、车站、码头等具有轨道的或固定的起重设备。轨道及两端柱架按实际位置表示，中间柱架一般不表示，吊车符号配置在轨道中央。 　　用土或砖、石砌成的起封闭阻隔作用的墙体。在图上宽度大于 0.6mm 时用比例尺符号表示；小于 0.6mm 时，用不依比例尺符号表示，其符号的黑块一般朝向院内，围墙与街道边线重合或间距在图上小于0.3mm 时，只表示围墙符号。 　　垣栅符号上的短线一般向里表示。垣栅与街道边线重合时，只表示垣栅符号	单幢房屋 a——一般房屋 b——有地下室的房屋 c——突出房屋 d——简易房屋 混、钢——房屋结构 1，3，28——房屋层数 2——地下房屋层数	
		架空房 3，4——楼层 1——空层层数	
		矿井井口 a₁——竖井井口 a₂——斜井井口 a₃——平洞洞口	
		露天采掘场、乱掘地 石、土——矿物品种	
		水塔 a——依比例尺的 b——不依比例尺的	
		起重机 a——固定的 b——有轨道的	
		台阶	
		栅栏、栏杆	
		铁丝网、电网	

按照地物的大小和描绘的方法，地物符号可分为依比例符号、不依比例符号和半依比例符号。

1) 依比例符号。地物的形状、大小和位置能按比例尺缩绘在图上，可表达地物的轮廓特征，内部一般有符号、文字和颜色填充，一般用实线或点线描绘轮廓。这类符号称为依比例符号或面状符号。

2) 不依比例符号。有的地物（如控制点、消火栓、阀门、钻孔等）轮廓较小，无法按比例尺缩绘在图上，但又必须在图上表示出来，则采用规定的符号在该地物的定位位置上表示，这类符号称为不依比例符号，又称点状符号。

点状符号在绘制时要注意：无专门说明的点符号，均以顶端向北、垂直于南图廓线绘制。具有走向性的符号，如井口、窑洞等按其真实方向表示，符号只能表示地物在图上的中心位置，不能表示其形状和大小。符号的中心与该地物实地中心的位置关系，随各种不同的地物而异，测图和用图时应注意：①规则的几何图形符号，如圆形、正方形、三角形等，几何中心点为地物中心在图上的位置；②底部为直角的符号，如独立树、加油站、路标等，符号的直角顶点即为地物中心在图上的位置；③底宽符号，如烟囱、水塔、岗亭等，符号底部中心即为地物中心在图上的位置；④下方无底线符号，如山洞、窑洞、平洞口等，符号下方两端点连线的中心即为地物中心在图上的位置；⑤数种图形组合符号，如消火栓、路灯、盐井等，符号下方图形的几何中心即为地物中心在图上的位置；⑥其他符号，如矿井、桥梁、涵洞等，符号中心即为实地地物中心在图上的位置。

3) 半依比例符号。一些呈线状延伸的地物，如公路、铁路、通信线、管道等，长度可按比例尺缩绘，而宽度不能按比例尺缩绘，这类符号称为半依比例符号或线状符号。符号的中心线一般表示其地物的中心线，只能表示地物的长度不能表示其宽度。

（2）地貌符号——等高线。地貌形态多种多样，一个测区按其起伏变化状况可划分为四种地形类型：地面倾斜角在 2°以下，相对高度小于 20m，地势起伏小，称为平地；倾斜角在 2°～6°，相对高度不高于 150m，称为丘陵地；倾斜角在 6°～25°，相对高度高于 150m，称为山地；绝大部分地面倾斜角在 25°以上，地势陡峻，称为高山地。

地貌是地形图上要表示的重要信息之一。图 8.1.2 (a) 为某地的山地地貌，形态虽然较为复杂，但仍可归纳为几种基本形态：山顶（山头）、山脊、谷地、鞍部、盆地（洼地）、阶地、陡坡、悬崖等。地面隆起高于四周地面的高地称为山丘，其最高点称为山头；四周高而中间低洼、形如盆状的低地称为洼地或盆地；由山顶向下延伸的山坡上隆起凸棱称为山脊，山脊上的最高棱线称为山脊线，因山脊上的雨水会以山脊线为分界线而流向山脊的两侧，所以山脊线又称为分水线；两山坡之间的凹部称为山谷，山谷中最低点的连线称为山谷线，在山谷中的雨水由两侧山坡汇集到谷底，然后沿山谷线流出，因此山谷线又称为集水线。山脊线、山谷线和山脚线统称地性线。

地面倾角在 45°～70°的山坡叫陡坡，70°以上近于垂直的山坡称为绝壁，上部凸出、下部凹入的绝壁称为悬崖，相邻两个山头之间的最低处形状如马鞍状的地形称为鞍部（又称垭口），它的位置是两个山脊线和两个山谷线交会之处。

在图上表示地貌的方法有多种，大、中比例尺地形图主要用等高线法，对于特殊地貌采用规定符号表示。图 8.1.2 (b) 为图 8.1.2 (a) 用等高线表示的地貌形态。

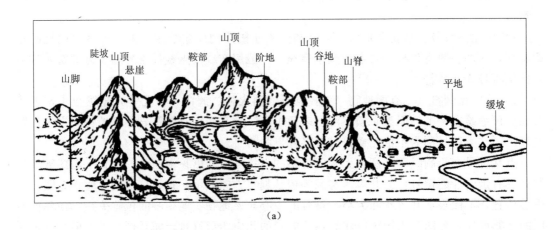

（a）

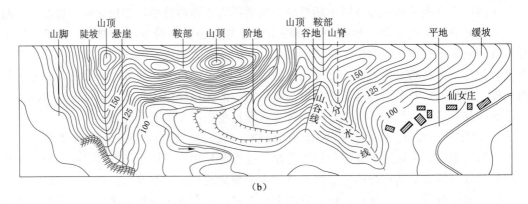

（b）

图 8.1.2 综合地貌及其等高线

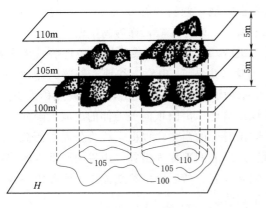

图 8.1.3 等高线表示地貌的原理

1）等高线。地面上高程相等的各相邻点连接而成的闭合曲线，称为等高线。如图 8.1.3 所示，设有一座位于平静湖水中的小山丘，山顶被湖水淹没时的水面高程为 115m。然后水位每间隔 5m 下降一次，露出山头，每次水面与山坡就有一条交线，形成一组闭合曲线，各曲线客观地反映了交线的形状、大小和相邻点相等的高程。将各曲线沿铅垂线方向投影到水平面 H 上，并按规定的比例尺缩绘到图纸上，即得到用等高线表示该山丘地貌的110m、105m、100m 等高线。

2）等高距与等高线平距。相邻等高线之间的高差称为等高距，常以 h 表示。图8.1.3 中的等高距为 5m。在同一幅地形图上，等高距 h 是相同的。相邻等高线之间的水平距离称为等高线平距，常以 d 表示。显然，h 与 d 的比值即为沿平距方向的地面坡度

i（一般以百分率表示），向上为正、向下为负，例如 $i=+5\%$、$i=-2\%$。因为同一幅地形图内等高距 h 为定值，h 与 d 成反比，d 越小 i 就越大，说明地面陡峻，等高线密集；反之地面平缓，等高线稀疏。对某一比例尺地形图，选择的 h 越小 d 就越小，等高线密集，显示的地貌越逼真，测绘的工作量越大；反之 h 越大 d 就越大，等高线稀疏，显示的地貌越粗略，测绘的工作量越小。但是，当 h 过小时，图上的等高线过于密集，将会影响图面的清晰醒目。因此，可以根据不同的用图要求、地面坡度大小和地形复杂程度参照表8.1.3合理选择 h。

表 8.1.3　　　　　　　　　　　　　　地形图基本等高距　　　　　　　　　　　　　单位：m

比例尺 ＼ 地形	平地	丘陵地	山地	高山地
1：500	0.5	0.5	0.5、1.0	1.0
1：1000	0.5	0.5、1.0	1.0	1.0、2.0
1：2000	0.5、1.0	1.0	2.0	2.0
1：5000	1.0	1.2	2.5	5.0
1：1万	2.0	2.0	5.0	5.0

3）等高线的分类。为了能恰当而完整地显示地貌的细部特征，又能保证地形图清晰，便于识读和用图，地形图上主要采用以下几种等高线。

首曲线：在地形图上，按规定的基本等高距 h 描绘的等高线称为首曲线，也称基本等高线，首曲线的高程为基本等高距 h 的整数倍，用宽度为 0.15mm 的细实线表示。如图 8.1.4 所示 98m、102m、104m、106m、108m 的等高线。

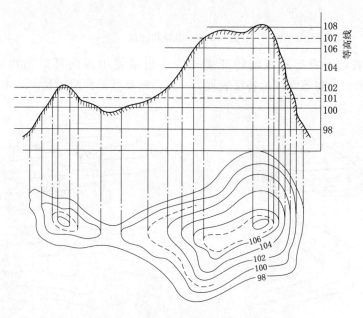

图 8.1.4　等高线的表示性质与种类（单位：m）

计曲线：从高程起算面（0m）起算，每隔4条首曲线加粗的一条等高线称为计曲线或加粗等高线。为了便于阅图，计曲线上要注记其高程，该高程能被 5 倍 h 整除。计曲线宽度为 0.3mm。如图 8.1.4 所示 100m 的等高线。

间曲线：当首曲线不能很好地表示地貌特征时，按 $h/2$ 描绘的等高线称为间曲线，在图上用长虚线表示。如图 8.1.4 所示高程为 101m、107m 的等高线。

助曲线：有时为显示局部地貌变化，按 1/4 基本等高距描绘的等高线，称为助曲线，一般用短虚线表示。间曲线和助曲线可不闭合（局部描绘）。

4）基本地貌的等高线。山丘和洼地：山丘的等高线特征如图 8.1.5（a）所示，洼地的等高线特征如图 8.1.5（b）所示。山丘与洼地的等高线都是一组闭合曲线，但它们的高程注记不同。内圈等高线的高程注记大于外圈者为山丘；反之，小于外圈者为洼地。也可以用示坡线表示山丘或洼地。示坡线是垂直于等高线的短线，用以指示坡度下降的方向。

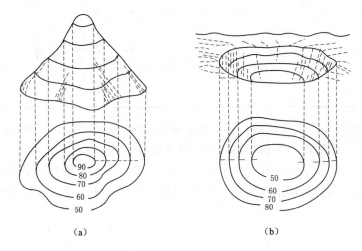

图 8.1.5　山丘和洼地

山脊和山谷：山脊等高线的特征表现为一组沿着山顶向低处凸出的曲线，如图 8.1.6（a）所示。山谷等高线的特征表现为一组凸向高处的曲线，如图 8.1.6（b）所示。

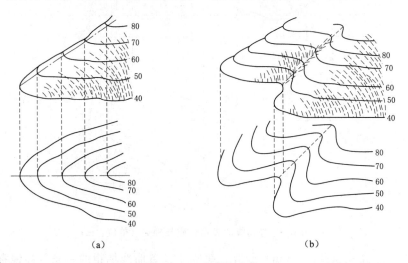

图 8.1.6　山脊和山谷

鞍部：鞍部是两个山脊的会合处，呈马鞍形的地方，是山脊上一个特殊的部位。鞍部往往是山区道路通过的地方，有重要的方位作用。鞍部的中心位于分水线的最低位置上，如图 8.1.7 所示 S 位置。鞍部有两对同高程的等高线，即一对高于鞍部的山脊等高线，另一对低于鞍部的山谷等高线，这两对等高线近似地对称。

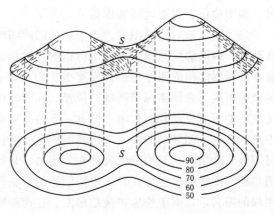

图 8.1.7　鞍部

绝壁和悬崖：绝壁和悬崖都是由于地壳产生断裂运动而形成的，绝壁 70° 以上陡峭，等高线非常密集，因此在地形图上要用特殊符号来表示。悬崖近乎直立所以也用符号表示，有的悬崖下部凹进，上部凸出，上部等高线投影到水平面时，与下部的等高线重叠相交，下部凹进的等高线用虚线表示。

5）等高线的特性。根据等高线的原理，可归纳出等高线的特性如下：

在同一条等高线上各点的高程都相等。 因为等高线是水平面与地表面的交线，而在同一个水平面的高程是一样的，所以等高线的这个特性是显然的。但是不能得出结论说：凡高程相等的点一定位于同一条等高线上。如当同一水平截面横截两个山头时，会得出同样高程的两条等高线。

等高线是闭合曲线。 一个无限伸展的水平面与地表的交线必然是闭合的。所以某一高程的等高线必然是一条闭合曲线。但在测绘地形图时，应注意到：①由于图幅的范围限制，图廓线截断等高线而不一定在图面内闭合；②为使图面清晰易读，等高线应在遇到房屋、公路等地物符号及其注记时断开；③由于间曲线与助曲线仅应用于局部地区，故可在不需要表示的地方中断。

除了陡崖和悬崖处之外，等高线既不会重合，也不会相交。 由于不同高程的水平面不会相交或重合，它们与地表的交线当然也不会相交或重合。但是一些特殊地貌，如陡壁、陡坎、悬崖的等高线就会重叠在一起，这些地貌必须加绘相应地貌符号表示。

等高线与山脊线和山谷线成正交。 山脊等高线应凸向低处，山谷等高线应凸向高处。

等高线平距的大小与地面坡度大小成反比。 在同一等高距的情况下，地面坡度越小，等高线的平距越大，等高线越疏；反之，地面坡度越大，等高线的平距越小，等高线越密。

（3）地物注记。对地物加以说明的文字、数字或特有符号，称为地物注记。地物注记用于进一步表明地物的特征和种类，如城镇、学校、河流、道路的名称，桥梁的长、宽及载重量，江河的流向、流速及深度，道路的去向、路面材料，森林、果树的类别等，都应以文字或特定符号加以说明。

3．辅助要素

辅助要素是一组为方便阅读和使用地图而附加的具有一定参考意义的说明性文字和工具性资料，常包括外图廓、图名、接图表、图例、坡度尺、三北方向、图解和文字比例尺、编图单位、编图时间和依据等。

（1）矩形地形图的图廓。矩形地形图的图廓一般用于大比例尺地形图，有内、外图廓线两种。内图廓线是指地图的坐标格网线，也是地图幅面的边界线，常见的地图都在内图廓和外图廓之间的四个边角处注有坐标值，并在内图廓线内侧，每隔 10cm 绘有 5mm 长的坐标短线，表示坐标格网线的位置。在图幅内每隔 10cm 绘有十字线，标记坐标格网交叉点。外图廓仅起装饰作用。图 8.1.8 为 1∶2000 比例尺地形图图廓示例，北图廓正上方中央为图名、图号。图名通常选择图内重要居民地的名称来命名，没有居民地的地形图也可用重要的山峰、湖泊等的名称作为图名。地形图的左上方为图幅接合表，用来说明本幅图与相邻图幅的位置关系，正中间阴影的方格代表本地图位置，周围的方格分别注明相邻图幅的图名，以便于快速拼接地形图。在南图廓的左下方注记测图日期、测图方法、平面和高程系统、等高距及地形图图式的版别等。在南图廓下方中央注有比例尺，在南图廓右下方写明作业人员姓名，在西图廓下方注明测图单位全称。

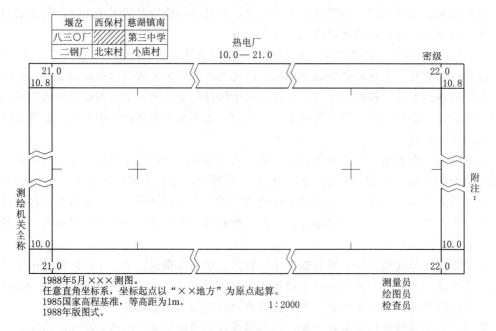

图 8.1.8 地形图图廓示例

（2）梯形分幅地形图的图廓。以经纬线进行分幅的地形图图幅呈梯形，地图上绘有经纬线网和方里网。

在不同比例尺的梯形分幅地形图上，图廓的形式有所不同。1∶1 万～1∶10 万地形图的图廓，由内图廓、外图廓和分度带组成。内图廓是经线和纬线围成的梯形，也是该图幅的边界线。

北图廓上方正中为图名、图号，左边为图幅接合表。东图廓外上方绘有图例。在西图廓下方注明测图单位全称。南图廓下方中央注有数字比例尺，此外，还绘有坡度尺、三北方向图、直线比例尺以及测绘日期、测图方法、平面和高程系统、等高距和地形图图式的版别等。利用三北方向线的关系图可对图上任一方向的坐标方位角、真方位角和磁方位角进行换算。利用坡度尺可在地形图上量测地面坡度（百分比值）和倾角。

8.2 地形图的分幅与编号

为便于测绘、印刷、保管、检索和使用，所有的地形图均须按规定的大小进行统一分幅、编号。地形图的分幅方法有两种，按经纬线分幅的梯形分幅法和按坐标格网线分幅的矩形分幅法。

8.2.1 梯形分幅与编号

梯形分幅法是按国际统一规定的经差和纬差划分而成的梯形图幅，又称国际分幅法。我国 1：5000～1：50 万七种比例尺地形图是以 1：100 万地图为基础分幅和编号的。

1. 1：100 万比例尺图的分幅与编号

按国际规定，1：100 万的世界地图实行统一的分幅和编号。即自东经 180°开始起算，自西向东按经差 6°分成 60 纵列，各列依次用 1、2、…、60 表示纵列号；赤道向北或向南分别按纬差 4°分成 22 横行，各行依次用 A、B、…、V 表示。每一梯形格为一幅 1：100 万的地图。其编号由其所在的"行列"的编号组成。为了区分北南半球，在行号前冠以 N 和 S（我国地处北半球，图号前的 N 全部省略）。由于随纬度的增高地图面积迅速缩小，规定在 60°～76°之间双幅合并，即按经差 12°、纬差 4°分幅；在 76°～88°之间四幅合并，经差为 24°，纬差为 4°；88°以上单独为一幅。1：100 万比例尺地形图的分幅与编号即按此方法进行。我国处于 60°以下，不存在合幅问题。例如北京某地的经度为东经 116°24′29″，纬度为北纬 39°56′30″，则其所在的 1：100 万比例尺图的图号为 J50，如图 8.2.1 所示。

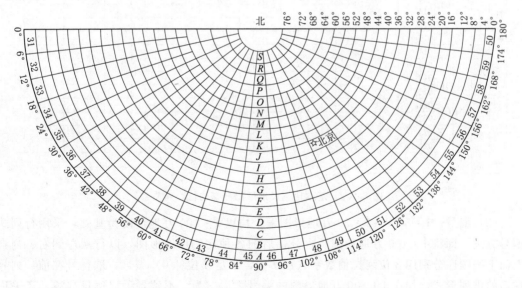

图 8.2.1 1：100 万比例尺地形图梯形分幅和编号

2. 1∶5000～1∶50 万国家基本比例尺地形图分幅与编号

我国 1992 年颁布的《国家基本比例尺地形图分幅和编号》（GB/T 13989—1992）国家标准，该标准自 1993 年 3 月起实行。新测和更新的基本比例尺地形图，均须照此标准进行分幅和编号。

（1）分幅。以 1∶100 万地形图为基础，一幅 1∶100 万地形图，按表 8.2.1 所列经差与纬差，分成 1∶5000～1∶50 万等 7 种比例尺地形图，不同比例尺地形图的经纬差、行列数和图幅成简单的倍数关系，如图 8.2.2 所示。

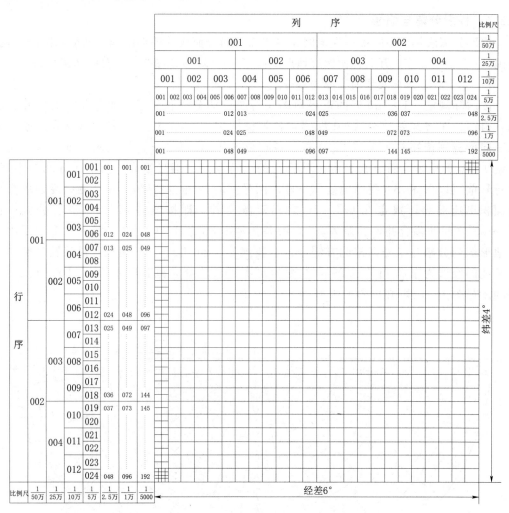

图 8.2.2　基本比例尺地形图分幅的行、列关系

（2）编号。1∶5000～1∶50 万地形图编号均以 1∶100 万地形图为基础，采用行列式编号方法。即将 1∶100 万地形图所含分幅后的各种比例尺地形图，以行从左到右、列自上而下按顺序分别用 3 位阿拉伯数字（数字码，不足 3 位补 0）编号，取行号在前、列号在后的排列形式，加在 1∶100 万地形图的编号之后。为了不致各种比例尺混淆，还采用不同的英文字符作为不同比例尺的代码，见表 8.2.1。

表 8.2.1 地形图分幅与编号基本信息

比例尺	图幅大小		比例尺	1:100 万图幅包含该比例尺地形图的图幅数（行数×列数）	某地图图号
	经差	纬差	代号		
1:500000	3°	2°	B	2×2=4 幅	K51 B 002002
1:250000	1°30′	1°	C	4×4=16 幅	K51 C 004004
1:100000	30′	20′	D	12×12=144 幅	K51 D 012010
1:50000	15′	10′	E	24×24=576 幅	K51 E 020020
1:25000	7.5′	5′	F	48×48=2304 幅	K51 F 047039
1:10000	3′45″	2′30″	G	96×96=9216 幅	K51 G 094079
1:5000	1′52.5″	1′15″	H	192×192=36864 幅	K51 H 187157

各种比例尺地形图现行图幅编号均由 10 位代码构成（图 8.2.3），即 1:100 万地形图行号（字符码，第 1 位）、列号（数字码，第 2、3 位），比例尺代码（字符码，第 4 位），该幅图的行号（数字码，第 5~7 位）、列号（数字码，第 8~10 位），如图 8.2.3 所示。

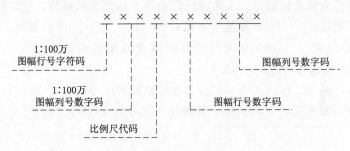

图 8.2.3 1:50 万~1:5000 地形图图号的构成

图 8.2.4 所示为 1:25 万地形图的编号，晕线所示图幅编号为 J50C003003。

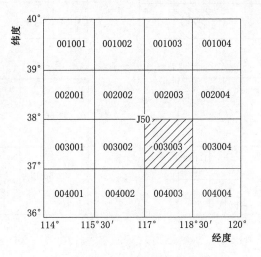

图 8.2.4 1:25 万地形图编号

8.2.2 矩形分幅与编号

1. 矩形分幅

大比例尺地形图的图幅通常采用矩形分幅，图幅的图廓线为平行于坐标轴的直角坐标格网线，以整千米（或百米）坐标进行分幅，图幅大小可分成 40cm×40cm、40cm×50cm 或 50cm×50cm，见表 8.2.2。

表 8.2.2　　　　　　　　　　　　　矩形分幅的图幅大小

比例尺	50×40 分幅		50×50 分幅		
	图幅大小/ （cm×cm）	实地面积/ km²	图幅大小/ （cm×cm）	实地面积/ km²	一幅 1：5000 图内幅数
1：5000	50×40	5	50×50	4	1
1：2000	50×40	0.8	50×50	1	4
1：1000	50×40	0.2	50×50	0.25	16
1：500	50×40	0.05	50×50	0.0625	64

2. 矩形分幅图的编号

矩形分幅图的编号有以下几种方式：

(1) 按图廓西南角坐标编号。采用图廓西南角坐标公里数编号，x 坐标在前 y 坐标在后，中间用短线连接。1：5000 取至千米数；1：2000、1：1000 取至 0.1km；1：500 取至 0.01km。例如某幅 1：1000 比例尺地形图西南角图廓点的坐标 $x=83.500$m，$y=15.500$m，则该图幅编号为 83.5 - 15.5。

(2) 按流水号编号。按测区统一划分的各图幅的顺序号码，从左到右，从上到下，用阿拉伯数字编号。如图 8.2.5 (a) 中，晕线所示图号为 15。

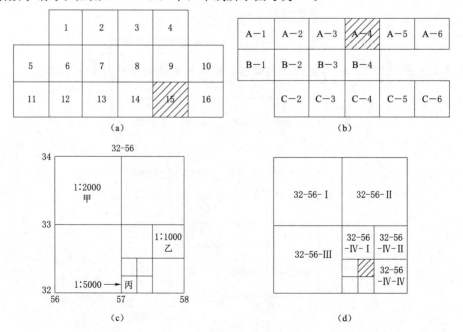

(a)　　　　　　　　　　　　　　(b)

(c)　　　　　　　　　　　　　　(d)

图 8.2.5　矩形分幅与编号

（3）按行列号编号。将测区内图幅按行和列分别单独排出序号，再以图幅所在的行和列序号作为该图幅图号。图 8.2.5（b）中，晕线所示图号为 A-4。

（4）以 1∶5000 比例尺图为基础编号。如果整个测区测绘有几种不同比例尺的地形图，则地形图的编号可以 1∶5000 比例尺地形图为基础。以某 1∶5000 比例尺地形图图幅西南角坐标值编号，如图 8.2.5（c）中 1∶5000 图幅编号为 32-56，此图号就作为该图幅内其他较大比例尺地形图的基本图号，编号见图 8.2.5（d）。图中，晕线所示图号为 32-56-Ⅳ-Ⅲ-Ⅱ。

8.3 数字地形图测绘

控制测量完成后，根据控制点来测定地物特征点（称为地物点）、地貌特征点（称为地形点）的平面位置与高程，然后按测图比例尺将其缩绘在图上，再依据各特征点间的相互关系及实地情况，用适当的线条和规定的图式符号描绘出地物和地貌，形成地形图。这是地形图测绘的实质，也是地形图测绘的技术过程。随着测绘科技飞速进步，以各种数据获取方式为基础的数字化地形图已成为行业主流，传统的纸质地形图测绘方法逐渐淘汰，数字化测绘碎部点等内容请参看大比例尺地形图传统测绘方法拓展阅读。

广义的数字化测图又称为计算机成图，主要包括地面数字测图、地图数字化成图、航测数字测图、计算机地图制图。在实际工作中，大比例尺数字化测图主要指地面数字测图。

8.3.1 数字测图系统

数字测图系统是以计算机为核心，连接测量仪器的输入输出设备，在硬件和软件的支持下，对地形空间数据进行采集、输入、编辑、成图、输出、绘图、管理的测绘系统。数字测图系统主要由数据输入、数据处理和数据输出三部分组成，如图 8.3.1 所示。

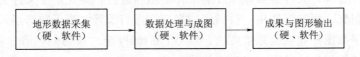

图 8.3.1　数字测图系统

数字测图系统由于硬件配置、工作方式、数据输入方法、输出成果内容的不同，可分为多种系统。按输入方法可分为：原图数字化数字成图系统、航测数字成图系统、野外数字测图系统、综合采样（集）数字测图系统等；按硬件配置可分为：全站仪配合电子手簿测图系统、电子平板测图系统等；按输出成果内容分为：大比例尺数字测图系统、地形地籍测图系统、地下管线测图系统、房地产测量管理系统、城市规划成图管理系统等。不同的时期，不同的应用部门，如水利、物探、石油等科研院校，也研制了众多的自动成图系统。数字测图系统内容丰富，具有多种数据采集方法、多种功能和多种应用范围，能输出多种图形和数据资料。

8.3.2 野外数据采集

大比例尺数字测图野外数据采集一般采用全站仪或 GPS-RTK。目前，小区域范围的数据采集主要采用全站仪测量，在控制点、加密的图根点或测站点上安置全站仪，定向后照准碎部点上放置的棱镜，得到水平角、竖直角和距离等观测值，记录在内存。如果测区开阔，卫星信号良好，也可采用 GPS - RTK 测定碎部点，能更快获取碎部点的坐标和高程。野外数据采集来的碎部点数据通过编码信息可以快速成图。

1. 全站仪数据采集

使用全站仪进行野外数据采集是目前应用较为广泛的一种方法。首先在已知点上安置全站仪，并量取仪器高，开机对全站仪进行参数设置，如温度、气压、使用棱镜常数等，再进行测站和后视的设置，最后进行数据采集。全站仪数据采集的具体工作可分为以下三个阶段：

（1）准备工作。

1）数据采集文件名的选择。

2）已知控制点的录入。

3）仪器参数设置及内存文件整理。

（2）数据采集操作步骤

1）安置仪器。

2）输入数据采集文件名。

3）输入测站数据。

4）输入后视点数据。

5）定向。

6）检查。

7）碎部点测量。

（3）全站仪数据文件管理

文件管理指对全站仪内存中的文件按时或定期进行整理，包括命名、更名、删除及文件保存与使用。管理好文件能够保障外业工作的顺利进行，避免由于文件的丢失和损坏给测量工作带来损失。野外工作中，要做到"当天文件当天管，当天数据当天清"。

全站仪数字测图外业数据采集方法，以 GTS3100N 全站仪为例，请参看拓展阅读。

（4）全站仪数据自动转存为 CASS 格式文件

CASS 软件后缀为"·dat"的坐标数据文件，其文本格式如下：

点名，编码，Y，   X，   H

……

点名，编码，Y，   X，   H

下面为一个包括 8 个已知点的坐标数据文件。

K28+000，395496.066，3843903.701，1000

K28+020，395515.994，3843905.391，1000

K28+040，395535.921，3843907.101，1000

K28+060，395555.848，3843908.811，1000

K28+080，395575.775，3843910.521，1000

K28+090，395585.738，3843911.376，1000

K28+100，395595.701，3843912.231，1000

K28+120，395615.628，3843913.941，1000

当不输入已知点编码时，其后的逗号不能省略。

2. 测记法

野外数据采集除碎部点的坐标数据外，还需要有与绘图有关的其他信息，如碎部点的地形要素名称、碎部点连接线型等，通常用草图、简码记录其绘图信息，然后将测量数据传输到计算机，经过人机交互进行数据、图形处理，最后编辑成图。这种在野外一边用仪器采集点的坐标，一边记录绘图信息的方法称为测记法。根据记录方式的不同，测记法作业可分为草图法或编码法。

(1) 草图法。数字测图野外数据采集碎部点时，需要绘制工作草图，用工作草图记录地形要素名称、碎部点连接关系，然后在室内将碎部点显示在计算机屏幕上，根据工作草图，采用人机交互方式连接碎部点，这种生成图形的方法叫草图法，又称"无码作业"。绘制工作草图是保证数字测图质量的一项措施，它是计算机进行图形编辑修改的依据。

进行数字测图时，如果测区有相近比例尺的地图，则可利用旧图或影像图并适当放大复制，裁成合适的大小（如 A4 幅面）作为工作草图。在这种情况下，作业员可先进行测区调查，对照实地将变化的地物反映在草图上，同时标出控制点的位置，这种工作草图也起到工作计划图的作用。在没有合适的地图可作为工作草图的情况下，应在数据采集时绘制工作草图。工作草图应绘制地物的相关位置、地貌的地性线、点号、丈量距离记录、地理名称和说明注记等。草图可按地物相互关系一块块地绘制，也可按测站绘制，地物密集处可绘制局部放大图。草图上点号标注应清楚准确，并和全站仪记录点号一一对应，如图 8.3.2 所示。草图的绘制要遵循清晰、易读、符号与图式相符、比例尽可能协调的原则。

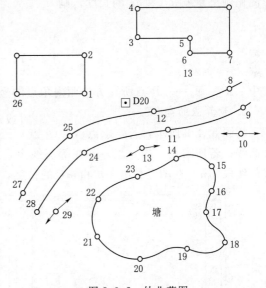

图 8.3.2　外业草图

草图法一般需要三个人为一组，一个观测，一个跑尺，另一个绘制草图。由于该法简单，容易掌握，野外作业速度快，所以大量应用在实际工作中，但是草图法需要人机交互绘制图形，内业工作量大。

(2) 编码法。为了便于计算机识别，碎部点的地形要素名称及碎部点连接线型信息也都用数字代码或英文字母代码来表示，这些代码称为地物编码，又叫图形信息码。编码法就是在野外测量碎部点时，每测一个地物点都要在电子手簿或全站仪上输入地物的编码，这样采集的数据就可以在相应的系统中完成自动绘图，从而大大减少内业编图的工作量。

国家的编码体系完整，但不便于记忆，所以通常情况下，在外业数据采集时，用便于记忆的简码代替，然后在绘图的时候由系统自动替换回来完成绘图，此种工作方式也称"带简编码格式的坐标数据文件自动绘图方式"，简码一般由地物简码和关系码组成。

8.3.3 数字地形图成图方法

数字测图的成图方法是将碎部点的坐标和图形信息输入计算机，在计算机屏幕上显示地物、地貌图形，经人机交互式编辑，生成数字地形图或其他专题地图。

CASS9.0 主界面、地物编绘、地貌绘制、地形图的编辑与注记、数字地形图的图幅、数字地形图的检查验收与质量评定六方面介绍数字地形图成图方法。请参看拓展阅读。

8.4 大比例尺地形图的应用

在国家经济和国防建设中，地形图是各项工程建设勘测、规划、设计、施工和营运各阶段中的重要依据和基础资料，正确应用地形图是工程技术人员必备的基本技能之一。

在建筑工程测量中，通过地形图来分析、研究地形，为建筑设计和施工提供科学的依据。

8.4.1 地形图的基本应用

1. 量算点的坐标

在大比例尺地形图内图廓的四角注有实地坐标值。如图 8.4.1 所示，欲在图上量测 p 点的坐标，可在 p 点所在方格，过 p 点分别作平行于 X 轴和 Y 轴的直线 eg 和 fh，按地形图比例尺量取 af 和 ae 的长度，则

$$\left.\begin{array}{l} X_p = X_a + af \\ Y_p = Y_a + af \end{array}\right\} \qquad (8.4.1)$$

式中 X_a、Y_a——P 点所在方格西南角点的坐标。

2. 量算点的高程

如图 8.4.2 所示，若所求点（如 p 点）正好在等高线上，则其高程等于所在的等高线高程；若所求点（如 k 点）不在等高线上，可通过 k 作一条大致垂直于相邻两条等高线的线段 mn，在图上量出 mn 和 mk 的长度，则 k 点高程为

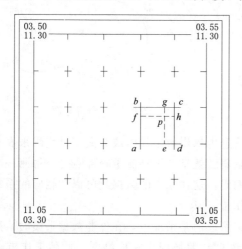

图 8.4.1 地形图上点坐标量测

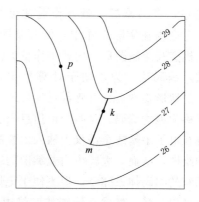

图 8.4.2 高程估算

$$H_k = H_m + \frac{mk}{mn}h \tag{8.4.2}$$

在实际工作中，经常目估 mn 和 mk 的比例来确定 k 点的高程。

3. 量算两点间的距离

分别量算两点的坐标值，然后按坐标反算公式计算两点间的距离和坐标方位角。当量测距离和坐标方位角的精度要求不高时，可以用比例尺和量角器直接在图上量取两点间的距离和坐标方位角。

如图 8.4.3 所示，欲求 A、B 两点间的距离和坐标方位角，必须先用式 (8.4.1) 求出 A、B 两点的坐标，则 A、B 两点水平距离为

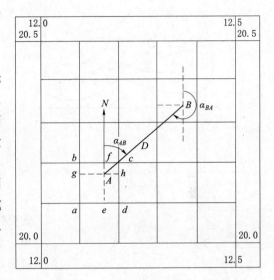

图 8.4.3　两点的距离和坐标方位角

$$D_{AB} = \sqrt{(X_B - X_A)^2 + (Y_B - Y_A)^2} \tag{8.4.3}$$

A、B 两点的象限角为

$$\alpha_{AB} = \arctan\left(\frac{Y_B - Y_A}{X_B - X_A}\right) \tag{8.4.4}$$

然后，根据直线所在的象限反算坐标方位角。

4. 量算两点的坡度

坡度是指直线两端点间高差与其平距之比。坡度一般用百分率（％）或千分率（‰）表示。在地形图上求得相邻两点间的水平距离和高差后，可计算两点间的坡度

$$i = \tan\alpha = \frac{h}{D} = \frac{h}{dM} \tag{8.4.5}$$

式中　i ——坡度；

　　　h ——直线两端点间的高差，m；

　　　D ——该直线的实地水平距离，m；

　　　d ——图上直线的长度；

　　　M ——比例尺分母。

8.4.2　地形图在工程建设中的应用

1. 工程剖面图绘制

在工程设计中，当需要知道某一方向的地面起伏情况时，可按此方向直线与等高线交点的平距与高程，绘制剖面图。

绘制地形图上某处的剖面图，可在地形图如图 8.4.4（a）上沿着绘制剖面的方向绘制直线 MN，记录其与等高线的交点 a，b，c，…，i，并计算其高程。以直线 MN 为横轴，表示 MN 的水平距离，过 M 点作 MN 的垂线为纵轴，表示过直线 MN 上每点的高程值，剖面图如图 8.4.4（b）所示。

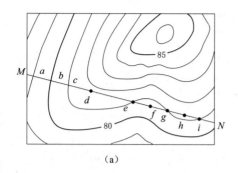
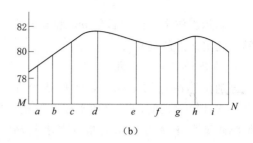

（a）　　　　　　　　　　　　　　（b）

图 8.4.4　剖面图绘制

图 8.4.5　确定汇水面积边界线

2. 区域汇水面积确定

在修筑桥梁、涵洞或修建水坝等工程建设中，需要知道有多大面积的雨水往这个河流或谷地汇集。地面上某区域内雨水注入同一山谷或河流，并通过某一断面（如道路的桥涵），这一区域的面积称为汇水面积，其分界线为山脊线。在地形图上，可用格网法、平行线法测定该面积的大小。如图 8.4.5 所示，通过山谷，在 MN 处要修建水库的水坝，就须确定该处的汇水面积，即由图中分水线（点划线）AB、BC、CD、DE、EF 与 FA 线段所围成的面积，根据该地区的降雨量就可确定流经 MN 处的水流量。区域汇水面积是设计桥梁、涵洞或水坝容量的重要数据。

3. 选择最佳线路

在线路选线时，可以根据地形图选择最佳路线，如建设中经常选取坡度较缓的地区作为选线的参考区域。对于工程建设而言，少占耕地、避开地质灾害危险区、减少施工预算都是决定最佳线路的因素，因此，需要依据地形图进行建设准备期的规划。在道路、管道等工程设计时，要求在不超过某一限制坡度条件下，选定最短线路或等坡度线路。此时，可根据下式求出地形图上相邻两条等高线之间满足限制坡度要求的最小平距

$$d_{\min} = \frac{h_0}{iM} \tag{8.4.6}$$

式中　　h_0——等高线的等高距；

　　　　i——设计限制坡度；

　　　　M——比例尺分母。

如图 8.4.6 所示，按地形图的比例尺，用两脚规截取相应于 $d_{\min}$ 的长度，然后在地形图上以 A 点为圆心，以此长度为半径，交 54m 等高线得到 a 点，再以 a 点为圆心，交 55m 等高线得到 b；依此进行，直到 B 点。然后将相邻点连接，便得到符和限制坡度要求的路线。同法可在地形图上沿另一方向定出第二条路线 A—a′—b′—…—B 作为比较

方案。

利用图纸实现面积与体积计算请参看拓展阅读。

8.4.3 方格网法在平整场地中的应用

根据地形图来量算平整土地区域的填挖土石方，方格法是常用的方法之一。首先在平整土地的范围内按一定间隔（一般为5～20m）绘出方格网，量算方格点的地面高程，注在相应方格点的右上方。为使挖方与填方大致平衡，可取各方格点高程的平均值作为设计高程。然后将施工标高注在地面高程的下面，负号表示挖土，正号表示填土。最后在图上按设计高程确定填挖边界线，根据方格四个角点的施工标高符号，计算各方格的填挖方量。

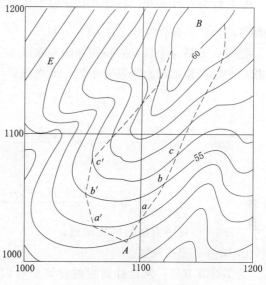

图 8.4.6 选择等坡度线路

1. 将地面平整成为水平面

图 8.4.7 为一块待平整的场地，其比例尺为 1：1000，等高距为 1m，要求在划定的范围内将其平整为某一设计高程的平地，以满足填、挖平衡的要求。计算土方量的步骤如下：

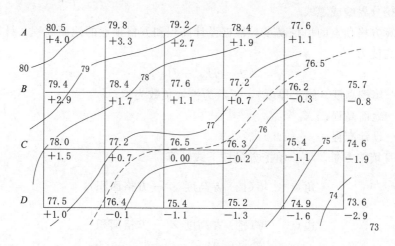

图 8.4.7 水平场地方格网法估算土石方量

（1）绘制方格网并求方格角点高程。在拟平整的范围打上方格，方格大小可根据地形复杂程度、比例尺的大小和土方估算精度要求而定，边长一般为10m或20m，然后根据等高线内插方格角点的地面高程，并注记在方格角点右上方。本例取边长为10m的格网。

（2）计算设计高程。设计高程是整平场地的高程，当场地要求土方平衡时，方格点高程的平均值作为设计高程。即 $H_设 = \bar{H}$ 。

把每一方格 4 个顶点的高程加起来除以 4，得到每一个方格的平均高程，再把每一个方格的平均高程加起来除以方格数，即得到设计高程。

$$H_1 = \frac{H_{A1} + H_{A2} + H_{B1} + H_{B2}}{4}$$

$$H_2 = \frac{H_{A2} + H_{A3} + H_{B2} + H_{B3}}{4}$$

$$\vdots$$

则

$$\bar{H} = \frac{H_1 + H_2 + \cdots + H_n}{n} = \frac{1}{n}\sum_{i-1}^{n} H_i$$

式中　H_i——每一方格的平均高程；

　　　　n——交点总数。

为了计算方便，从设计高程的计算中可以分析出角点 $A1$、$A5$、$B6$、$D1$、$D6$ 的高程在计算中只用过一次，边点 $A2$、$A3$、$C1$、…的高程在计算中使用过二次，拐点 $B5$ 的高程在计算中使用过三次，中点 $B2$、$B3$、$C2$、$C3$、…的高程在计算中使用过四次，这样设计高程的计算公式可以写成

$$\bar{H} = \frac{\sum H_角 \times 1 + \sum H_边 \times 2 + \sum H_拐 \times 3 + \sum H_中 \times 4}{4N} \tag{8.4.7}$$

式中　N——方格总数。

本例用上式计算出的设计高程为 76.94m。在图 8.4.7 中用虚线描出 76.94m 的等高线，称为填挖分界线或零线。

（3）计算方格顶点的填挖高度。根据设计高程和方格顶点的地面高程，计算各方格顶点的填、挖高度为

$$h = H_地 - H_设 \tag{8.4.8}$$

式中　h——填挖高度（施工厚度），正数为挖，负数为填；

　　　　$H_地$——地面高程；

　　　　$H_设$——设计高程。

（4）计算填挖方量。填、填挖方量按下式计算

$$\left.\begin{array}{ll} 角点 & 填（挖）方高度 \times \dfrac{1}{4} 方格面积 \\[2mm] 边点 & 填（挖）方高度 \times \dfrac{2}{4} 方格面积 \\[2mm] 拐点 & 填（挖）方高度 \times \dfrac{3}{4} 方格面积 \\[2mm] 中点 & 填（挖）方高度 \times \dfrac{4}{4} 方格面积 \end{array}\right\} \tag{8.4.9}$$

填、挖方量计算一般在表格中进行，可以使用 Excel 计算。本例填、挖方量在 Excel 中的计算如图 8.4.8 所示，A 列为各方格顶点点号；B、C 列为各方格顶点的填挖高度；

D 列为方格顶点的性质；E 列为顶点所代表的面积；F 列为挖方量，其中 F3 单元的计算公式为“＝B3＊E3”，其他单元计算类推；G 列为填方量，其中 G3 单元的计算公式为“＝C3＊E3”，其他单元计算类推；总挖方（F26 单元）和总填方（G26 单元）计算公式分别为“＝SUM（F3：F25）”和“＝SUM（G3：G25）”。

Microsoft Excel － 土石方计算.xls

A1 ＝ 填、挖土石方量计算表

	A	B	C	D	E	F	G
1	填、挖土石方量计算表						
2	点号	挖深/m	填高/m	点的性质	代表面积（m²）	挖方量（m³）	填方量/m³
3	A1	3.54		角	100	354	0
4	A2	2.84		边	200	568	0
5	A3	2.24		边	200	448	0
6	A4	1.44		边	200	288	0
7	A5	0.64		角	100	64	0
8	B1	2.44		边	200	488	0
9	B2	1.24		中	400	496	0
10	B3	0.64		中	400	256	0
11	B4	0.24		中	400	96	0
12	B5		-0.76	拐	300	0	-228
13	B6		-1.26	角	100	0	-126
14	C1	1.04		边	200	208	0
15	C2	0.24		中	400	96	0
16	C3		-0.46	中	400		-184
17	C4		-0.66	中	400	0	-264
18	C5		-1.56	中	400	0	-624
19	C6		-2.36	边	200	0	-472
20	D1	0.54		角	100	54	0
21	D2		-0.56	边	200	0	-112
22	D3		-1.56	边	200	0	-312
23	D4		-1.76	边	200	0	-352
24	D5		-2.06	边	200	0	-412
25	D6		-3.36	角	100	0	-336
26	求和				5600	3416	-3422

图 8.4.8 使用 Excel 计算填挖土石方量

由本例列表计算可知，挖方总量为 3416m³，填方总量为 3422m³，两者基本相等，满足填挖平衡的要求。

2. 将地面平整成为倾斜面

将原地形整理成某一坡度的倾斜面，一般可根据挖、填平衡的原则，绘制出设计倾斜面的等高线。但是，有时要求所设计的倾斜面必须包含某些不能改动的高程点（称设计倾斜面的控制高程点），例如已有道路的中线高程点，永久性或大型建筑物的外墙地坪高程等。如图 8.4.9 所示，设 A，B，C 三点为控制高程点，其地面高程分别为 54.6m，51.3m 和 53.7m。要求将原地形整理成通过 A，B，C 三点的倾斜面，其土方量的计算步骤如下：

（1）确定设计等高线的平距。过 A，B 两点作直线，用比例内插法在 AB 直线上求出高程为 54m，53m，52m 各点的位置，也就是设计等高线应经过 AB 直线上的相应位置，如 d、e、f、g 等点。

（2）确定设计等高线的方向。在 AB 直线上比例内插出一点 k，使其高程等于 C 点的高程 53.7m。过 kC 连一直线，则 kC 方向就是设计等高线的方向。

（3）绘制设计倾斜面的等高线。过 d、e、f、g、… 各点作 kC 的平行线（图中的虚线），即为设计倾斜面的等高线。过设计等高线和原同高程的等高线交点的连线，如图中连接 1，2，3，4，5 等点，就可得到挖、填边界线。图中绘有短线的一侧为填土区，另一

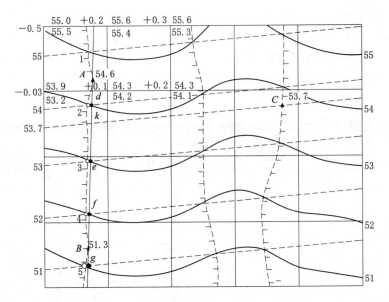

图 8.4.9　倾斜场地方格网法估算土石方量

侧为挖土区。

（4）计算挖、填土方量。与前面的方法相同，首先在图上绘制方格网，并确定各方格顶点的挖深和填高量。不同之处是各方格顶点的设计高程是根据设计等高线内插求得的，并注记在方格顶点的右下方。其填高和挖深量仍注记在各顶点的左上方。挖方量和填方量的计算和整理为水平面的方法相同。

8.4.4　数字地形图基本几何要素量测

数字地形图是以数字形式存储在计算机存储介质上的地形图，获取数字地形图的方法有地面数字测图、数字摄影测图和地形图数字化。数字地形图首先是能方便地获取各种地形信息，如量测各点的坐标、任意两点间的距离、直线的方位角、点的高程、两点间的坡度和在图上设计坡度线等纸质地形图所能完成的各种测量工作，且精度高、速度快。其次是可以建立数字地面模型（DTM），快速绘制不同比例尺的等高线地形图、地形立体透视图、地形断面图等。

CASS 软件介绍数字地形图的应用，包括基本几何要素的查询、土方量计算、剖面图的绘制等，请参看拓展阅读。

8.4.5　数字地形图在工程建设中的应用

CASS 软件介绍数字地形图在工程建设中的应用，请参看拓展阅读。

❓ 思考题与练习题

1．名词解释：比例尺，比例尺精度，地物，地貌，图式，等高线，等高距，等高平距，地形图。

2．地物符号的分类都有哪些？各有何特点？

3. 等高距选用的原则是什么？等高距、等高线平距与地面坡度的关系如何？

4. 测图前有哪些准备工作？控制点展绘后，怎样检查其正确性？

5. 等高线分哪几类？在图上怎样表示？等高线有哪些基本特性？

6. 简述经纬仪测绘法在一个测站测绘地形图的工作步骤。

7. 什么是碎部点？如何选择碎部点？

8. 什么是数字测图？简述数字测图系统的组成。

9. 简述使用全站仪实施数据采集的作业步骤。

10. 如何掌握地形图综合取舍的基本原则？

11. 简述测记法测定碎部点的作业过程。

12. 绘图说明极坐标法坐标测算的原理和方法。

13. 绘图说明距离交会法坐标测算的原理和方法。

14. 简述 CASS9.0 等高线的绘制方法。

15. 试用规定的符号，将题图 8.1 地形图中的山头、鞍部、山脊线和山谷线标示出来（山头△、鞍部 O、山脊线—·—·—·、山谷线——————）

题图 8.1 地形图

拓展阅读

 8.3
 8.3.2
 8.3.3
 8.4.2
 8.4.4
 8.4.5

第 9 章

施工测量的基本工作

📖学习目标

本章学习施工测量的基本工作。通过学习，了解测设与测定的区别；熟悉距离和角度的测设方法；掌握极坐标法测设、角度交会法测设、直角坐标法测设等平面点位的测设方法，掌握高程测设和全站仪测设的方法。

9.1 施工测量概述

9.1.1 施工测量的内容和目的

任意一个工程建设项目都必然要经过规划设计阶段、建筑施工阶段和运营管理阶段。在规划设计阶段测量工作的主要任务是测绘大比例尺地形图和其他地形资料；在建筑施工阶段测量工作的主要任务是把设计图纸上的建筑物或构筑物按照其设计的平面位置和高程标定在实地，作为施工的依据，该阶段的测量工作统称为施工测量，这种由设计图纸到现场实地的测量工作称为测设，也称放样。

施工测量在施工过程中占主导地位，贯穿施工过程的始终，从建筑工程项目开工建设到竣工，需要进行的主要测量工作如下。

1. 开工前的测量工作

（1）建立施工测量控制网，施工测量时要在施工场地建立平面控制网和高程控制网，作为建筑物或构筑物定位及细部测设的依据；

（2）施工场地的平整测量及土方计算；

（3）建筑物或构筑物的定位及放线测量，主要包括工程开工前建筑物或构筑物的定位，以及施工过程中的细部定位测量和标高测量、高层建筑物的轴线投测等。

2. 施工过程中的测量工作

（1）构配件和设备安装的定位测量和标高测量；

（2）施工质量的检验测量，主要包括墙、柱的垂直度，地坪的平整度等；

（3）变形观测，主要是对高层建筑物、大型厂房或其他重要建筑物，在施工过程中及竣工后一段时间内进行变形监测和基础沉降观测。

3. 完工后的测量工作

（1）竣工验收时，检查工程质量所需的竣工测量工作，主要包括每道工序施工后工程各部件实际位置和高程的测量与检查。

（2）绘制竣工图时，需要进行的竣工图测量工作，以便于工程的管理、维修和扩建。

9.1.2 施工测量的特点

1. 施工测量精度要求较高

总体来讲，相比地形测量，施工测量的精度要求更高。施工测量为保证建筑物和构筑物位置的准确，以及其内部几何关系的准确，并满足使用、美观、安全等多方面的要求，往往需要较高的测量精度。

2. 施工测量与施工进度密切相关

施工测量直接服务于工程施工，其工作直接影响工程质量及施工进度，施工测量与施工组织计划相协调，必须配合施工进度的要求，在每道工序施工之前都要先进行放样测量。测量人员应了解设计内容、性质及对测量精度的要求，熟悉相关图纸及其尺寸、高程的要求，了解施工的全过程，随时掌握施工现场的变动情况，与设计、施工人员密切联系，使测设精度满足施工的要求，测量速度满足施工进度的要求。

3. 受施工影响较大

施工测量易受干扰。在施工现场，一方面，各种工序交叉作业，运输频繁，且土方填挖较多，地面情况变动较大，再加上各种施工机械的震动，极大地影响了施工控制点的稳定性，甚至会破坏施工控制点；另一方面，施工现场一些材料的堆放可能遮挡测量的视线。因此，各种测量标志、控制点的选点、埋设均应考虑到便于使用、保管和检查，如果标志或控制点在施工中被破坏，应及时恢复，以满足施工测量的需要。

9.1.3 施工测量的原则

1. 施工测量应遵循"从整体到局部，先控制后碎部，从高级到低级"的原则

施工现场建筑物或构筑物种类繁多，且施工时间有先后，为了保证施工能满足设计的要求，施工测量与一般测图工作一样，都要遵循"从整体到局部，先控制后碎部，由高级到低级"的原则。先在施工现场建立统一的施工控制网（平面控制网和高程控制网），然后在此基础上放样建筑物或构筑物的细部位置。

2. 施工测量应遵循"步步要检核的原则"

施工测量精度要求较高，测量责任重大，测设稍有差错就有可能造成严重工程质量事故和重大经济损失，因此施工测量检核工作非常重要，一定要做到"步步要检核"，在上一步工作检核符合要求的情况下才可进行下一步工作。

9.1.4 施工测量的精度要求

施工测量的精度则取决于建筑物或构筑物的大小、用途、性质、材料、施工程序与施工方法等多个因素。不同种类的建筑物和构筑物的测量精度要求不同，同类建筑物和构筑物在不同工作阶段，精度要求也不同。一般情况下，工业建筑的测设精度高于民用建筑，高层建筑的测设精度高于低层建筑，钢结构建筑的测设精度高于钢筋混凝土结构、砖石结构的建筑，桥梁工程的测设精度高于道路工程。按精度要求的高低分为：钢结构、钢筋混凝土结构、毛石混凝土结构、土石方工程。按施工方法分为：预制件装配式的方法较现场浇筑的精度要求高，钢结构用高强度螺栓连接的比用电焊连接的精度要求高。

现在多数建筑工程是以水泥为主要建筑材料。混凝土柱、梁、墙的施工总误差允许为 $10\sim30\mathrm{mm}$。高层建筑物轴线的倾斜度要求为 $1/2000\sim1/1000$。钢结构施工的总误差随施

工方法不同，允许误差在 1～8mm 之间。土石方的施工误差允许达 10cm。

　　施工测量贯穿于施工全过程，测量人员应该尽量为施工人员创造便利的施工条件，并及时提供验收测量的数据，使施工人员及时了解施工误差的大小及其位置，从而有助于改进施工方法，提高施工质量。

9.2　测设的基本工作

　　施工测量是指把图纸上设计好的建（构）筑物位置（包括平面和高程位置）在实地标定出来的工作，即按设计的要求将建（构）筑物各轴线的交点、道路中线、桥墩等点位标定在相应的地面上。这项工作又称为测设或放样。这些待测设的点位是根据控制点或已有建筑物特征点与待测设点之间的角度、距离和高差等几何关系，应用测绘仪器和工具标定出来的。因此，测设已知水平距离、测设已知水平角、测设已知高程是施工测量的基本工作。

9.2.1　测设已知水平距离

　　已知水平距离的测设是从现场地面一个已知点出发，沿给定的已知方向，按已知的水平距离量距，在地面上标定出另一个端点。水平距离的测设方法主要有钢尺测设法、视距测设法和全站仪测设法，在建筑施工测量中钢尺测设法和全站仪测设法较为常用。

　　1. 钢尺测设法

　　（1）一般方法。测设精度要求不高时，可以采用一般方法进行钢尺测设。

　　当已知方向已经用直线标定，且测设的已知水平距离小于钢尺长度时，测设方法较为简单，将钢尺的零端与已知起始点对齐，沿标定的已知方向拉紧、拉直、拉平钢尺，在钢尺上读数等于待测设的已知水平距离的位置定点即可。为了检核定点的准确性，可将钢尺的零端移动一定的距离（一般 10～20cm），用钢尺始端的另一个读数对准起始点，再次测设，如果两个测设点位的相对误差在限差范围内，则选取两次测设点的平均位置作为最终位置。

　　当已知方向已经用直线标定，而待测设的已知水平距离较长，超过了钢尺一个尺段的长度时，则需要沿已知方向分段测设，在各个尺段距离之和等于待测设距离处定点即可。同样为了检核测设点位的准确性，应进行两次测设，如果两次测设点位较差在限差允许范围内，则取两点中点为最终点位。

　　当已知方向没有在现场标定出来，而是在较远处给出的另一定向点时，则需要先进行直线定线，然后再测量距离。定线的方法有多种，如果起点与定向点之间距离较短，可以采用拉细线绳的方法定线；如果起点与定向点之间距离较远，则需要利用经纬仪进行直线定线，定线时将经纬仪安置在起始点上，对中整平后照准定向点，固定照准部，望远镜方向即为直线方向，沿此方向进行距离测量，在距离等于待测设已知水平距离处定点。为了检核点位测设的准确性，也应测设两次，误差小于限差要求时取中点为最终点位。

　　（2）精密方法。一般来讲，当测设精度要求在 1/5000～1/10000 以上即精度要求较高时，应采用精密方法进行测设，此时需要考虑尺长改正、温度改正和倾斜改正，同时需要使用标准拉力来拉钢尺进行测设。

实地测设的距离 D 应为

$$D = D_设 - (\Delta L_d + \Delta L_t + \Delta L_h) \tag{9.2.1}$$

式中　　$D_设$——待测设的已知水平距离；

ΔL_d——尺长改正数，$\Delta L_d = D_设 \dfrac{\Delta L}{l_0}$，$l_0$ 和 ΔL 分别是所用钢尺的名义长度和尺长

改正数；

ΔL_t——温度改正数，$\Delta L_t = \alpha(t - t_0)D_设$，$\alpha = 1.25 \times 10^{-5}$ 为钢尺的线膨胀系数，t

为测设时的温度，t_0 为钢尺的标准温度，一般为 20℃；

ΔL_h——倾斜改正数，$\Delta L_h = -\dfrac{h^2}{2D_设}$，$h$ 为线段两端点的高差。

【例 9.2.1】 设欲测设 AB 的水平距离 $D = 32\text{m}$，使用的钢尺名义长度为 50m，实际长度为 49.994m，钢尺检定时的温度为 20℃，钢尺膨胀系数为 1.25×10^{-5}，以 A、B 两点的高差为 $h = 1.366\text{m}$，实测时温度为 15℃。求放样时在地面上应量出的长度为多少？

解： 要计算实地测设的距离 D，首先应该求出 ΔL_d、ΔL_t、ΔL_h 三项改正数。计算如下：

$$\Delta L_d = D_设 \times \frac{\Delta L}{l_0} = 32 \times \frac{-0.006}{50} = -0.00384$$

$$\Delta L_t = \alpha(t - t_0)D_设 = 1.25 \times 10^{-5} \times 32 \times (15 - 20) = -0.002(\text{m})$$

$$\Delta L_h = -\frac{h^2}{2D_设} = -\frac{1.366^2}{2 \times 32} = -0.02916(\text{m})$$

因此，实地测设距离 D 为

$$D = 32 - (-0.00384 - 0.002 - 0.02916) = 32.035(\text{m})$$

在测设时，可沿 AB 方向用钢尺实量 32.035m，定出 P 点，则此时 AP 之间的距离正好为 32m。

2. 光电测距仪测设

用光电测距仪测设已知水平距离与用钢尺测设方法大致相同。如图 9.2.1 所示，光电测距仪安置于 A 点，反光镜沿已知方向 AB 移动，使仪器显示的距离大致等于待测设距离 D，定出 B' 点，测出 B'

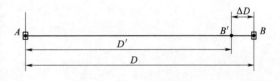

图 9.2.1　光电测距法

点反光镜的竖直角及斜距，计算出水平距离 D'。再计算出 D' 与需要测设的水平距离 D 之间的改正数 $\Delta D = D - D'$。根据 ΔD 的符号在实地沿已知方向用钢尺由 B' 点量 ΔD 定出 B 点，AB 即为测设的水平距离 D。

全站仪瞄准位于 B 点附近的棱镜后，能够直接显示出全站仪与棱镜之间的水平距离 D'，因此，可以通过前后移动棱镜使其水平距离 D' 等于待测设的已知水平距离 D 时，即可定出 B 点。

为了检核，将反光镜安置在 B 点，测量 AB 的水平距离，若不符合要求，则再次改

正，直至在允许范围内为止。

9.2.2　测设已知水平角

测设已知水平角就是根据地面上已有的一个点和从该点出发的一条已知直线方向，在地面上标定出另一条直线方向，使两条直线方向的水平角等于设计的水平角值。水平角测设的仪器主要是经纬仪或全站仪，按照精度要求的不同，测设水平角的方法可以分为一般方法和精密方法。

1. 一般方法

当角度测设精度要求不高时，可以采用一般方法。如图9.2.2所示，假设地面上有已知点 O 和已知方向 OA，要在 O 点测设另一方向线 OB，使得 OA 与 OB 的夹角 $\angle AOB = \alpha$。具体测设方法如下：

（1）在 O 点安置经纬仪，对中并整平。

（2）盘左状态瞄准 A 点，调整水平度盘配置手轮，配置水平度盘读数为：$0°0'0''$，松开水平制动螺旋，旋转照准部，使水平度盘读数为 α，固定照准部，在此视线方向上定出 B_1。

（3）倒转望远镜成盘右状态，用同上的方法，定出 B_2。

（4）取 B_1 和 B_2 连线的中点 B，则 $\angle AOB$ 就是要测设的 α 角，AB 方向线就是要定出的方向。

2. 精密方法

当角度测设精度要求较高时，需要采用精密方法测设水平角，如图9.2.3所示，已知点 O 和已知方向 OA，要在 O 点测设另一方向线 OC，使得 OA 与 OC 的夹角 $\angle AOC = \alpha$。具体测设方法如下：

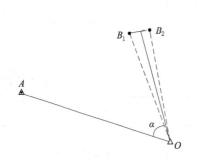

图9.2.2　一般方法测设水平角

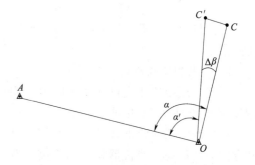

图9.2.3　精密方法测设水平角

（1）先用一般方法按照要测设的已知角度定出 C' 点。

（2）用测回法对 $\angle AOC'$ 进行多个测回的观测（测回数由测设的精度或按相关规范确定）；取各测回的平均值 α'。

（3）计算待测设已知角度与观测角度的差值

$$\Delta\beta = \alpha' - \alpha \tag{9.2.2}$$

（4）概量出 OC 的水平距离 $D_{OC'}$，再结合角差 $\Delta\beta$，由此计算 C' 点的横向改正数

$$\Delta D = CC' = OC'\tan\Delta\beta \approx D_{OC'}\frac{\Delta\beta}{\rho} \qquad (9.2.3)$$

其中 $$\rho = 206265$$

式中　ΔD —— C' 点的横向位移；

　　　$D_{OC'}$ —— OC' 的水平距离；

　　　$\Delta\beta$ —— 初始测设角度与待测设已知角度之差。

（5）过 C' 点作垂直于 OC' 的直线，量取距离 ΔD 得到 C 点（量取方向：$\Delta\beta > 0$，$\angle AOC'$ 向角内侧改正；$\Delta\beta < 0$，$\angle AOC$ 向角外侧改正），此时 $\angle AOC$ 即为要测设的 β 角。

【例 9.2.2】 若待测设的已知水平角为 $\alpha = 68°36'58''$，图中初步测设的水平角 $\angle AOC'$ 即 $\alpha' = 68°36'02''$，OC' 边长 $D_{OC'} = 60\text{m}$，则首先计算角差 $\Delta\beta = \alpha' - \alpha = -56''$，那么 C' 的横向改正数为

$$\Delta D = D_{OC'}\frac{\Delta\beta}{\rho} = 60 \times \frac{-56}{206265} = -0.016(\text{m})$$

因此，从 C' 一点向角外垂直量取 0.016m 即为 C 点。

9.2.3　测设已知高程

高程测设是根据已知高程的水准点将设计的高程在实地标定出来。高程测量在施工测量中较为常见，主要采用水准仪进行高程测设。根据待测设高程与水准仪视线高程之间关系及水准尺的工作长度，可以将高程测设的方法分为视线高法和高程传递法。

1. 视线高法

当待测设高程位置低于水准仪视线高度且在水准尺的工作长度范围内时，常常采用视线高法测设未知高程。如图 9.2.4 所示，已知水准点 A 的高程为 H_A，待测设高程点 P 的设计高程为 H_P，现需在实地测设 P 点的高程，具体测设方法如下：

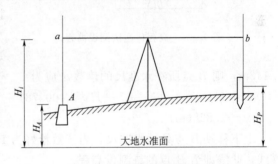

图 9.2.4　视线高法测设高程

在水准点 A 和 P 点木桩之间安置水准仪，在水准点 A 上立后视尺，调节水准仪水准管气泡居中，读取 A 点的水准尺中丝读数 a。

计算当前水准仪视线高程为

$$H_i = H_A + a \qquad (9.2.4)$$

则计算水准仪前视 P 点上水准尺的应该读数 b 为

$$b = H_i - H_P = (H_A + a) - H_P \qquad (9.2.5)$$

转动水准仪前视 P 点水准尺（前视尺），将水准尺靠紧木桩侧面上下移动，当读数恰好为 b 时，在木桩侧面沿水准尺底端画一横线，此线即为 P 点的待测设高程。

【例 9.2.3】 已知水准点 A 的高程为 $H_A = 77.656\text{m}$，待测设高程点 P 的设计高程为 $H_P = 76.788\text{m}$，当水准仪水准管气泡居中时，A 点水准尺中丝读数 a 为 1.355m，则 P 点中丝读数 b 应为

$$b = H_i - H_P = 77.656 + 1.355 - 76.788 = 2.223(\mathrm{m})$$

当 P 点上水准尺读数为 2.223m 时，P 点水准尺底部的高程即为 76.788m。

当在一个测站上需要测设多个待测设点高程时，只需先按式（9.2.4）计算实现高 H_i，然后测设每个高程时，将各个设计高程代入式（9.2.5），即可算得各个待测设点上水准尺的应该读数。

2. 高程传递法

当待测设高程位置高于水准仪视线高度，或超出水准尺工作长度范围时，如向深基坑或高楼面测设高程时，仅用水准尺无法测设点位的高程，此时需借助钢尺、水准仪、水准尺，采用高程传递法进行高程测设。

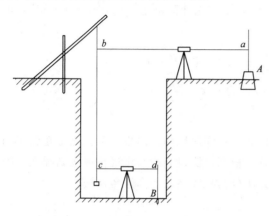

图 9.2.5 高程传递法测设高程

如图 9.2.5 所示，地面一已知水准点 A 的高程 $H_A = 100.787\mathrm{m}$，需测设深基坑内 B 点的设计高程 $H_B = 88.686\mathrm{m}$。测设时，需在基坑一边假设一根吊杆，杆上掉一根经过检定且零点向下的尺子，尺子下端挂上 10kg 的重锤（如果摆动厉害，可将重锤置于油桶中）。在基坑内和地面上分别安置一台水准仪，并分别在 A 点和 B 点上安置水准尺，观测时两台水准仪同时读数，设地面上水准仪在 A 点水准尺和钢尺上的读数分别为 $a = 1.671\mathrm{m}$、$b = 13.056\mathrm{m}$，坑内水准仪在钢尺上读数为 $c = 1.112\mathrm{m}$，则 B 点所在水准尺的读数 d 应为

$$d = H_A + a - (b - c) - H_B = 100.787 + 1.671 - (13.056 - 1.112) - 88.686$$
$$= 1.828(\mathrm{m})$$

上下移动 B 点处的水准尺，当读数恰好为 1.828m 时，在木桩侧面沿水准尺底端画一横线，此线即为 B 点的待测设高程。

用同样的方法可以由低处向高处（如由地面向楼上）测设高程。

9.3 点的平面位置测设方法

点的平面位置的测设是指根据给定的点的设计坐标 (x, y)，并依据已知的控制点，在实地标定出待测设点的平面位置。例如在设计图上并不一定提供相关的水平距离和水平角数据，而只提供建筑物的平面位置，而要将建筑物平面位置标定在实地，实质上就是测设建筑物的轴线交点、拐角点等点位。

点的平面位置测设方法主要有直角坐标法、极坐标法、角度交会法、距离交会法等，在施工现场需根据施工控制网的布设形式、控制点的分布、地形、现场条件及精度等要求，选取合适的测设方法。

9.3.1 直角坐标法

如图 9.3.1 所示，A、B、C、D 为建筑方格网的四个控制点，其设计坐标已知，且 AB 和 CD 平行于 y 轴，AD 和 BC 平行于 x 轴，P 为待测设点，具体测设方法如下：

（1）计算测设数据，根据 A 点和 P 点的坐标计算测设参数 Δx 和 Δy，Δx 和 Δy 分别为 P 点和 A 点在 x 轴和 y 轴方向上的坐标差，则

$$\left.\begin{array}{l}\Delta x = x_p - x_A \\ \Delta y = y_p - y_A\end{array}\right\} \qquad (9.3.1)$$

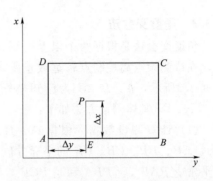

图 9.3.1 直角坐标法测设点平面位置

其中 $(x_p,\ y_p)$，$(x_A,\ y_A)$ 分别为 P 点和 A 点的坐标。

（2）现场测设 P 点，如图所示，安置经纬仪于 A 点，瞄准 B 点，沿 AB 视线方向测设距离 Δy，定出点 E。

（3）安置经纬仪于 E 点，瞄准 A 点，顺时针旋转 $90°$ 角，固定水平制动螺旋，得到 EP 方向，沿此方向测设距离 Δx 并标定，则得到 P 点的平面位置。

（4）如果需要同时测设多点，则需综合运用上述测设距离和测设直角的操作步骤即可完成。

直角坐标法计算较为简单，但测设时搬站较多，测距较多，仅适用于建筑物与建筑基线或建筑方格网平行且便于测距的情况。

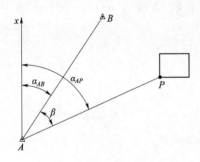

图 9.3.2 极坐标法

9.3.2 极坐标法

当测设距离较短且测设现场量距较为方便时，可采用极坐标法测设点位。极坐标法是根据一个水平角和一段水平距离测设点的平面位置的方法，如图 9.3.2 所示，A、B 为现场已知平面控制点，其坐标分别为 $(x_A,\ y_A)$，$(x_B,\ y_B)$，P 为已知坐标的待测设点，其坐标为 $(x_p,\ y_p)$，具体测设方法如下：

（1）计算测设数据，根据 A、B 和 P 点的坐标，利用坐标反算公式计算 AB 的坐标方位角 α_{AB} 和 α_{AP} 的坐标方位角。

（2）计算水平角 $\angle PAB$ 为

$$\angle PAB = \alpha_{AP} - \alpha_{AB} \qquad (9.3.2)$$

（3）计算 AP 之间的水平距离为

$$D_{AP} = \sqrt{(x_P - x_A)^2 + (y_P - y_A)^2} \qquad (9.3.3)$$

（4）现场测设，安置经纬仪于 A 点，瞄准 B 点，测设 $\angle PAB$，沿 AP 方向测设距离 D_{AP}，标定即得 P 点位置。也可以不计算夹角，安置经纬仪于 A 点，瞄准 B 点后，置盘为 α_{AB}，转到望远镜测设，使度盘读数为 α_{AP}，标定即得 P 点位置。

9.3.3　角度交会法

角度交会法是根据两个以上的测站，分别测设角度定出方向线，交会出点的平面位置，在待测设点离控制点较远或量距较为困难的地区常常采用角度交会法测设点位。如图 9.3.3 所示，A、B、C 为已知坐标的控制点，P 为已知坐标的待测设点，其坐标为 (x_p, y_p)，具体测设方法如下：

（1）计算测设数据。根据 A、B、P 点的坐标，利用坐标反算公式分别计算直线 AB、AP、BP、CB、CP 的坐标方位角，根据坐标方位角计算测设数据 β_1、β_2 和 β_3，即水平角 $\angle PAB$、$\angle PBA$ 和 $\angle PCB$，计算公式如下

$$\beta_1 = \alpha_{AB} - \alpha_{AP}$$
$$\beta_2 = \alpha_{BP} - \alpha_{BA} \qquad (9.3.4)$$
$$\beta_3 = \alpha_{CP} - \alpha_{CB}$$

（2）P 点测设。在控制点 A 架设经纬仪，照准 B 点，逆时针测设 β_1 角，定出一条方向线，并在其方向线打上两个木桩（俗称骑马桩）；同理，在 B 点假设经纬仪，照准 A 点，顺时针测设 β_2 角，定出另一条方向线，两条方向线必然交于一点，该点即为 P 点的平面位置。

（3）为了检核 P 点测设的准确性，在 C 点架设经纬仪，照准 B 点，顺时针测设 β_3 角，定出第三条方向线，理论上三条方向线应交于一点，但由于测量误差的存在，三个方向线常常无法交于一点，则第三条方向线与前两条方向线分别有一个交点，加上第一条和第二条方向线交点，三个交点可形成一个"示误三角形"，如图 9.3.4 所示。若示误三角形的最大边长小于 3cm，则取三角形的重心作为待定点 P 的最终位置。

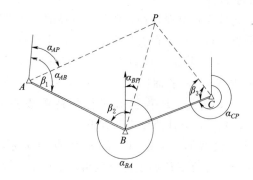

图 9.3.3　角度交会法

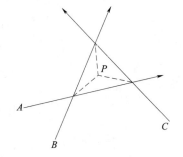

图 9.3.4　示误三角形

角度交会法无需测距，在测距困难时较为常用，需要架设两台以上的仪器配合工作，效率比极坐标法低，放样点位精度高于极坐标法。

9.3.4　距离交会法

距离交会法是在两个已知控制点上分别测设已知的两端距离，交会出点的平面位置。距离交会法多用于测设场地平坦、测距方便且控制点离测设点不超过一个尺段长度的情形。如图 9.3.5 所示，A、B 为已知坐标的控制点，P 为待测设点，其坐标为 (x_p, y_p)，具体测设方法如下：

（1）计算测设数据，分别计算 A 点和 B 点至 P 点的水平距离 D_{AP} 和 D_{BP}。

（2）现场测设 P 点，用两把钢尺分别以控制点 A、B 为圆心，以 D_{AP} 和 D_{BP} 为半径画弧，两个圆弧的交点即为 P 点的平面位置。

当建筑场地平坦且便于量距时，不需要使用仪器，用此法较为方便，但测设精度较低。

9.3.5 方向线交会法

方向线交会法是利用两条已知方向线交会来确定放样点位置的方法。方向线交会法放样时，两条方向线以正交最为有利，斜交时应注意控制交会角的范围以提高定位精度。下面以正交的十字方向线法为例说明该放样方法。

如图 9.3.6 所示，设 A、B、C 及 D 为一个基坑的范围，P 点为该基坑的中心点位，在挖基坑时，P 点则会遭到破坏。为了随时恢复 P 点的位置，则可以采用十字方向线法重新测设 P 点。

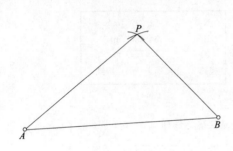

图 9.3.5 距离交会法

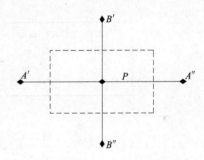

图 9.3.6 十字方向线法测设点位

首先，在 P 点架设经纬仪，设置两条相互垂直的直线，并分别用两个桩点来固定。当 P 点被破坏后需要恢复时，则利用桩点 $A'A''$ 和 $B'B''$ 拉出两条相互垂直的直线，根据其交点重新定出 P 点。

为了防止由于桩点发生移动而导致 P 点测设误差，可以在每条直线的两端各设置两个桩点，以便能够发现错误。

9.3.6 坐标放样

1. 全站仪坐标放样

利用全站仪放样功能，输入放样点坐标，全站仪坐标放样按照极坐标原理进行测设。具体方法如下：

（1）设站。设站和数据采集时的操作基本一致。

1）仪器安置。在控制点上摆设仪器，对中整平。

2）测站。开机后按 menu 键，选择放样功能，然后进行测站点坐标和仪器等参数的输入。

3）定向输入后视坐标和镜高等参数，然后望远镜瞄准后视方向进行后视。

4）检验。完成后视后，可直接测量后视点坐标，进行校核。

（2）放样。输入或调用放样点的坐标，确认后仪器会显示出测站点到放样点连线的方位角（HR）和测站点到放样点的距离（HD），如图 9.3.7（a）所示。按角度键，显示

HR 和 dHR（dHR 是对准放样点仪器应转动的水平角），转动望远镜，当 $dHR=0°00'00''$，即表明放样方向确定，如图 9.3.7（b）所示。然后水平制动，指挥跑棱镜者走到视线方向，按测距键，仪器显示出 HD、dHD（dHD 棱镜现在位置到放样点尚差的水平距离）和 dZ，当 dHD 为"－"时表示未达到放样点，往仪器反方向移动，当 dHD 为"＋"时表示已超过放样点，往仪器方向移动，如图 9.3.7（c）所示；重复这个步骤，直到距离差值符合要求为止。

（3）验证。点位准确标定在地面上后，按坐标功能，施测坐标记录。如图 9.3.7（d）所示，进行验证和求解放样误差。

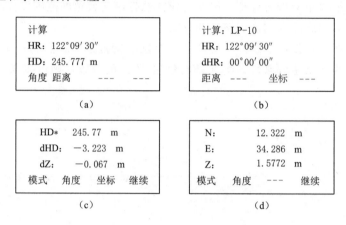

图 9.3.7　南方全站仪坐标放样

2. RTK 坐标放样

利用 GPS－RTK 进行点放样施测步骤如下：

（1）收集测区的控制点资料。首先要收集测区的控制点坐标资料，包括控制点的坐标、等级、中央子午线、坐标系等。

（2）求定测区转换参数。GPS－RTK 测量是在 WGS－84 坐标系中进行的，而各种工程测量和定位是在当地坐标系、1980 年西安坐标系或 1954 年北京坐标系中进行的，这之间存在坐标转换的问题。GPS 静态测量中，坐标转换是在事后处理的，而 GPS－RTK 是用于实时测量的，要求立即给出当地的坐标，因此，坐标转换工作更显重要。

（3）工程项目参数设置。根据 GPS 实时动态差分软件的要求，应输入的参数有当地坐标系的椭球参数、中央子午线、测区西南角和东北角的大致经纬度、测区坐标系间的转换参数、放样点的设计坐标。

（4）外业。下面以利用已知点架设基准站法为例说明。

将基准站 GPS 接收机安置在参考点上，打开接收机，除将设置的参数读入 GPS 接收机外，还要输入参考点的施工坐标和天线高，基准站 GPS 接收机通过转换参数将参考点的施工坐标转化为 WGS－84 坐标，同时接收所有可视 GPS 卫星信号，并通过数据发射电台将该测站坐标、观测值、卫星跟踪状态及接收机工作状态发送出去。流动站接收机在跟踪 GPS 卫星信号的同时，接收来自基准站的数据，进行处理后获得流动站的三维 WGS－84 坐标，再通过与基准站相同的坐标转换参数将 WGS－84 转换为施工坐标，并在流动站的手控器上实时显示。接收机可将实时位置与设计值相比较，根据较差值来改变移动站位置，以达到准确放样的目的。

9.4 已知坡度直线的测设

已知坡度直线的测设是根据测设现场附近已知水准点的高程、设计坡度以及坡度线端点的设计高程等，连续测设一系列的坡度桩，使之构成设计的坡度，在平整场地、修筑道路和铺设管道等工程中被广泛应用。根据设计坡度大小和场地条件的不同，坡度直线的测设方法主要有两种：水平视线法和倾斜视线法。

9.4.1 水平视线法

当设计坡度和坡度线两端高差不大时，常常采用水平视线法。如图 9.4.1 所示，A 和 B 分别为设计坡度的两个端点，AB 水平距离为 D，点 A 的设计高程为 H_A，AB 设计坡度为 i，要求在 AB 方向上每隔距离 d 定一个木桩，并在木桩上标

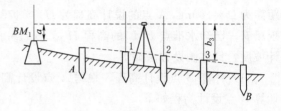

图 9.4.1 水平视线法

定出高程标志，使各相邻高程标志的连线符合设计坡度 i，设测设现场有一已知水准点 BM_1，其高程为 H_{BM_1}，则坡度线的具体测设方法如下：

（1）首先在地面上沿 AB 方向，依次测设间距为 d 的中间点 1、2、3，并打好木桩。

（2）计算各中间点测设高程，根据点 A 高程 H_A、AB 设计坡度 i 以及点间距计算各中间点设计高程：

点 1 设计高程：$H_1 = H_A + id$

点 2 设计高程：$H_2 = H_1 + id$

点 3 设计高程：$H_3 = H_2 + id$

点 B 设计高程：$H_B = H_3 + id$

点 B 设计高程还可用下式进行检核：

$$H_B = H_A + iD$$

注意：坡度 i 有正负，上坡为正，下坡为负，计算设计高程时应连同其符号一并带入计算。

（3）计算水准仪视线高，在已知水准点 BM_1 附近安置水准仪（保证仪器安置位置与各点通视），后视 BM_1 上水准尺，读取读数 a，则此时水准仪的视线高 H_i 为

$$H_i = H_{BM_1} + a \tag{9.4.1}$$

（4）计算各中间点水准尺应该读数

$$b_{应} = H_i - H_{设} \tag{9.4.2}$$

（5）现场测设各中间点高程，将水准尺依次贴靠在各木桩的侧面，上下移动尺子，直至水准尺上的读数恰好为相应的 $b_{应}$ 时，沿尺底在木桩上画一条横线，该线即在 AB 的坡度线上。也可在各桩顶立尺，读取水准尺读数 b，计算 $b_{应}$ 与 b 之差 Δb，再自桩顶向下量

距 Δb 画横线。

9.4.2 倾斜视线法

当坡度较大，坡度两端高差较大且地
面自然坡度与设计坡度较为一致时，常常
采用倾斜视线法。倾斜视线法实质上是根
据视线与设计坡度线平行时，其两线之间
的铅垂距离处处相等的原理来确定设计坡
度上各点的高程位置。如图 9.4.2 所示，A
和 B 分别为设计坡度的两个端点，AB 水平

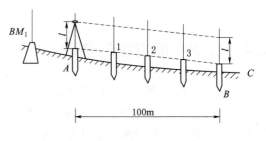

图 9.4.2 倾斜视线法

距离为 $D = 100\text{m}$，A 点的设计高程为 $H_A = 178.600\text{m}$，AB 设计坡度为 $i = -15\%$，测设
现场有一已知水准点 BM_1 的高程 $H_{BM_1} = 176.882\text{m}$，要求现场测设一坡度线符合 AB 设
计坡度，具体测设方法如下：

（1）计算 B 点设计高程，根据 A 点设计高程、设计坡度以及 AB 两端点间水平距离
计算 B 点设计高程如下

$$H_B = H_A + iD = 178.600 - 15\% \times 100 = 163.600 (\text{m})$$

（2）按照测设高程的一般方法，测设 A、B 两点的设计高程。

（3）如图 9.4.2 所示，在 A 点上安置经纬仪，量取仪器高 $l = 1.567\text{m}$，瞄准 B 点上
的水准尺，使经纬仪读数为仪器高 l，拧紧竖直制动螺旋，则此时经纬仪的倾斜视线平行
于设计坡度线。

（4）沿 AB 方向各间隔 25m 在地面上标定中间点 1、2、3 的位置。

（5）在各中间点上安置水准尺，并紧靠木桩的侧面，观测者指挥扶尺人员上下移动水准
尺，当读数为仪器高 l 时，在水准尺底部画横线，则各木桩画线的连线即为设计坡度线。

思考题与练习题

1. 施工测量的内容及其特点是什么？

2. 施工测量遵循的基本原则是什么？

3. 什么叫测设？测设与测定工作有何区别？

4. 简述距离、水平角和高程测设的方法及步骤。

5. 测设点的平面位置有哪几种方法？简述各种方法的放样步骤。

6. 利用高程为 25.532m 的水准点 A，测设高程为 25.801m 的 B 点。设标尺立在水
准点 A 上时，按水准仪的水平视线在标尺上画了一条线，再将标尺立于 B 点上，问在该
尺上何处再画一条线，才能使视线对准此线时，尺子底部就是 B 点的高程？

7. 已知控制点的坐标为：$A(1000.000，1000.000)$、$B(1108.356，1063.233)$，欲
确定 $Q(1025.465，938.315)$ 的平面位置。试计算以极坐标法放样 Q 点的测设数据（仪
器安置于 A 点）。

8. 简述用全站仪如何进行角度、距离及坐标的放样。

第 10 章

建筑工程施工测量

学习目标

本章学习建筑工程施工测量和场地控制测量、竣工测量的基本方法。通过本章学习，了解工业与民用建筑施工测量的基本要求，了解竣工测量的方法内容；熟悉施工控制网建立的方法与要求，熟悉建筑基线、建筑方格网和建筑物的定位放线等内容；掌握工业与民用建筑施工测量的基本方法，掌握建构筑物施工放样测量、构件安装测量及标高传递的能力。

10.1 施工场地控制测量

建筑工程施工测量一般包括：建立施工控制网，将图纸上设计的建筑物、构筑物按其设计的要求标定在实地上，用以指导施工，也称定线放样；工程竣工测量，即工程竣工后测绘新建场地的竣工平面图；对各种建筑物和构筑物施工期间产生的变形进行监测等。

工程施工中的测量工作与其他的一般测量工作不同，它要求与施工进度配合及时，满足施工的需要。由于原有的勘测控制网在布点和施测精度方面主要考虑满足测绘大比例尺地形图的需要，不可能考虑将来建筑物的分布及施工放样对点位的布设要求，测图控制网的精度、密度和点位，一般不能满足施工放样的要求，而且，原来布设的控制点到施工时有些可能被破坏或被移动而不再可靠。因此，为了进行施工放样测量，通常应重新建立施工用的控制网。施工控制网分为平面控制网和高程控制网两种。

与测图控制网相比，施工控制网具有以下特点：①控制范围小；②控制点密度大；③精度要求高；④使用频繁。

10.1.1 建筑施工场地平面控制测量

平面控制网可根据场区地形条件和建筑物、构筑物的布置情况，布设建筑方格网（大范围平坦地区）、建筑基线、导线网、三角网（山区或条件复杂地区）。随着全站仪的普及，施工平面控制主要是采用导线网的形式布设，如图 10.1.1 和图 10.1.2 所示。

平面控制的坐标系统应与工程设计所采用的坐标系统相同，投影长度变形不应超过 1/40000。并根据等级控制点进行定位、定向和起算。平面控制网的等级和精度，应符合下列规定：

(1) 建筑场地大于 1km^2 或重要工业区，宜建立相当于一级导线精度的平面控制网。

(2) 建筑场地小于 1km^2 或一般性建筑区，可根据需要建立相当于二、三级导线精度的平面控制网。

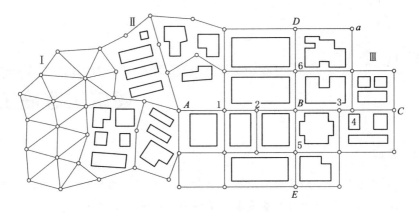

图 10.1.1 施工平面控制

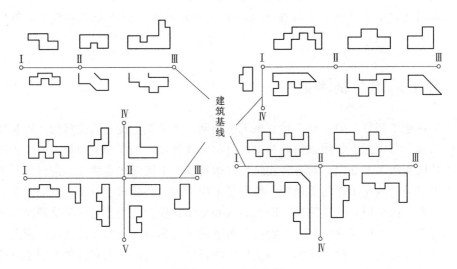

图 10.1.2 建筑基线

（3）用原有控制网作为场区控制网时，应进行复测检查。

1. 施工坐标系与测量坐标系的坐标换算

施工坐标系亦称建筑坐标系，其坐标轴与主要建筑物主轴线平行或垂直，以便用直角坐标法进行建筑物的放样。

施工控制测量的建筑基线和建筑方格网一般采用施工坐标系，而施工坐标系与测量坐标系往往不一致，因此，施工测量前常常需要进行施工坐标系与测量坐标系的坐标换算。

如图 10.1.3 所示，xOy 为测量坐标系，$x'O'y'$ 为施工坐标系。P 点在施工坐标系中的坐标为 x'_P、y'_P，在测量坐标系的坐标为 x_P、y_P，x_0、y_0 为施工坐标系原点 O' 在测量坐标系中的坐标，α 为 x 轴与 x' 轴之间的夹角。

已知 P 点的施工坐标，则可按下式将其换算为测量坐标

$$\left. \begin{array}{l} x_P = x_0 + x'_P\cos\alpha - y'_P\sin\alpha \\ y_P = y_0 + x'_P\sin\alpha + y'_P\cos\alpha \end{array} \right\}$$

(10.1.1)

已知 P 的测量坐标，则可按下式将其换算为施工坐标

$$x'_P = (x_P - x_0)\cos\alpha + (y_P - y_0)\sin\alpha \left.\begin{matrix}\\\\\end{matrix}\right\}$$
$$y'_P = -(x_P - x_0)\sin\alpha + (y_P - y_0)\cos\alpha$$

(10.1.2)

2. 建筑方格网

在地势平坦的大中型工业建筑场地上，常布设由正方形或矩形格网组成的施工平面控制网，如图 10.1.4 所示。

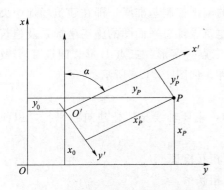

图 10.1.3　测量坐标与施工坐标的换算

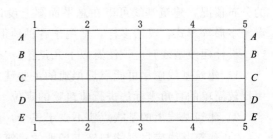

图 10.1.4　建筑方格网

（1）建筑方格网的布设。建筑方格网应在设计施工总平面图的同时予以考虑。布设时应参考设计总平面图上各种已建和待建的建筑物、道路及各种管线等因素，方格网的轴线应与主要建筑物的轴线平行，并使格网点接近测设对象。方格网边长一般为并使格网点接近测设对象。100～200m，格网折角应严格成 90°，当施工场区面积较大时，建筑方格网应分两级布设。首级可布设成"十"字形，"口"字形或"田"字形，在此基础上进行加密。如果建筑场地不大，也可布设边长为 50m 的正方形格网。

（2）建筑方格网的放样。建筑方格网的主轴线主点通常是根据已有的测量控制点测设的。

1）主轴线放样。主轴线放样与建筑基线放样方法相似。如图 10.1.4 所示，首先，准备放样数据；然后实地放样两条相互垂直的主轴线点 C-C、3-3，它实质上是由 5 个主点 $C1$、$C3$、$C5$、$A3$ 和 $E3$ 点所组成的；最后精确检测主轴线点的相对位置关系，并与设计值相比较，若角度较差大于 $\pm 10''$，则需要横向调整点位，使角度与设计值相符，若距离较差大于 1/15000，则纵向调整点位使距离与设计值相符。建筑方格网的主要技术要求见表 10.1.1。

表 10.1.1　　　　　　　　　　建筑方格网的主要技术要求

等级	边长/m	测角中误差/(″)	边长相对中误差	测角检测限差/(″)	边长检测限差
Ⅰ级	100～300	5	1/30000	10	1/15000
Ⅱ级	100～300	8	1/20000	16	1/10000

2）方格网点放样。如图 10.1.4 所示，主轴线放样后，分别在主轴线端点 $C1$，$C5$ 和 $A3$，$E3$ 上安置经纬仪，后视主点 $C3$，向左右分别拨角 90°，这样就可交会出田字形方格

网点。随后再作检核，测量相邻两点间的距离，看它是否与设计值相等，测量其角度是否为 90°，误差均应在允许范围内，并埋设永久标志。此后再以田字形方格网为基础，加密方格网的其余各点。

3. 建筑基线

当建筑场地的面积不大，地势较为平坦且建筑物又不十分复杂的情况下，常布设一条或几条基线作为施工测量的平面控制，称为建筑基线。

(1) 建筑基线的布设。建筑基线是建筑场地的施工控制基准线，即在建筑场地中央放样一条长轴线或若干条与其垂直的短轴线。根据建筑设计总平面图的施工坐标系及建筑物的分布情况，建筑基线可以在总平面图上设计成三点一字形、三点 L 形、四点 T 形及五点十字形等形式，灵活多样，适用于各种地形条件，如图 10.1.2 所示。

设计建筑基线时应该注意以下几点：

1) 建筑基线应尽可能靠近拟建的主要建筑物，主要轴线与拟建建筑物平行，以便使用比较简单的直角坐标法进行建筑物的定位。

2) 建筑基线上的基线点应不少于三个，以便相互检核。

3) 建筑基线应尽可能与施工场地的建筑红线相联系。

4) 基线点位应选在通视良好和不易被破坏的地方，能长期保存，要埋设永久性的混凝土桩。

5) 基线布设时，应先在图上选定基线点位并量出各点坐标，然后根据已有控制点将各基线点在地面上标定出来。各基线点测设出来后，应检测角度和距离，角度误差应不大于 ±10″，距离误差不超过 1/2000，否则应进行必要的调整。

(2) 建筑基线的测设方法。

1) 根据建筑红线测设建筑基线。在城建区，可根据规划部门在现场标定的建筑红线（建筑用地的边界）布设建筑基线。通常，建筑基线与建筑红线平行或垂直，因此通常可根据建筑红线用平行推移法布设，建筑基点在地面上标定出来后，也应检查角度和边长的误差是否超限，并进行必要的调整。

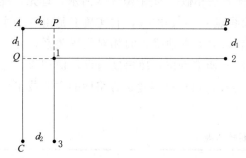

图 10.1.5　根据建筑红线测设建筑基线

如图 10.1.5 所示，AB、AC 为建筑红线、1、2、3 为建筑基线点，利用建筑红线测设建筑基线的方法如下：

首先，从 A 点沿 AB 方向量取 d_2 定出 P 点，沿 AC 方向量取 d_1 定出 Q 点。然后过 B 点作 AB 的垂线，沿垂线量取 d_1 定出 2 点，作出标志；过 C 点作 AC 的垂线，沿垂线量取 d_2 定出 3 点，作出标志；用细线拉出直线 $P3$ 和 $Q2$，两条直线的交点即为 1 点，作出标志。最后在 1 点安置经纬仪，精确观测 $\angle 213$，其与 90° 的差值应小于 ±20″。

2) 根据附近已有控制点测设建筑基线。根据建筑基线点的设计坐标和附近已有控制点的关系用坐标法先计算出放样数据，然后放样。

如图 10.1.6 所示，A、B 为附近已有的控制点，Ⅰ、Ⅱ、Ⅲ 为选定的建筑基线点。首先根据已知控制点和待测设点的关系反算出测设数据 β_1、d_1、β_2、d_2、β_3、d_3，然后用经纬仪和钢尺按极坐标法，测设Ⅰ、Ⅱ、Ⅲ 点。由于存在测量误差，测设的基线点往往不在同一直线上，精确检验∠Ⅰ Ⅱ Ⅲ 的角值，若此角值与 180° 之差超过限差 ±15″，则应对点位进行调整。

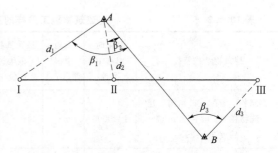

图 10.1.6　根据附近已有控制点测设建筑基线

10.1.2　建筑施工场地高程控制测量

建筑施工场地的高程控制测量一般采用水准测量方法，应根据施工场地附近的国家或城市已知水准点，测定施工场地水准点的高程，以便纳入统一的高程系统。在施工场地上，水准点的密度，应尽可能满足安置一次仪器即可测设出所需的高程。高程控制网可分为首级网和加密网，相应的水准点称为基本水准点和施工水准点。

（1）基本水准点应布设在土质坚实、不受施工影响、无震动和便于实测的地方，并埋设永久性标志。

（2）施工水准点是用来直接测设建筑物高程的。为了测设方便和减少误差，施工水准点应靠近建筑物。

通常，建筑方格网点也可兼作水准点，只要在方格网点桩面上设置一个半球状标志即可。场地水准点的间距应小于 1km；水准点距离建筑物间距不宜小于 25m，距离回填土边线不宜小于 15m。

一般情况下，可用四等水准测量，而对连续生产的车间或下水管道等则需要按三等水准测量测定各水准点高程。此外，为了减少误差和方便测设，在一般厂房的内部或附近应专门设置 ±0 水准点。注意：不同建筑物的 ±0 水准点高程不一定相等，应严格加以区别。

10.1.3　施工测量前的准备工作

施工测量也应遵循"从整体到局部，先控制后碎部"的原则。即在施工现场先建立统一的平面控制网和高程控制网，然后根据控制点的点位，测设各个建筑物的位置。

1. 熟悉资料

工业与民用建筑的施工放样应具备的资料是建筑总平面图、设计与说明、轴线平面图、基础平面图、设备基础图、土方开挖图、结构图、管网图、工程测量技术规范等。

从建筑总平面图可以查明设计建筑物与原有建筑物的平面位置和高程的关系，它是测设建筑物总体位置的依据；从建筑平面图可以查明建筑物的总尺寸和内部各定位轴线间的尺寸关系；从基础平面图可以查明基础边线与定位轴线的关系尺寸，以及基础布置与基础剖面的位置关系。

建筑物施工放样的主要技术要求，应符合表 10.1.2 的规定。

表 10.1.2　　　　　　　　　　建筑物施工放样的主要技术要求

建筑物结构特征	测距时相对中误差	测角中误差/(″)	按距离控制点 100m 极坐标法测设的点位中误差/mm	测站高差中误差/mm	施工水平面高程中误差/mm	竖向传递轴线点中误差/mm
钢结构、装配式砼结构、建筑物高度 100~120m 或跨度 30~36m	1/20000	±5	±5	1	6	4
15 层房屋或建筑物高度 60~100m 或跨度 18~30m	1/10000	±10	±11	2	5	3
5~15 层房屋或建筑物高度 15~60m 或跨度 6~18m	1/5000	±20	±22	2.5	4	2.5
5 层房屋或建筑物高度 15m 或跨度 6m 以下	1/3000	±30	±36	3	3	2
木结构、工业管线或公路铁路专线	1/2000	±30	±52	5	—	—
土工竖向整平	1/1000	±45	±102	10	—	—

柱子、桁架或梁的安装测量允许偏差，应符合表 10.1.3 的规定。

表 10.1.3　　　　　　柱子、桁架或梁的安装测量允许偏差　　　　　　单位：mm

测　量　内　容	允许偏差
钢柱垫板±0 标高	±2
钢柱检查	±2
混凝土柱（顶制）±0 标高	±3
混凝土柱、钢柱垂直度	±3
桁架和实腹梁、桁架和钢架的支承结点间相邻高差的偏差	±5
梁间距	±3
梁面垫板标高	±2

注　当柱高大于 10m 或一般民用建筑的混凝土柱、钢柱垂直度，可适当放宽允许偏差。

构件预装测量的允许偏差，应符合表 10.1.4 的规定。

表 10.1.4　　　　　　　　构件预装测量的允许偏差

测　量　内　容	允许偏差
平台面抄平	±1
纵横中心线的正交度	±$0.8\sqrt{l}$
预装过程中的抄平工作	±2

注　l 为自交点起算的横向中心线长度（mm）。不足 5m 时，以 5m 计。

2. 现场踏勘、制订测设方案

现场踏勘的目的是了解现场的地物、地貌和原有测量控制点的分布情况，并调查与施工测量有关的问题。对建筑场地上的平面控制点、水准点要进行检核，获得正确的测量起始数据和点位。做好平整场地测量，进行土石方工程量的量算。然后根据设计要求和施工进度计划，制定现场的测设方案，如根据测设方法的需要而进行的数据计算和绘制测设略图等。

10.2 民用建筑施工测量

民用建筑指的是住宅、办公楼、医院、学校、体育场馆等为人们的生活、居住、公共活动等提供活动空间的建筑物，包括居住建筑和公共建筑。民用建筑施工测量的工作是按照设计图纸的要求，把建筑物的平面位置和高程测设（放样）到地面上，用来指导施工过程，保证工程的质量。

10.2.1 民用建筑物的定位和放线

1. 建筑物的定位

建筑的定位，就是将建筑物外轮廓各轴线的交点测设在地面上，然后再根据这些点进行细部放样。由于设计条件不同，定位方法主要有以下三种。

(1) 根据与原有建筑物的关系定位。在建筑区内新建或扩建建筑物时，一般设计图上都给出新建筑物与附近原有建筑物或道路中心线的相互关系，如图 10.2.1 所示几种情况。图中绘有斜线的是原有建筑物，没有斜线的是拟建建筑物。

如图 10.2.1 (a) 所示，根据平行关系来定位。

1) 引辅助线。作 MN 的平行线 $M'N'$，即为辅助线，沿现有建筑物 PM 与 OM 墙面向外量出 MM' 与 NN'，1.5～2.0m，并使 $MM'=NN'$，在地面上定出 M' 和 N' 两点，连接 M' 和 N' 两点即为辅助线。

2) 经纬仪置于 M' 点，对中整平，照准 N' 点，然后沿视线方向，根据图纸上所给的 NA 尺寸，从 N' 点用卷尺量距依次定出 A'、B' 两点，地面打木桩，桩上钉钉子。

3) 仪器置于 A' 点，对中整平，测设 90°角，在视线方向上量 $A'A=M'M$，在地面打木桩，桩顶钉钉子定出 A 点，再沿视线方向量新建筑物宽 AC，在地面打木桩，桩顶钉钉子定出 C 点。注意应使用正倒镜取中定点。同样方法，仪器置于 B' 点测设 90°，定出 B 点与 D 点。

4) 检查 C、D 两点之间距离应等于新建筑物的设计长，距离误差允许为 1/5000。在 C 点和 D 点安经纬仪测量角度应为 90°，角度误差允许为 ±30″。

如图 10.2.1 (b) 所示，可用直角坐标法定位。先按上法做 MN 的平行线 $M'N'$，然后安置经纬仪于 N' 点，作 $M'N$ 的延长线，用钢尺量取 $N'O$ 距离，定出 O 点，再将经纬仪安置于 O 点上测设 90°角，丈量 OA 值定出 A 点，继续丈量 AB 值而定出 B 点。最后在 A 和 B 点安置经纬仪测设 90°角，根据建筑物的宽度而定出 C 点和 D 点。

如图 10.2.1 (c) 所示，拟建建筑物 $ABCD$ 与道路中心线平行，根据图示条件，主轴线的测设仍可用直角坐标法。测法是先用拉尺分中法找出道路中心线，然后用经纬仪作垂线，定出拟建建筑物的轴线。

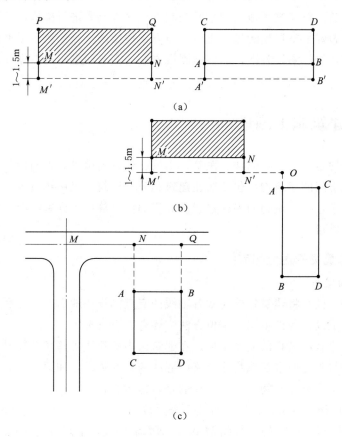

(a)

(b)

(c)

图 10.2.1 根据与原有建筑物的关系定位

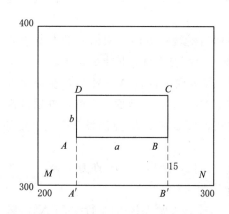

图 10.2.2 建筑方格网定位（单位：m）

（2）根据建筑方格网定位。在建筑场地已测设有建筑方格网，可根据建筑物和附近方格网点的坐标，用直角坐标法测设。如图 10.2.2 所示，由 A、C 点的坐标值可算出建筑物的长度和宽度，A 点、C 点的坐标见表 10.2.1。

测设建筑物定位点 A，B，C，D 的步骤如下：

1）先把经纬仪安置在方格点 M 上，照准 N 点，沿视线方向自 M 点用钢尺量取 A 与 M 点的横坐标差得 A' 点，再由 A' 点沿视线方向量取建筑物长度 42.24m 得 B' 点。

2）然后安置经纬仪于 A' 点，照准 N 点，向左测设 90°，并在视线方向上量取 15m，得 A 点，再由 A 点继续量取建筑物的宽度 12.24m，得 D 点。

3）安置经纬仪于 B' 点，同法定出 B、C 点，为了校核，应用丈量长度和测角，看其是否等于设计长度以及各角是否为 90°。

点	x/m	y/m	点	x/m	y/m
表 10.2.1			点 的 坐 标		
A	316.00	226.00	C	328.24	268.24
B	316.00	268.24	D	328.24	226.00

（3）根据测量控制点坐标定位。在场地附近如果有可利用的测量控制点，应根据控制点及建筑物定位点的设计坐标，反算出交会角和距离后，因地制宜采用极坐标法或角度交会法将建筑物主要轴线测设到地面上。

2. 建筑物放线

建筑物放线就是根据已测设的角点桩（建筑物外墙主轴线交点桩）及建筑物平面图，详细测设建筑物各轴线的交点桩（或称中心桩），如图 10.2.3 所示。

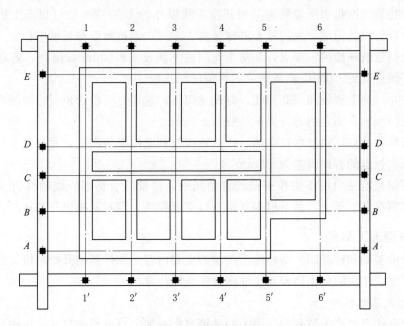

图 10.2.3　建筑物的放线

测设方法是，在角点上设站（$E1$、$A1$、$E6$、$A6$）用经纬仪定向，钢尺量距，依次定出 2、3、4、5 各轴线与 A 轴线和 E 轴线的交点桩（中心桩），然后再定出 1、6 轴线与 B、C、D 轴线的交点桩（中心桩），建筑物外轮廓中心桩测定后，继续测定建筑物内各轴线的交点桩（中心桩）。

3. 龙门板的设置

在一般民用建筑中，当基槽开挖后，所测设的轴线交点桩都将被挖掉，为了便于随时恢复点位，便于施工，常在基槽开挖之前将各轴线引测至槽外的水平板上，以作为挖槽后各阶段施工恢复轴线的依据。水平木板称为龙门板，固定木板的木桩称为龙门桩，如

图 10.2.4 所示。

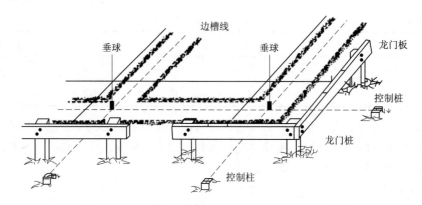

图 10.2.4 龙门板的设置

设置龙门板的步骤如下：

（1）在建筑物四角和隔墙两端基槽开挖边线以外的 1.5～2m 处（根据土质情况和挖槽深度确定）钉设龙门桩，龙门桩要钉得竖直、牢固，木桩侧面与基槽平行。

（2）根据建筑场地的水准点，在每个龙门桩上测设 ±0.000m 标高线，若现场条件不许可，也可测设比 ±0.000m 高或低一定数值的标高线。

（3）在龙门桩上测设同一高程线，钉设龙门板，这样龙门板的顶面标高就在一个水平面上了，龙门板标高测定的容许误差一般为 ±5mm。

（4）根据轴线桩，用经纬仪将墙、柱的轴线投到龙门板顶面上，并钉上小钉标明，称为轴线投点，投点的容许误差为 ±5mm。

（5）用钢尺沿龙门板顶面检查轴线钉的间距，经检验合格后，以轴线钉为准，将墙宽、基槽宽划在龙门板上，最后根据基槽上口宽度拉线，用石灰撒出开挖边线。

10.2.2 基础施工测量

基础分墙基础和柱基础。基础施工测量的主要内容是放样基槽开挖边线、控制基础的开挖深度、测设垫层的施工高程和放样基础模板的位置。

1. 基槽及基坑抄平

在基础开挖之前应按照基础详图上的基槽宽度再加上口放坡的尺寸，由中心桩向两边各量出相应尺寸，并作出标记。然后在基槽两端的标记之间拉一细线，沿着细线在地面用白灰撒出基槽边线，施工时就按此灰线进行开挖。

为了控制基槽开挖深度，在即将挖到槽底设计标高时，用水准仪在槽壁上测设一些水平的小木桩，如图 10.2.5 所示，使木桩的上表面离槽底设计标高为一固定值（如 0.500m），用以控制挖槽深度。为了施工时使用方便，一般在槽壁各拐角处和槽壁每隔 3～4m 处均测设一水平桩，作为清理槽底和打基础垫层时掌握标高的依据。

水平桩高程测设允许误差为 ±10mm。假设槽底设计标高为 −1.700m，按图 10.2.5 中所列数据，在槽壁测设出的水平桩标高为 −1.200m，自水平桩面向下量取 0.500m 即为槽底的设计位置。

2. 垫层中线的测设

基础垫层浇注后，根据龙门板上的轴线钉或轴线控制桩，用经纬仪或用拉线挂垂球的方法，把轴线投测到垫层面上，并用墨线弹出基础墙中心线和边线，以便砌筑基础，如图10.2.6所示。

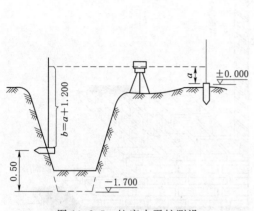

图 10.2.5　坑底水平桩测设

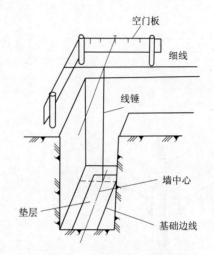

图 10.2.6　垫层中线的测设

3. 基础墙标高的控制

基础墙中心轴线投在垫层后，用水准仪检测各墙角垫层面标高，符合要求后即可开始基础墙（±0.00以下的墙）的砌筑。基础墙的高度是用基础"皮数杆"控制的。

皮数杆用一根木杆制成，在杆上按照设计尺寸将砖和灰缝的厚度，分皮一一画出，每五皮砖注上皮数（基础皮数杆的层数从±0.000向下注记），并标明±0.000、防潮层和需要预留洞口的标高位置等，如图10.2.7所示。

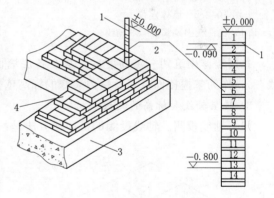

图 10.2.7　基础墙标高控制

10.2.3　主体施工测量

1. 墙体定位（轴线投测）

基础墙砌筑到防潮层以后，可根据轴线控制桩或龙门板上中线钉，用经纬仪或拉细线，把第一层楼房的墙中线和边线投测到防潮层上，并弹出墨线，检查外墙轴线交角是否等于90°；符合要求后，把墙轴线延伸到基础墙的侧面上画出标志，作为向上投测轴线的依据。同时把门、窗和其他洞口的边线，也在外墙基础立面上画出标志，如图10.2.8所示。

2. 墙体标高的控制

墙体砌筑时，其标高也常用皮数杆控制。在墙身皮数杆上根据设计尺寸，按砖和灰缝的厚度画线，并标明门、窗、过梁、楼板等的标高位置。杆上注记从±0.000 向上增加（图 10.2.9）。墙身皮数杆的设立方法与基础皮数杆相同。

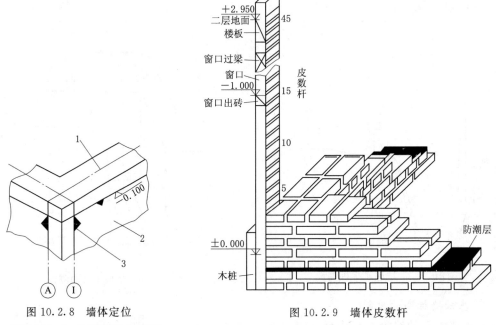

图 10.2.8 墙体定位

1—墙中心线；2—外墙基础；3—轴线

图 10.2.9 墙体皮数杆

每层墙体砌筑到一定高度后，常在各层墙面上测设出＋0.50m 的标高线（俗称"50 线"），作为掌握楼面抹灰及室内装修的标高依据。

3. 楼层轴线和标高的测设

（1）轴线投测。轴线投测的最简便方法是吊垂线法，即将较重的垂球悬吊在楼板或柱顶边缘，当垂球尖对准基础面上的轴线标志时，垂球线在楼板或柱边缘的位置即为楼层轴线位置。画出标志线，同样可投测出其余各轴线。经检测，各轴线间距符合要求即可继续施工。但当测量时风力较大或楼层建筑物较高时，投测误差较大，此时应采用经纬仪投测法。

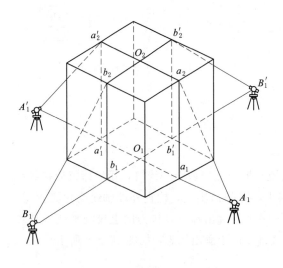

图 10.2.10 经纬仪投测轴线

如图 10.2.10 所示，将经纬仪安置在轴线控制桩上，原轴线控制桩引测到离建筑物较远的安全地点，如 A_1、B_1、A_1'、B_1' 点，以防止控制桩被破坏，同时避免轴线投测时仰角过大，以便减小误差，提高投测精度。然后把经纬仪安置在轴线控制桩 A_1、B_1、A_1'、B_1' 上，严格对中、整平，用望远镜照准已在墙脚弹出的轴线点 a_1、b_1、a_1'、b_1'，用盘左和盘右两个竖盘位置向上投测到上一层楼面上，取得 a_2、b_2、a_2'、b_2'，再精确测出 a_2a_2' 和 b_2b_2' 两条直线的交点，根据已测设的 $a_2O_2a_2'$ 和 $b_2O_2b_2'$ 两轴线在楼面上详细测设其他轴线。按照此步骤逐层向上投测，即可获得其他各楼层的轴线。

（2）楼层面标高的传递。

1）利用皮数杆传递。一层楼房砌好后，把皮数杆移到二层楼继续使用，为了使皮数杆立在同一水平面上，用水准仪测定楼板面四角的标高，取平均值作为二楼的地坪标高，并竖立二层的皮数杆，以后一层一层往上传递。

2）利用钢尺丈量。在标高精度要求较高时，可用钢尺从墙脚±0 标高线沿墙面向上直接丈量，把高程传递上去。然后钉立皮数杆，作为该层墙身砌筑和安装门窗、过梁及室内装修，地坪抹灰时控制标高的依据。

3）悬吊钢尺法。在外墙或楼梯间悬吊钢尺，钢尺下端挂一重锤，然后使用水准仪把高程传递上去。一般需 3 个底层标高点向上传递，最后用水准仪检查传递的高程点是否在同一水平面上，误差不超过±3mm。

此外，也可使用水准仪和水准尺按水准测量方法沿楼梯间将高程传递到各层楼面。

10.2.4　高层建筑物施工测量

高层建筑的特点是层数多、高度高，在施工过程中，建筑物各部位的水平位置、垂直度、标高等精度要求十分严格。高层建筑的施工方法有很多，目前较常用的方法有两种，一种是滑模施工，即分层滑升逐层现浇楼板的方法，另一种是预制构件装配式施工。国家建筑施工规范中对上述高层建筑结构的施工质量标准规定见表 10.2.2。

表 10.2.2　　　　　　　高层建筑结构施工质量标准　　　　　　　　　单位：mm

高层施工种类	竖向偏差限值		高程偏差限值	
	各层	总累计	各层	总累计
滑模施工	5	$H/1000$（最大 50）	10	50
装配式施工	5	20	5	30

高层建筑物轴线投测，常规采用经纬仪引桩投测法，现代多用激光铅垂仪投测法。

1. 高层建筑物轴线投测

（1）经纬仪引桩投测法。高层建筑经纬仪投测时，经纬仪向上投测的仰角增大，投测精度随着仰角增大而降低，且操作不方便。因此，必须将主轴线控制桩引测到远处稳固地点或附近大楼屋面上，以减小仰角。如图 10.2.11 所示，先在离建筑物较远处（1.5 倍以上建筑物高度）建立轴线控制桩 A、B。然后在相互垂直的两条轴线控制桩 A 上安置经纬仪，盘左照准轴线标志，固定照准部，仰倾望远镜，照准楼边或柱边标定一点。再用盘右同样操作一次，又可定出一点，如两点

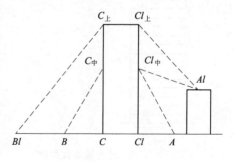

图 10.2.11　经纬仪引桩投测法

不重合，取其中点即为轴线端点，如 $C_{中}$、$Cl_{中}$ 两端点投测完之后，再用弹墨标明轴线位置。

当楼层逐渐增高时，望远镜的仰角越来越大，操作不方便，投测精度将随仰角增大而降低。此时，可将原轴线控制桩引测到附近大楼的屋顶上，如 Al 点，或更远的安全地方，如 Bl 点。再将经纬仪搬至 Al 或 Bl 点，继续向上投测。

（2）激光铅垂仪投测。

1）激光铅垂仪。激光铅垂仪是一种专用的铅直定位仪器，适用于烟囱、塔架和高层建筑的竖直定位测量。它是由氦氖激光器、竖轴、发射望远镜、水准器和基座等部件组成。仪器竖轴是空心筒轴，将激光器安在筒轴的下端，望远镜安在上方，构成向上发射的激光铅垂仪。也可以反向安装，成为向下发射的激光铅垂仪。仪器上有两个互成 90°的水准器，并配有专用激光电源，使用时，利用激光器底端所发射的激光束进行对中，通过调节脚螺旋使气泡严格居中。接通激光电源便可铅直发射激光束。

2）激光铅垂仪投测轴线。为了把建筑物首层轴线投测到各层楼面上，使激光束能从底层直接打到顶层，各层楼板上应预留孔洞约 300mm×300mm，有时也可利用电梯井、通风道、垃圾道向上投测。注意不能在各层轴线上预留孔洞，应在距轴线 500～800mm 处，投测一条轴线的平行线，至少有两个投测点。如图 10.2.12 所示，激光铅垂仪安置在底层测站点 A，严格对中、整平，接通激光电源，启动激光器，即可发射出铅直的激光直线，在高层楼板孔洞上水平放置绘有坐标格网的接收靶 B，水平移动接收靶，使靶心与红色光斑重合，此靶心位置即为测站点 A 铅垂投位置，B 点作为该层楼面的一个控制点。

（3）吊线坠法。此种方法适用于高度较低的建筑施工中，它是利用钢丝悬挂重锤球的方法，进行轴线竖向投测。锤球重量随施工楼面高度而异，为 15～25kg，钢丝直径为 1mm 左右。投测方法如下：

如图 10.2.13 所示，在预留孔上面安置十字架，挂上锤球，对准首层预埋标志。当锤球线静止时，固定十字架，并在预留孔四周作出标记，作为以后恢复轴线及放样的依据。此时，中心即为轴线控制点在该楼面上的投测点。

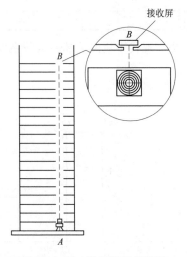

图 10.2.12　激光铅垂仪投测

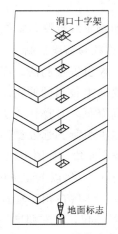

图 10.2.13　吊线坠法

2. 高层建筑物的高程传递

高程传递就是将底层±0.000m 标高点沿建筑物外墙、边柱或电梯间等用钢尺向上量取。一幢高层建筑物至少由三个底层标高点向上传递。由下层传递上来的同一层及个标高点，必须用水准仪进行检核，看是否在同一水平面上，其误差不超过 3mm。

对于装配式建筑物，墙板吊装前要在墙板两侧边线内，各铺设一些水泥沙浆，利用水准仪按设计高程抄平其面层。在墙板吊装就绪后，应检查各开间的墙间距，并利用吊垂球线的方法检查墙板的垂直度，合格后再固定墙板位置，用水准仪在墙板上放样标高控制线，一般为整数值。接下来进行墙板抄平层施工，抄平层是由 1∶2.5 水泥沙浆或细石混凝土在墙上、柱顶面抹成。抄平层放样是将靠尺下端对准墙板上部弹出标高控制线，其上端即为楼板底面的标高，用水泥沙浆抹平凝结后即可吊装楼板。抄平层的高程误差不得超过 5mm。

滑模施工的高程传递是先在底层墙面上放样出标高控制线，再沿墙面用钢尺向上垂直量取标高，并将标高放样在支承杆上。在各支承杆上每隔 20cm 标注一分划线，以便控制各支承点提升的同步性。在模架提升过程中，为了确保操作平台水平，要求在每层提升间歇，用两台水准仪检查平台是否水平，并在各承杆上设置抄平标高线。

全站仪天顶测距法是指用电梯井或垂直孔等竖直通道，在首层架设全站仪，将望远镜指向天顶，在各层的竖直通道上安置反射棱镜，即可测得全站仪至反射棱镜的高差，从而将首层标高传递至各层。

10.3　工业建筑施工测量

工业建筑是指各类生产用房和为生产服务的附属用房，以生产厂房为主体。一般工业厂房多采用预制构件在现场装配的方法施工。厂房的预制构件有柱子、吊车梁和屋架等。因此，工业建筑施工测量的工作主要是保证这些预制构件能够安装到位。

具体的任务为：厂房矩形控制网测设、厂房基础施工测量、厂房预制构件安装测量等。

10.3.1　厂房矩形控制网测设

厂房矩形控制网是为厂房放样布设的专用平面控制网。布设时，应使矩形网的轴线平行于厂房的外墙轴线（两种轴线的间距一般取 4m 或 6m），并根据厂房外墙轴线交点的施工坐标和两种轴线的间距，给出矩形网角点的施工坐标，如图 10.3.1（a）所示。放样时，根据矩形网角点的施工坐标和地面建筑方格网，利用直角坐标法即可将矩形网的 4 个角点在地面上直接标定出来。对于大型或设备基础复杂的厂房，可选用其相互垂直的两条轴线作为主轴线，用测设建筑方格网主轴线的方法将其测设出来，然后再根据这两条主轴线测设矩形控制网的 4 个角点，如图 10.3.1（b）所示。

如图 10.3.1（a），厂房矩形控制网测设的主要步骤如下：

（1）计算测设数据。根据厂房控制桩 S、P、Q、R 的坐标，计算利用直角坐标法进行测设时，所需测设数据。

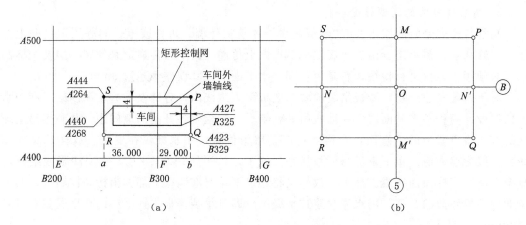

图 10.3.1　厂房矩形控制网测设

（2）厂房控制点的测设。

1）从 F 点起沿 FE 方向量取 36m，定出 a 点；沿 FG 方向量取 29m，定出 b 点。

2）在 a 与 b 上安置经纬仪，分别瞄准 E 与 F 点，顺时针方向测设 $90°$，得两条视线方向，沿视线方向量取 23m，定出 R 、Q 点。再向前量取 21m，定出 S 、P 点。

3）为了便于进行细部的测设，在测设厂房矩形控制网的同时，还应沿控制网测设距离指标桩，距离指标桩的间距一般等于柱子间距的整倍数。

（3）检查。

1）检查 $\angle S$ 、$\angle P$ 是否等于 $90°$，其误差不得超过 $\pm 10''$。

2）检查 SP 是否等于设计长度，其误差不得超过 $1/10000$。

10.3.2　厂房基础施工测量

1. 厂房柱列轴线与柱基测设

根据厂房平面图上所注的柱间距和跨度尺寸，用钢尺沿矩形控制网各边量出各柱列轴线控制桩的位置，并打入大木桩，桩顶用小钉标出点位，作为柱基测设和施工安装的依据，如图 10.3.2 所示。

丈量时应以相邻的两个距离指标桩为起点分别进行，以便检核。

2. 柱基定位和放线

如图 10.3.3 所示，柱基测设的主要步骤如下：

（1）安置两台经纬仪在两条互相垂直的柱列轴线控制桩 A 、5 上，沿轴线方向交会出各柱基的位置（即柱列轴线的交点），此项工作称为柱基定位。

（2）在柱基的四周轴线上，打入四个定位小木桩 a 、b 、c 、d ，其桩位应在基础开挖边线以外，比基础深度大 1.5 倍的地方，作为修坑和立模的依据。

（3）按照基础详图所注尺寸和基坑放坡宽度，用特制角尺，放出基坑开挖边界线，并撒出白灰线以便开挖，此项工作称为基础放线。

3. 柱基施工测量

（1）基坑开挖深度的控制。当基坑挖到一定深度时，应在基坑四壁，离基坑底设计标高 0.5m 处，测设水平桩和标高桩，作为检查基坑底标高和控制垫层的依据，如图 10.3.4 所示。

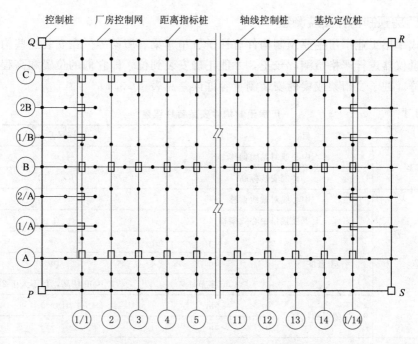

图 10.3.2　厂房柱列轴线与柱基测设

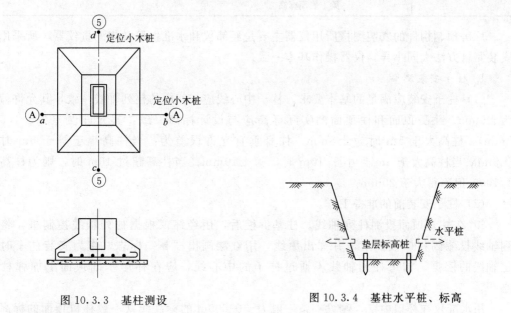

图 10.3.3　基柱测设

图 10.3.4　基柱水平桩、标高

（2）立模定位。

1）基础垫层打好后，根据基坑周边定位小木桩，用拉线吊锤球的方法，把柱基定位线投测到垫层上，弹出墨线，用红漆画出标记，作为柱基立模板和布置基础钢筋的依据。

2）立模时，将模板底部的定位线标志与垫层上相应的墨线对齐，并用锤球检查模板是否垂直。

3）将柱基顶面设计标高测设在模板内壁，作为浇灌混凝土的高度依据。

10.3.3　厂房预制构件安装测量

装配式单层工业厂房主要预制构件有柱子、吊车梁、屋架等。在安装这些构件时，必须使用测量仪器进行严格检测、校正，才能正确安装到位，即它们的位置和高程必须与设计要求相符。柱子、桁架或梁的安装测量容许误差见表 10.3.1。

表 10.3.1　厂房预制构件安装容许误差

项　目			容许误差/mm
杯形基础	中心线对轴线偏移		10
	杯底安装标高		0，−10
柱	中心线对轴线偏移		5
	上下柱接口中心线偏移		3
	垂直度	≤5m	5
		>5m	10
		≥10m 多节柱	1/1000 柱高，且不大于 20
	牛腿面和柱高	≤5m	0，−5
		>5m	0，−8
梁或吊车梁	中心线对轴线偏移		5
	梁上表面标高		0，−5

厂房预制构件的安装测量所用仪器主要是经纬仪和水准仪等常规测量仪器，所采用的安装测量方法大同小异，仪器操作基本一致。

1. 柱子安装测量

（1）柱子安装应满足的基本要求。柱子中心线应与相应的柱列轴线一致，其允许偏差为 ±5mm。牛腿顶面和柱顶面的实际标高应与设计标高一致，其允许误差为 ±（5～8mm），柱高大于 5m 时为 ±8mm。柱身垂直允许误差为：当柱高小于等于 5m 时为 ±5mm；当柱高大于 5m 且小于 10m 时，为 ±10mm；当柱高超过 10m 时，则为柱高的 1/1000，但不得大于 20mm。

（2）柱子安装前的准备工作。

1）在柱基顶面投测柱列轴线。柱基拆模后，用经纬仪根据柱列轴线控制桩，将柱列轴线投测到杯口顶面上，并弹出墨线，用红漆画出"▶"标志，作为安装柱子时确定轴线的依据。如果柱列轴线不通过柱子的中心线，应在杯形基础顶面上加弹柱中心线。

用水准仪在杯口内壁，测设一条一般为 −0.600m 的标高线（一般杯口顶面的标高为 −0.500m），并画出"▼"标志，作为杯底找平的依据，如图 10.3.5 所示。

2）柱身弹线。柱子安装前，应将每根柱子按轴线位置进行编号。在每根柱子的三个侧面弹出柱中心线，并在每条线的上端和下端近杯口处画出"▶"标志。根据牛腿面的设计标高，从牛腿面向下用钢尺量出 −0.600m 的标高线，并画出"▼"标志，如图 10.3.6 所示。

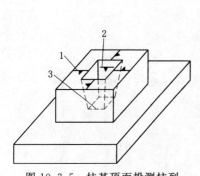

图 10.3.5　柱基顶面投测柱列

1—柱中线；2—60cm 标高线；3—杯底

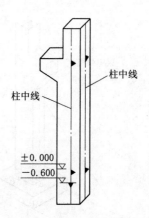

图 10.3.6　柱身弹线

3）杯底找平。先量出柱子的−0.600m 标高线至柱底面的长度；再在相应的柱基杯口内量出−0.600m 标高线至杯底的高度，并进行比较，以确定杯底找平厚度；最后用水泥沙浆根据找平厚度在杯底进行找平，使牛腿面符合设计高程。

（3）柱子的安装测量。

柱子安装测量的目的是保证柱子平面和高程符合设计要求，柱身铅直。

1）预制的钢筋混凝土柱子插入杯口后，应使柱子三面的中心线与杯口中心线对齐，用木楔或钢楔临时固定。

2）柱子立稳后，立即用水准仪检测柱身上的±0.000m 标高线，其容许误差为±3mm。

3）用两台经纬仪，分别安置在柱基纵、横轴线上，离柱子的距离不小于柱高的 1.5 倍，先用望远镜瞄准柱底的中心线标志，固定照准部后，再缓慢抬高望远镜观察柱子偏离十字丝竖丝的方向，指挥用钢丝绳拉直柱子，直至从两台经纬仪中，观测到的柱子中心线都与十字丝纵丝重合为止。

4）在杯口与柱子的缝隙中浇入混凝土，以固定柱子的位置。

5）在实际安装时，一般是一次把许多柱子都竖起来，然后进行垂直校正。这时，可把两台经纬仪分别安置在纵横轴线的一侧，一次可校正几根柱子，但仪器偏离轴线的角度，应在 15°以内，如图 10.3.7 所示。

（4）柱子安装测量的注意事项。

1）所使用的经纬仪必须严格校正，操作时，应使照准部水准管气泡严格居中。

2）校正时，除注意柱子垂直外，还应随时检查柱子中心线是否对准杯口柱列轴线标志，以防柱子安装就位后，产生水平位移。

3）在校正变截面的柱子时，经纬仪必须安置在柱列轴线上，以免产生差错。

4）在日照下校正柱子的垂直度时，应考虑日照使柱顶向阴面弯曲的影响，为避免此种影响，宜在早晨或阴天校正。

2. 吊车梁安装测量

吊车梁安装测量主要是保证吊车梁中线位置和吊车梁的标高满足设计要求。

（1）吊车梁安装前的准备工作。

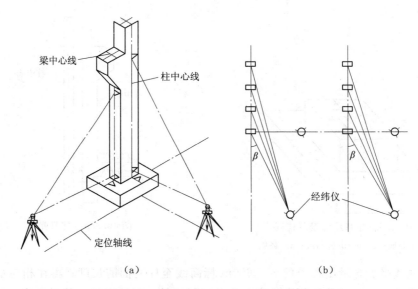

梁中心线

柱中心线

定位轴线

（a）

经纬仪

（b）

图 10.3.7　柱子垂直度校正

吊车梁中心线

图 10.3.8　在吊车梁上弹
出梁的中心线

1）在柱面上量出吊车梁顶面标高。根据柱子上的 ± 0.000m 标高线，用钢尺沿柱面向上量出吊车梁顶面设计标高线，作为调整吊车梁面标高的依据。

2）在吊车梁上弹出梁的中心线。在吊车梁的顶面和两端面上，用墨线弹出梁的中心线，作为安装定位的依据，如图 10.3.8 所示。

3）在牛腿面上弹出梁的中心线。根据厂房中心线，在牛腿面上投测出吊车梁的中心线，投测方法如下：

如图 10.3.9（a）所示，利用厂房中心线 A_1A_1，根据设计轨道间距，在地面上测设出吊车梁中心线（也是吊车轨道中心线）$A'A'$ 和 $B'B'$。

在吊车梁中心线的一个端点 A'（或 B'）上安置经纬仪，瞄准另一个端点 A'（或 B'），固定照准部，抬高望远镜，即可将吊车梁中心线投测到每根柱子的牛腿面上，并墨线弹出梁的中心线。

（2）吊车梁的安装测量。安装时，使吊车梁两端的梁中心线与牛腿面梁中心线重合，是吊车梁的初步定位。采用平行线法，对吊车梁的中心线进行检测，如图 10.3.9（b）所示校正方法如下：

1）在地面上，从吊车梁中心线，向厂房中心线方向量出长度 a（1m），得到平行线 $A''A''$ 和 $B''B''$。

2）在平行线一端点 A''（或 B''）上安置经纬仪，瞄准另一端点 A''（或 B''），固定照准部，抬高望远镜进行测量。

3）此时，另外一人在梁上移动横放的木尺，当视线正对木尺上一米刻划线时，尺的零点应与梁面上的中心线重合。如不重合，可用撬杠移动吊车梁，使吊车梁中心线到

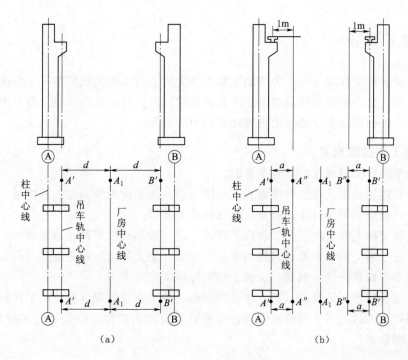

图 10.3.9 吊车梁的安装测量

$A''A''$（或 $B''B''$）的间距等于 1m 为止。

吊车梁安装就位后，先按柱面上定出的吊车梁设计标高线对吊车梁面进行调整，然后将水准仪安置在吊车梁上，每隔 3m 测一点高程，并与设计高程比较，误差应在 3mm 以内。

3. 屋架安装测量

（1）屋架安装前的准备工作。屋架安装前，用经纬仪或其他方法在柱顶面上，测设出屋架定位轴线。在屋架两端弹出屋架中心线，以便进行定位。

（2）屋架的安装测量。屋架安装就位时，应使屋架的中心线与柱顶面上的定位轴线对准，允许误差为 5mm。屋架的垂直度可用锤球或经纬仪进行检查，如图 10.3.10 所示。

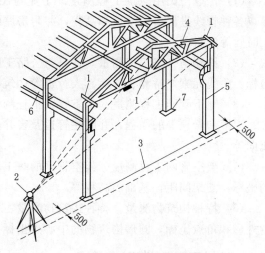

图 10.3.10 屋架的安装测量
1—卡尺；2—经纬仪；3—定位轴线；4—屋架；
5—柱；6—吊车梁；7—柱基

用经纬仪检校方法如下：

1）在屋架上安装三把卡尺，一把卡尺安装在屋架上弦中点附近，另外两把分别安装在屋架的两端。自屋架几何中心沿卡尺向外量出一定距离，一般为 500mm，作出标志。

2）在地面上，距屋架中线同样距离处，安置经纬仪，观测三把卡尺的标志是否在同一竖直面内，如果屋架竖向偏差较大，则用机具校正，最后将屋架固定。

10.4　竣工测量

竣工测量是指工程竣工后，为编制工程竣工文件，对实际完成的各项工程进行一次全面的测量工作，是根据控制网点测定完工建筑物的实际位置，编绘成竣工总平面图、分类图、辅助图、断面图以及碎部点的坐标和高程明细表等。

10.4.1　竣工测量的意义

竣工测量的意义表现在以下几个方面：

（1）检验施工质量。在工程建设和工程竣工后，为了检查和验收工程质量，需要进行竣工测量，以提供成果资料作为检查、验收的重要依据。

（2）反映工程实际状况。在工程施工建设中，一般都是按照设计总图进行，但是，由于设计的更改、施工的误差及建筑物的变形等原因，使工程实际竣工位置与设计位置不完全一致。因而需要进行竣工测量，反映工程实际竣工位置。

（3）为运营管理、维修改（扩）建提供依据。竣工测量成果综合反映了建筑场地竣工后的工程现状，为竣工后工程维修管理运营及日后改建、扩建提供重要的基础技术资料，应进行竣工测量。

10.4.2　竣工测量的主要内容

（1）工业与民用建筑工程测量。工业与民用建筑工程测量内容主要包括房屋角点坐标、各种管线进出口的位置和高程，并附房屋编号、结构形式、房屋层数、建筑面积及竣工时间等资料。

（2）铁路与公路工程测量。铁路与公路工程测量主要包括起终点、转折点、交叉点的坐标，曲线元素，桥涵、路面、人行道等构筑物的位置和高程。

（3）地下管网工程测量。地下管网工程测量主要包括窨井、转折点的坐标，井盖、井底、沟槽和管顶等的高程，并附注管道及窨井的编号、名称、管径、管材、间距、坡度和流向等。

（4）架空管网工程测量。架空管网的竣工测量主要包括管网的转折点、结点、交叉点的坐标，支架间距，基础面高程等。

（5）特种构筑物测量。特种构筑物测量主要包括沉淀池、烟囱、罐苍等及其附属建筑的外形和角点坐标，圆形构筑物的中心点坐标，基础面标高，烟囱高度及沉淀池深度等。

10.4.3　竣工测量的方法与特点

竣工测量可以利用施工期间使用的平面控制点和水准点进行施测。如原有控制点不够使用时，应补测控制点。竣工测量随各阶段施工的完成而陆续开展，并对已建成的建筑物作最后的测量。

（1）图根控制。一般竣工测量图根控制点的密度要大于地形测量。图根点的加密方法与地形测绘一样。

（2）碎部点的实测。传统地形测量一般采用视距测量的方法，测定碎部点的平面位置和高程，而竣工测量一般采用经纬仪测角、钢尺量距的极坐标法测定碎布点的平面位置，采用水准仪或经纬仪视线水平测定碎布点的高程。现在常用全站仪、RTK等配合钢尺量距解析进行测绘。

(3) 测量精度。竣工测量的精度，要高于地形测量的测量精度。地形测量的测量精度要求满足图解精度，而竣工测量的测量精度一般要满足解析精度，应精确至厘米。

(4) 测绘内容。竣工测量的内容比地形测量的内容更丰富。竣工测量不仅要测地表的地形和地貌，还要测底下各种隐蔽工程和建筑物内部结构。

10.4.4 竣工总平面图的编绘

出于设计变更、施工误差等因素的影响，建（构）筑物、管道和道路等竣工后的平面位置和高程位置很可能与原设计总平面图上设计的位置不相符。为了全面准确地反映各项工程竣工后的实际状况，便于日后的维修、扩建和管理等，必须测绘建设区域内竣工总平面图。竣工总平面图是建设单位长期保存的重要技术档案，也是国家的重要技术档案。

1. 竣工总平面图的编绘方法及内容

一般由施工单位负责竣工总平面图的编制。对于按原设计总平面图施工，经竣工后实测检查符合设计要求的，施工单位在原施工总平面图上加盖"竣工总平面图"标志后即可作为竣工总平面图；对于施工中有少量变动（如设计变更或经检查施工产生了偏差）的，施工单位按实测的细部点坐标、高程和各种必要的元素，在施工总平面图上以实测数据代替原设计数据，修改原图上的设计对象及变化了的地形，附上设计变更通知单和施工说明后即可作为竣工总平面图；对于变动较多的，应由建设单位组织编绘或委托勘测单位测量编绘竣工平面图。竣工总平面图编绘时应在施工地下管线及其他隐蔽工程掩埋隐蔽前就认真及时地检测记录，整理好设计变更文件等，供编绘总平面图时使用。编绘工作宜随工程进展而进行，完成一项编绘一项。及时发现问题及时解决，以减少大量的实测工作。这样，建设区的工程全部竣工后，竣工总平面图也就完成了。

竣工总平面图的内容相当复杂，除了完成地形图的测绘工作，还要在图上标注所测细部点的平面坐标、高程以及相关设计要素，有关建（构）筑物的符号应与设计图例相同，有关地形图的图例应使用国家地形图图式符号。如果所有的建（构）筑物绘在一张竣工总平面图上，因线条过于密集而不醒目时，则可采用分类编图。如综合竣工总平面图、交通运输竣工总平面图和管线竣工总平面图等。竣工总平面图编绘的主要步骤及注意事项有：

(1) 决定竣工总平面图的比例尺。竣工总平面图的比例尺，应根据建设区的规模大小和工程的密集程度参考下列规定：①建设区内为 1/500 或 1/1000；②建设区外为 1/1000～1/5000。

(2) 绘制竣工总平面图图底坐标方格网。为了能长期保存竣工资料，竣工总平面图应采用质量较好的图纸。聚酯薄膜具有坚韧、透明、不易变形等特性，可用作图纸。编绘竣工总平面图，首先要在图纸上精确地绘出坐标方格网，一般使用角规和比例尺来绘制。坐标格网画好后，应即进行检查，用直尺检查有关的交叉点是否在同一直线上，同时用比例直尺量出正方形的边长和对角线长，看是否与应有的长度相等，图廓的对角线绘制允许偏差为±1mm。

(3) 展绘控制点。以图底上绘出的坐标方格网为依据，将施工控制网点按坐标展绘在图上。展点对所邻近的方格而言，其允许偏差为±0.3mm。

（4）展绘设计总平面图。在编绘竣工总平面图之前，应根据坐标格网，将设计总平面图的图面内容按其设计坐标，用铅笔展绘于图纸上，作为底图。

2. 竣工总平面图的附件

下列与竣工总平面图有关的一切资料，应分类装订成册，作为竣工总平面图的附件保存，包括以下内容：

（1）地下管线竣工纵断面图。

（2）铁路、公路竣工纵断面图。工业企业铁路专用线和公路竣工以后，应进行铁路轨顶和公路路面（沿中心线）水准测量，以编绘竣工纵断面图。

（3）建筑场地及其附近的测量控制点布置图及坐标与高程一览表。

（4）建筑物或构筑物沉降及变形观测资料。

（5）工程定位、检查及竣工测量的资料。

（6）设计变更文件。

（7）建设场地原始地形图。

思考题与练习题

1. 建筑基线、建筑方格网如何测设？

2. 施工高程控制网如何布设？

3. 民用建筑施工测量工作主要包括哪些内容？

4. 什么是建筑物的定位、放线？

5. 房屋基础放线和抄平测量的工作方法及步骤如何？龙门框有什么作用？

6. 如何控制墙身的竖直位置和砌高度？

7. 柱子吊装测量有哪些主要工作？

8. 为什么要建立专门的厂房控制网？厂房控制网是如何建立的？

9. 高层建筑物的轴线是如何投测的？高层建筑物如何进行高程传递？

10. 试述柱基的放样方法。

11. 为什么是要进行竣工测量？工业用及民用建筑工程竣工测量的主要内容有哪些？

12. 竣工总平面图编绘的主要步骤有哪些？能不能将设计总平面图作为竣工总平面图，为什么？

第 11 章

线路工程测量

学习目标

本章主要学习道路中线和道路纵、横断面测量以及桥梁施工测量的原理与方法。通过学习了解虚交点、复曲线、回头曲线的测设和道路中线的恢复、路基边桩的测设，了解道路与桥梁施工测量的内容和方法；熟悉道路中线的基本概念和道路平面线形的组成以及逐桩坐标的计算，熟悉利用纬地道路等软件实现计算机绘制纵、横断面的方法，熟悉涵洞及其构造物的施工放样方法；掌握交点与转点的测设、转角测定与计算、里程桩的设置、单圆曲线及带有缓和曲线的平曲线测设方法，掌握路线纵、横断面测量和桥梁工程施工放样方法，掌握用全站仪和 GPS - RTK 技术测设道路中线的方法。

11.1 线路工程测量概述

线路工程测量是为道路、铁路、轨道、管道、输电线路及架空索道等线形工程所进行的测量工作。各种线形工程的勘测设计工作有许多共同之处，在众多的线形工程中，道路测量比较具有代表性，因此，本章以公路测量为重点，讲述线路测量的中线测量、纵横断面测量、道路施工测量、桥梁施工测量等。

线路工程测量的基本过程一般包括规划选线、勘测设计、施工、竣工验收和运营管理阶段。各阶段的测量工作应按照《公路勘测规范》（JTG C10—2018）、《公路路线设计规范》（JTG D20—2017）和《城市道路工程设计规范》（CJJ 37—2012）等规范的规定执行。

道路工程为线性工程其中之一，使道路工程控制网有其明显的特点：即长度达数千米甚至数百千米而宽度只有数十米或数百米的狭长带状控制网，并且需要与国家或城市控制网联测，以纳入统一的大地坐标系统。由于三角测量布网、选点比较困难，导线测量具有选点容易、布网灵活的特点，随着全站仪的迅速发展，导线测量逐渐代替三角测量成为道路测量的常用控制测量方式。GNSS 技术的发展为提高道路测量的速度和精度提供了保障，对于线路工程平面控制网，在全局范围内用 GPS 技术建立首级控制网，用导线加密的控制是比较合理的方案。通过 WGS - 84 椭球体高程与大地水准面黄海高程系的转换，用 GPS 技术也可以测定控制点的高程，其精度已能达到三、四等水准测量精度，因此 GPS 高程也可用于路线水准测量。就一般而言，道路工程测量可分为以下几个阶段。

1. 规划选线阶段

规划选线阶段是线路工程的开始阶段，一般包括图上选线、实地勘察和方案论证。

（1）图上选线。设计单位根据建设单位提出的工程建设目标和要求，初步在中小比例尺地形图上进行比较、选择行路方案。它能为线路工程初步设计提供地形信息，可以依此测算线路长度、桥梁和涵洞数量、隧道长度，估算选线方案的建设投资费用等。

（2）实地勘察。根据图上选线的多种方案，进行野外实地视察、踏勘、调查，进一步掌握线路沿途的实际情况，收集沿线的实际资料。地形图的现势性往往跟不上经济建设的速度，地形图与实际地形可能存在差异。因此，实地勘察获得的实际资料是图上选线的重要补充资料。

2．勘测设计阶段

路线勘测设计测量一般分为初测和定测两个阶段。

（1）初测。初测又称踏勘测量。根据初步拟定的路线方案和有比较价值的方案，进行实地选线和纸上定线，并实施测量，包括路线平面控制测量、高程控制测量、带状地形测量。沿路线一定范围内进行工程地质、路基、路面材料、路线交叉、桥涵和路基水文等内容调查。

（2）定测。定测又称详细测量。根据选定的路线，通过直线与交点及曲线设置，将路线的中心位置在实地上定出并测定纵、横断面，地形详图等，为设计路线坡度、计算土石方数量等技术设计提供资料。

3．路线施工阶段

道路施工图中包括道路测量的资料，如沿线的导线点资料、水准点资料、中线设计和测设资料、纵横断面资料及带状地形图等。路线施工测量是指道路施工过程中所要进行的各项测量工作，主要包括道路复测、中线测量、纵横断面测量、边桩和边坡放样、高程放样等。

4．竣工验收和运营管理阶段

竣工验收阶段的测绘工作是测绘竣工平面图、断面图，汇总竣工验收资料并存档；运营管理阶段进行建构筑物的变形观测，监测工程的运营状况，评价工程的安全性。

11.2 道路中线测量

道路中线测量是通过直线和曲线的测设，将道路中线的平面位置具体地敷设到地面上去，并标定出其里程，供设计和施工使用。道路中线测量也叫中桩放样。

无论是公路，还是城市道路，平面线形均要受到地形、地物、水文、地质及其他因素的限制而改变路线方向。在直线转向处要用曲线连接起来，这种曲线称为平曲线，如图11.2.1所示。平曲线包括圆曲线和缓和曲线两种，以平曲线与直线为要素可组合成不同的平面线形。平曲线在高等级路线中所占比重越来越大。

图 11.2.1 道路平面线形

圆曲线是有一定半径的圆弧。缓和曲线是在直线与圆曲线之间加设的，曲率半径由无穷大变换为圆曲线半径的曲线。我国采用辐射螺旋线，也称回旋线。交通运输部《公路工程技术标准》（JTG B01—2014）规定，"当平曲线半径小于不设超高最小半径，应设缓和曲线。四级公路可不设缓和曲线，只设圆曲线"。

11.2.1 交点的测设

《公路勘测规范》（JTG C10—2018）规定：各级公路应在地形测量以后，采用纸上定线；若受条件限制或地形、方案较简单，也可采用现场定线。目前，公路工程上常用的定线测量方法有纸上定线和现场定线两种。交点的测设是定线测量中的基本工作内容。

在路线测设时，应先选定出路线的转折点。这些转折点是路线改变方向时相邻两直线的延长线相交的点，称之为交点。通常以 JD_i 表示。如图 11.2.2 所示，它是线路定线时的主要控制点。当公路设计采用一阶段的施工图设计时，交点的测设可采用现场标定的方法，即根据已定的技术标准，结合地形、地质等条件，在现场反复插设比较，直接定出路线交点的位置。这种方法不需测地形图，比较直观，但只适用于技术简单、方案明确的低等级公路。

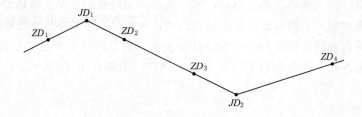

图 11.2.2 线路的交点

对于高等级公路或地形、地物复杂、现场标定困难的地段。应先在实地布设导线，测绘大比例尺地形图（通常为 1∶2000 或 1∶1000），在地形图上根据地形调整交点和转点的位置，最终确定整条线路的平面位置从而实现纸上定线。需要根据约束条件计算交点坐标，以得到交点间距、偏角，确定圆曲线半径及缓和曲线长度，计算曲线要素。再根据它们之间的几何关系，最终计算出各中桩坐标，然后到实地以导线点为控制点，用全站仪或 GPS 直接放样中桩，现场无须标定交点。

伴随着测绘科技进步，利用数字地图实现纸上定线具有精度好、效率高、外业强度低等优势，图上定线已经成线路勘测设计的主流手段，可以利用设计得到的交点坐标、中线坐标成果用坐标放样法实现道路中线放样。故交点的传统测设方法中的放点穿线法、拨角放线法在此不再赘述。

11.2.2 路线转角的测定

路线由一个方向偏转为另一个方向时，偏转后的方向与原来方向的夹角称为转角，也称偏角，用 α 来表示。

如图 11.2.3 所示。路线的偏角有左右之分：偏转后的方向在原方向左侧的称为左偏，

记为 $\alpha_左$，偏转后的方向在原方向的右侧称为右偏，记为 $\alpha_右$。

在路线的转弯处，为了测设曲线，需要测定转角。一般习惯观测路线的右角 $\beta_右$ 并按式（11.2.1）计算转角

$$当 \beta_右 < 180° 时，为右偏 \alpha_右 = 180° - \beta_右 \atop 当 \beta_右 > 180° 时，为左偏 \alpha_左 = \beta_右 - 180°} \tag{11.2.1}$$

转角 $\beta_右$ 的观测通常按测回法观测一个测回，两个半测回的较差随公路等级而定，一般不超过 $1'$。如果在限差以内，取平均值为最后结果。

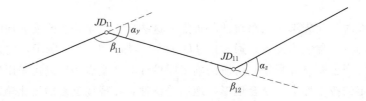

图 11.2.3 路线转角的测定

11.2.3 里程桩的设置与断链

在路线交点、转点和转角测定以后，就可以进行实地量距、设置里程桩、标定中线位置。里程桩也称中桩，是指从道路起点沿道路前进方向计算至某中桩点的距离，其中曲线上的中桩里程是以曲线长计算的。里程的具体表示方法是将整千米数和后面的尾数分开，中间用"＋"号连接，在里程前冠以字母 K。例如，距起点为 4368.472m 处的中桩里程表示为 K4＋368.472。

1. 里程桩的类型

里程桩分为整桩和加桩两类。在公路中线的直线段上和曲线段上，桩距按表 11.2.1 所列的中桩间距桩称为整桩。它的里程桩号均为整数、且为要求桩距的整倍数。在实测过程中，为了测设方便，里程桩号应尽量避免采用破碎桩号，一般宜采用 20m 或 50m 及其倍数。当量距每至百米及千米时，要钉设百米桩及千米桩。

表 11.2.1　　　　　　　　　　　　中　桩　间　距　　　　　　　　　　　单位：m

直　线　段		曲　线　段			
平原微丘区	山岭重丘区	不设超高的曲线	$R>60$	$30<R\leqslant60$	$R\leqslant30$
$\leqslant50$	$\leqslant25$	25	20	10	5

注　表中的 R 为曲线半径。

加桩分地形加桩、地物加桩、曲线加桩和关系加桩。地形加桩设置于中线的地形变化处；地物加桩设置于中线上的桥涵等人工构造物处及公路、铁路的平面交叉处；曲线加桩是设置于曲线的起点、中点和终点等曲线的主点桩；关系加桩是设置于路线的交点、转点的桩。曲线加桩和关系加桩应当在所书写的桩号前面，书写其缩写名称（汉语拼音字母的缩写）。表 11.2.2 为曲线加桩和关系加桩名称缩写实例。

表 **11.2.2** 曲线加桩和关系加桩名称缩写

标志桩 名　称	简称	汉语拼音 缩　写	英文缩写	标志桩 名　称	简称	汉语拼音 缩　写	英文缩写
转角点	交点	JD	IP	公切点	—	GQ	CP
转点	—	ZD	TP	第一缓和 曲线起点	直缓点	ZH	TS
圆曲线 起点	直圆点	ZY	BC	第一缓和 曲线终点	缓圆点	HY	SC
圆曲线 中点	曲中点	QZ	MC	第二缓和 曲线起点	圆缓点	YH	CS
圆曲线 终点	圆直点	YZ	EC	第二缓和 曲线终点	缓直点	HZ	ST

2. 里程桩的钉设

钉桩时，对起控制作用的交点桩、转点桩、平曲线控制桩、路线起终点桩以及重要的人工构造物加桩，如桥位桩、隧道定位桩等均采用方桩。方桩钉至与地面齐平，顶面钉一小钉表示点位。在距方桩 20cm 左右处设置指示桩，上面书写桩的名称和桩号。钉指示桩要注意字面应朝向方桩，以便于将来寻找方桩。直线上的指示桩应打在路线的同一侧，曲线上则应打在曲线的外侧。主要起控制作用的方桩应用混凝土浇筑，也可用钢筋加混凝土预制桩，且钢筋顶面锯成"十"字以示点位。必要时加设护桩防止桩的损坏或丢失。除控制桩之外，其他的桩为标志桩，一般采用板桩，直接将指示桩打在点位上，并露出桩号为宜。为了后续工作中寻找里程桩的方便，不致遗漏，应按"1，2，3，…，8，9，0，1，2，…"的循环顺序对中桩进行编号，编号写在桩的背面。打桩时，板桩的序号面要朝向路线前进方向，如图 11.2.4 所示。

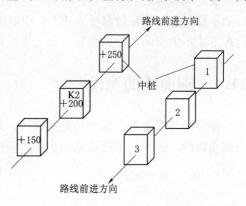

图 11.2.4　桩号与编号方向

3. 断链

中线测量一般是分段进行。由于地形地质等各种情况常常会进行局部改线或者由于计算、丈量发生错误时，会造成已测量好的各段里程不能连续，这种情况称为断链。

如图 11.2.5（a）所示，由于交点 JD_3，改线后移至 $JD_3{}'$，原中线改线至图中虚线位置，使起点至转点 ZD_{3-1} 的距离减少。而从 ZD_{3-1} 往前已进行了中线测量，如将所有里程改动或重新进行中线测量，则工作量太大。故可在转点 ZD_{3-1} 的位置设置断链桩。断链有"长链"和"短链"之分，当路线桩号短于地面实际里程时叫短链，反之叫长链。如图 11.2.5（b）所示。断链的桩号写法如下：

短链：K7+791.262＝K7+800　　　　　短链 11.262m

长链：K3＋110＝K3＋105.21　　　　　　　　长链 4.79m

断链桩一般应设置在 100m 桩或 10m 桩处，不应设置在桥梁、村庄、隧道和曲线的范围内，并做好详细的断链记录，供初步设计和计算道路总长度作参考。所有短链桩号应填写在"总里程及断链桩号表"上，考虑断链桩号的影响，路线总里程应为：

路线总里程＝终点桩里程－起点桩里程＋∑长链－∑短链

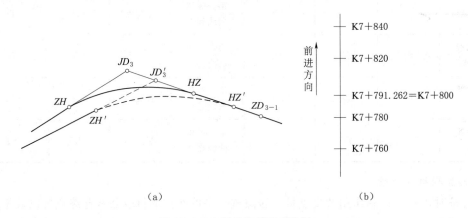

（a）　　　　　　　　　　　　　　　　（b）

图 11.2.5　断链及其处理方法

目前 GPS-RTK 技术在中线放样中已得到广泛应用。它拥有彼此不通视条件下远距离传递三维坐标的优势，并且不会产生误差累积，故其效率较其他方法大大提高。将设计好的中桩和边桩坐标数据导入 RTK 接收机中，然后在实地直接导航放样出中边桩位置，这种方法不需要测设交点位置，也无须实地测量转角，是现阶段中线测量的主要方法。

11.3　圆曲线的测设

圆曲线是指具有一定半径的圆弧线，是线路转弯最常用的曲线形式。对于四级公路或当圆曲线的半径大于不设超高的最小半径时，可只设圆曲线。在平面线形的不同组合形式中称单圆曲线。

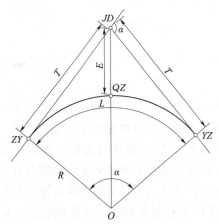

图 11.3.1　圆曲线测设元素

测设圆曲线的步骤一般是：① 主点的测设，圆曲线的主点包括曲线的起点（直圆 ZY 点）、中点（曲中 QZ 点）和曲线的终点（圆直 YZ 点）；② 在曲线的主点间按规定桩距加密细部点，完整地标出曲线的平面位置，称为曲线的详细测设。

11.3.1　圆曲线主点的测设

1. 圆曲线测设元素

圆曲线测设时，一般要已知交点位置、线路的转角 α、圆曲线半径 R 这三个条件，同时把转角 α 和半径 R 称之为确定曲线形状的基本要素，如图 11.3.1 所示，则圆曲线的测设元素可按下列

公式计算

$$
\left.
\begin{aligned}
\text{切线长 } T &= R \times \tan\frac{\alpha}{2} \\[6pt]
\text{曲线长 } L &= R \times \alpha\,\frac{\pi}{180°} \\[6pt]
\text{外 距 } E &= R \times \left(\sec\frac{\alpha}{2}-1\right) \\[6pt]
\text{切曲差 } D &= 2T - L
\end{aligned}
\right\}
\tag{11.3.1}
$$

式中　T、L、E、D——圆曲线的曲线测设元素。

2. 主点测设

(1) 主点里程的计算。在中线测量中，曲线段的里程是按曲线长度传递的，即按汽车的行驶轨迹计算里程。故 YZ 里程 $\neq JD$ 里程 $+T$。圆曲线各主点里程按下式计算，由图11.3.1 可知

$$
\left.
\begin{aligned}
ZY \text{ 里程} &= JD \text{ 里程} - T \\[6pt]
YZ \text{ 里程} &= ZY \text{ 里程} + L \\[6pt]
QZ \text{ 里程} &= YZ \text{ 里程} - \frac{L}{2} \\[6pt]
JD \text{ 里程} &= QZ \text{ 里程} + \frac{D}{2}（\text{校核}）
\end{aligned}
\right\}
\tag{11.3.2}
$$

【例 11.3.1】 已知某交点的里程为 K6+182.76，曲线的转角为 $\alpha_y = 25°48'$，曲线半径 $R = 300\mathrm{m}$，求曲线测设元素及主点里程。

解：1）圆曲线测设元素

由式（11.3.1）代入数据计算可得 $T = 68.71\mathrm{m}$；$L = 135.09\ \mathrm{m}$；$E = 7.77\ \mathrm{m}$；$D = 2.33\mathrm{m}$。

2）主点里程

$$
\begin{array}{rl}
JD & k6+182.76 \\
-)\,T & 68.71 \\
\hline
ZY & k6+114.05 \\
+)\,L & 135.09 \\
\hline
YZ & K6+2411.14 \\
-)\,L/2 & 67.54 \\
\hline
QZ & K6+181.60 \\
+)\,D/2 & 1.16 \\
\hline
JD & K6+182.76
\end{array}
$$

（校核）
（计算无误）

(2) 主点的测设。在行进曲线主点的测设时，应先将经纬仪安置在 JD_i 上，照准后一个交点 JD_{i-1} 或此方向上的转点，然后在此方向量取切线长 T 便得到曲线的起点 ZY，量取该点至最近一个直线桩的距离，若该距离与两个桩号之间的差值在允许范围内，则可以在此处打下 ZY 桩，若距离之差超限，应当查明原因，确保桩位的准确性。同样方法，

在交点 JD_i，上照准后一个交点 JD_{i+1} 或此方向上的转点，量取切线长 T，便得 YZ 桩。ZY、YZ 桩点设置结束后，可自交点沿分角线方向量取外距 E，打下 QZ 桩点。

11.3.2　圆曲线的详细测设

单圆曲线的测设方法较多，传统方法主要有切线支距法、偏角法、弦线支距法等。

在圆曲线的主点设置后，即可进行圆曲线的详细测设。详细测设所采用的桩距 l_0 与曲线半径有关，请参照表 11.2.1 中桩间距的规定。按桩距 l_0 在曲线上设桩，通常有两种方法：

中线测量中一般均采用整桩号法。中桩桩位误差不应超过表 11.3.1 的规定。

表 11.3.1 　　　　　　　　　中线量距精度和中桩桩位限差

公路等级	距离限差	桩位纵向误差/cm		桩位横向误差/cm	
		平原微丘	山岭重丘	平原微丘	山岭重丘
高速公路、一级公路	1/2000	S/2000+0.05	S/2000+0.10	5	10
二级及二级以下公路	1/1000	S/1000+0.10	S/1000+0.10	10	15

整桩号法：将曲线上靠近起点 ZY 的第一个桩凑成整数成为 l_0 倍数的整桩号，然后按桩距 l_0 连续向曲线中点 YZ 设桩。这样设置的桩均为整桩号。

整桩距法：从曲线起点 ZY 和终点 YZ 开始，分别以桩距 l_0 连续向曲线中点 QZ 设桩。由于这样设置的桩均为非整数桩号，因此应该注意加设百米桩和公里桩。

1. 切线支距法（直角坐标法）

切线支距法是以曲线的起点 ZY 点或终点 YZ 点为原点，以切线为 x 轴，以过原点的半径为 y 轴，以曲线上各点的坐标 x、y 来测设曲线，故又称直角坐标法。如图 11.3.2 所示。

设 P_i 为曲线上欲加测的点位，该点距曲线的起点 ZY（或终点 YZ）的弧长为 l_i，Φ_i 为 l_i 所对的圆心角，R 为曲线半径，则曲线上任意一点 P_i 的坐标为

$$\left.\begin{array}{l} x_i = R\sin\varphi_i \\ y_i = R(1-\cos\varphi_i) \end{array}\right\} \quad (11.3.3)$$

其中

$$\varphi_i = \frac{l_i}{R}\frac{180°}{\pi}$$

【例 11.3.2】　例 11.3.1 若采用切线支距法并按整桩号法设桩，试计算各桩坐标。

例 11.3.1 已计算出主点里程，在此基础上按整桩号法列出详细测设的桩号，并计算其坐标。具体计算见表 11.3.2。

切线支距法测设曲线时，如果能用仪器精确定出支距方向，可从 ZY 一直打到 YZ，但有时用方向架配合钢尺测设时，支距过长会产生较大误差，故应从曲线两端向 QZ 测设，具体步骤如下：

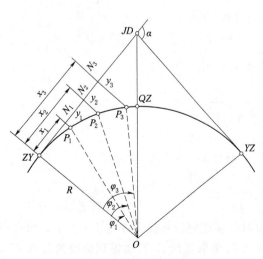

图 11.3.2　切线支距法测设圆曲线

（1）从曲线的 ZY 点或 YZ 点开始，沿曲线的切线方向量取 P_i 点的横坐标 x_i 得 P 点在切线上的垂足 N_i。

（2）在垂足 N_i 上用方向架（支距长时应当用仪器）定出垂直方向，在此方向上量取该点的纵坐标 y_i，则得到该点 P_i。

（3）按照同样方法可测设出其他各点。

（4）曲线上各点测设完毕后，应当检查相邻各桩的距离，若此距离与桩号差相等或在限差之内，则曲线测设合格。若超限应当查明原因，予以纠正。

此方法适用于较平坦开阔的地区，具有操作简单、测设方便、误差不累积之优点，但测设点位精度较低。

表 11.3.2   **切线支距法坐标计算表**

桩 号	各桩至 ZY 或 YZ 的曲线长度 l_i	圆心角 φ_i	独立坐标系的坐标	
			x_i	y_i
ZY k6+ 114.05	0	0°00′00″	0	0
+120	5.95	1°08′11″	5.95	0.06
+140	25.95	4°57′22″	25.92	1.12
+160	45.95	8°46′33″	45.77	3.51
+180	65.95	12°35′44″	65.42	7.22
QZ k6 + 181.60				
+200	49.14	9°23′06″	48.92	4.02
+220	29.14	5°33′55″	29.09	1.41
+240	9.14	1°44′44″	9.14	0.14
YZ k6+249.14	0	0°00′00″	0	0

2. 偏角法

偏角法是用曲线的起点 ZY 或终点 YZ 点到曲线上任意一点 P_i 的弦线与切线 T 间的夹角弦切角（偏角）Δ_i 和弦长 C_i 来确定 P_i 点位置的一种方法，其数学实质是极坐标法。

如图 11.3.3 所示，根据几何学的原理，偏角 Δ_i 等于相应弧长所对的圆心角 φ_i 之半，即

$$\Delta_i = \frac{\varphi_i}{2} = \frac{l_i}{R}\frac{90°}{\pi}$$

弦长 C_i 可按下式计算

$$C_i = 2R\sin\frac{\varphi}{2} \qquad (11.3.4)$$

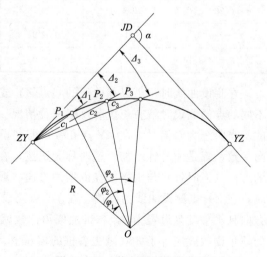

图 11.3.3   偏角法测设圆曲线

如将式（11.3.4）中 $\sin\dfrac{\varphi}{2}$ 用级数展开，并以 $\varphi=\dfrac{l}{R}$ 代入，则

$$C_i = 2R\left[\frac{\varphi}{2} - \frac{\left(\frac{\varphi}{2}\right)^3}{3!} + \cdots\right] = 2R\left(\frac{l_i}{2R} - \frac{l_i^3}{48R^3} + \cdots\right) = l_i - \frac{l_i^3}{24R^2} + \cdots$$

式中　l_i——弧长（点 P_i 至 ZY 点或 YZ 点的距离），其中弧弦差 δ_i 为

$$\delta_i = l_i - C_i = \frac{l_i^3}{24R^2} \tag{11.3.5}$$

在实际工作中，弦长 C_i 可通过式（11.3.4）计算获得。

【例 11.3.3】　仍然以例 11.3.1 中所给的数据为例，采用偏角法按整桩号法设桩，计算各桩的偏角和弦长。设曲线由 ZY 点和 YZ 点分别向 QZ 点测设，计算见表 11.3.3。

表 11.3.3　　　　　　　　　　　偏角法测设圆曲线数据计算表

桩　　号	各桩至 ZY 或 YZ 的曲线长度 l_i	偏角值	偏角读数	相邻桩间弧　长 /m	相邻桩间弦　长 /m
ZY K6 + 114.05	0	0°00′00″	0°00′00″	0	0
+120	5.95	0°34′05″	0°34′05″	5.95	5.95
+140	25.95	2°28′41″	2°28′41″	20	20.00
+160	45.95	4°23′16″	4°23′16″	20	20.00
+180	65.95	6°17′52″	6°17′52″	20	20.00
QZ K6 + 181.60	67.55	6°27′00″	6°27′00″	1.60	1.60
			353°33′00″	18.40	18.40
+200	49.14	4°41′33″	355°18′27″	20	20.00
+220	29.14	2°46′58″	357°13′02″	20	20.00
+240	9.14	0°52′22″	359°07′38″	9.14	9.14
YZ K6 + 249.14	0	0°00′00″	0°00′00″	0	0

在测设曲线时，可以在曲线的起点 ZY 或终点 YZ 分别向曲线的中点 QZ 测设，但在不同的点位测设时就有正拨和反拨两种情况。我们知道，经纬仪的水平度盘是顺时针刻划的。当曲线为右偏时，在 ZY 点安置仪器测设曲线，曲线偏角增加的方向与度盘的增加方向一致，都是顺时针增加，这时称为正拨；在 YZ 点安置仪器测设曲线时，曲线偏角增加的方向（逆时针）与水平度盘的增加方向（顺时针）相反，这时称为反拨。当曲线为左偏时，在 ZY 点测设曲线为反拨、在 YZ 点测设曲线为正拨。正拨时，如果望远镜照准切线方向且水平度盘设置为 0，各桩的偏角读数就等于各桩的偏角值，而反拨时则不同，各桩的偏角读数就应等于 360°减去各桩的偏角值。偏角法的测设步骤如下：

（1）将经纬仪置于 ZY 点上，瞄准交点 JD 并将水平度盘配置在 0。

（2）转动照准部使水平度盘读数为桩 +120 的偏角读数 0°34′05″，从 ZY 点沿此方向

转动照准部使水平度盘读数为桩+140 的偏角读数 2°28′41″，由桩+120 量弦长 20m 与视线方向相交，定出 K6+140。

（3）按上述方法逐一定出+160、+180 及 QZ 点 K6+181.60，此时定出的 QZ 点应与主点测设时定出的 QZ 点重合，如不重合，其闭合差不得超过规定。

（4）将仪器移至 YZ 点上，瞄准交点 JD 并将度盘读数配置在 0。

（5）转动照准部使水平度盘读数为桩+240 的偏角读数 359°07′38″，沿此方向从 YZ 点。

（6）转动照准部使水平度盘读数为桩+220 的偏角读数 357°13′02″，由桩+240 量弦长 20m 与视线相交得 K6+220。

（7）以此逐一定出+200 点和 QZ 点。QZ 点的偏差亦应满足规定。

用偏角法测设圆曲线的细部点，因测设距离的方法不同，分为长弦偏角法和短弦偏角法两种。前者测设测站至细部点的距离（长弦），适合用于全站仪测量；后者测设相邻细部点的距离（短弦），适合用于经纬仪加钢尺测量。

偏角法不仅可以在 ZY 和 YZ 点上测设曲线，而且可以在 QZ 点上测设，也可在曲线任意一点上测设。它是一种测设精度较高，适用性较强的常用方法。但在用短弦偏角法测量时存在着测点误差积累的缺点，因而从曲线两端向中点或自中点向两端测设曲线。

11.4 缓和曲线的测设

车辆在曲线路面行驶时，由于受到离心力的影响，车辆容易向曲线外侧倾倒，影响车辆的安全行驶以及舒适性。为了减小离心力对行驶车辆的影响，路面必须在曲线外侧加高，称为超高。在直线上超高为 0，在圆曲线上超高为 h，这就需要在直线段与圆曲线之间或者两个半径不同的圆曲线之间插入一条起过度作用的曲线，即曲率半径由直线的无穷大逐渐变化至圆曲半径 R 或者从圆曲线半径 R_1 变化到 R_2，此曲线称为缓和曲线。

缓和曲线的作用是使曲率连续变化，车辆便于遵循，保证行车安全；离心加速度逐渐变化，旅客感到舒适；曲线上超高和加宽的逐渐过渡，行车平稳和路容美观；与圆曲线配合适当的缓和曲线，可提高驾驶员的视觉平顺性，增加线形美感。在设有加宽时，缓和曲线部分也作为加宽渐变的部分。

缓和曲线可采用回旋线（也称辐射螺旋线）、三次抛物线和双纽线。目前我国公路、铁路设计中大多以回旋线作为缓和曲线。

11.4.1 回旋线型缓和曲线公式

1. 基本公式

如图 11.4.1 所示，回旋型缓和曲线是曲率半径随曲线长度的增大而成反比例

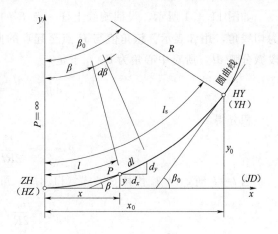

图 11.4.1 回旋型缓和曲线

均匀减小的曲线,即在回旋线上任意点的曲率半径 ρ 与曲线的长度 l 成反比。用公式表示为

$$\rho = c/l \text{ 或者 } \rho l = c \tag{11.4.1}$$

式中 ρ ——回旋线上某点的曲率半径,m;

l ——回旋线上某点到原点的曲线长,m;

c ——常数。

为了使上式两边的量纲统一,引入回旋线参数 A,令 $A^2 = c$,A 表征回旋线曲率变化的缓急程度。则回旋线基本公式可为

$$A^2 = \rho l; \quad c = \rho l \tag{11.4.2}$$

在缓和曲线的终点 HY 点(或 YH 点),$\rho = R$,$l = l_s$(缓和曲线全长),则

$$A^2 = R l_s; \quad c = R l_s \tag{11.4.3}$$

缓和曲线长度的确定应考虑乘客的舒适性和超高过渡的需要,并不能小于汽车 3s 的行程,且与车速有关。目前我国公路采用:

$$c = 0.035 V^3$$

式中 V——行车速度,km/h。

缓和曲线的全长为

$$l_s = 0.035 \frac{V^3}{R} \tag{11.4.4}$$

我国《公路路线设计规范》(JTG D20—2006)规定了各级公路缓和曲线的最小长度,见表 11.4.1。

表 11.4.1   各级公路缓和曲线最小长度

设计速度/(km/h)	120	100	80	60	40	30	20
回旋线一般值/m	130	120	100	80	50	40	25
回旋线最小值/m	100	85	70	60	40	30	20

2. 切线角公式

如图 11.4.1 所示,设回旋线上任一点 P 的切线与起点 ZH 或 HZ 的切线的夹角称为为切线角,用 β 表示。该角值与 P 点至起点的曲线长 l 所对的中心角相等。在 P 处取一段微分弧 dl,所对中心角为 $d\beta$,于是

$$d\beta = \frac{dl}{\rho} = \frac{l\,dl}{c}$$

积分得

$$\beta = \frac{l^2}{2c} = \frac{l^2}{2Rl_s} \text{ (rad)} \tag{11.4.5}$$

当 $l = l_s$ 时,以 β_0 代替 β,式 (11.4.5) 可写成

$$\beta_0 = \frac{l_s}{2R} \text{ (rad)} \tag{11.4.6}$$

以角度来表示,则

$$\beta_0 = \frac{l_s}{2R} \frac{180°}{\pi} \quad (\text{deg}) \tag{11.4.7}$$

β_0 即为缓和曲线全长 l_s 所对的中心角即切线角，也称缓和曲线角。

3. 缓和曲线的参数方程

如图 11.4.1 所示，以缓和曲线的起点为坐标原点，过该点的切线为 x 轴，过原点的半径为 y 轴，取任一点 P 的坐标为 $(x，y)$，则微分弧 $\mathrm{d}l$ 在坐标轴上的投影为

$$\left.\begin{aligned} \mathrm{d}x &= \mathrm{d}l\cos\beta \\ \mathrm{d}y &= \mathrm{d}l\sin\beta \end{aligned}\right\} \tag{11.4.8}$$

将式 (11.4.8) 中的 $\cos\beta$、$\sin\beta$ 按级数展开为

$$\cos\beta = 1 - \frac{\beta^2}{2!} + \frac{\beta^4}{4!} - \cdots$$

$$\sin\beta = \beta - \frac{\beta^3}{3!} + \frac{\beta^5}{5!} - \cdots$$

并将 $\beta = l^2/2Rl_s$ 代入其中，式 (11.4.8) 可写成

$$\mathrm{d}x = \left[1 - \frac{1}{2}\left(\frac{l^2}{2Rl_s}\right)^2 + \frac{1}{24}\left(\frac{l^2}{2Rl_s}\right)^4 - \cdots\right]\mathrm{d}l$$

$$\mathrm{d}y = \left[\frac{l^2}{2Rl_s} - \frac{1}{6}\left(\frac{l^2}{2Rl_s}\right) + \frac{1}{1200}\left(\frac{l^2}{2Rl_s}\right)^5 - \cdots\right]\mathrm{d}l$$

积分后略去高次项得

$$\left.\begin{aligned} x &= l - \frac{l^5}{40R^2l_s^2} \\ y &= \frac{l^3}{6Rl_s} - \frac{l^7}{336R^3l_s^3} \end{aligned}\right\} \tag{11.4.9}$$

式 (11.4.9) 即为缓和曲线的参数方程。当 $l = l_s$ 时，即可得缓和曲线的终点坐标为

$$\left.\begin{aligned} x_0 &= l_s - \frac{l_s^3}{40R^2} \\ y_0 &= \frac{l_s^2}{6R} - \frac{l_s^4}{336R^3} \end{aligned}\right\} \tag{11.4.10}$$

11.4.2 带有缓和曲线的平曲线的主点测设

1. 曲线的内移值与切线增长值

如图 11.4.2 所示，在直线与圆曲线之间插入缓和曲线时，必须将原有的圆曲线向内移动距离 P 才能使缓和曲线的起点位于直线方向上，这时切线增长了 q。公路上一般采用圆心不动的平行移动方法，即未设缓和曲线时的圆曲线为弧 FG，其半径为 $(R+P)$；插入两段缓和曲线 AC 和 BD 后，圆曲线向内移，其保留部分为弧 CMD，半径为 R，所对的圆心角为 $(\alpha - 2\beta_0)$。

测设时必须满足的条件是 $\alpha \geqslant 2\beta_0$，否则应缩短缓和曲线长度或加大圆曲线半径使之满足条件。由图 11.4.2 可知

$$\left.\begin{aligned} p &= y_0 - R(1 - \cos\beta_0) \\ q &= x_0 - R\sin\beta_0 \end{aligned}\right\} \tag{11.4.11}$$

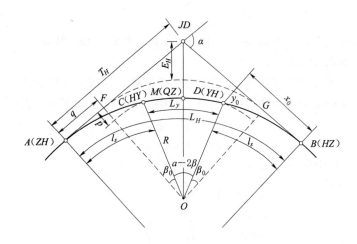

图 11.4.2　曲线的内移值与切线增长值

将式（11.4.11）中 $\sin\beta_0$、$\cos\beta_0$ 展开，略去高次项，并按式（11.4.7）和式（11.4.10)将 β_0、x_0 和 y_0 代入，便可得

$$
\left.
\begin{aligned}
p &= \frac{l_s^3}{24R} \\
q &= \frac{l_s}{2} - \frac{l_s^3}{240R^2}
\end{aligned}
\right\}
\tag{11.4.12}
$$

由式（11.4.12）与式（11.4.10）可知，内移距 p 等于缓和曲线中点纵坐标 y 的 2 倍；切线增长值 q 为缓和曲线长度的一半，缓和曲线的位置大致是一半占用直线部分，另一半占用原来的圆曲线部分。

2. 曲线测设元素的计算

当测得曲线的转角 α 圆曲线半径尺 R 和缓和曲线长 l_s 确定后，即可按式（11.4.7）及式（11.4.12）计算切线角 β_0、内移值 p 及增长值 q 并在此基础上计算曲线测设元素。

如图 11.4.2 所示，曲线测设元素的计算公式如下

$$
\left.
\begin{aligned}
&\text{切线长 } T_H = (R+p)\tan\frac{\alpha}{2} + q \\
&\text{曲线长 } L_H = R(\alpha - 2\beta_0)\frac{\pi}{180°} + 2l_s \\
&\text{或者 } L_H = R\alpha\frac{\pi}{180°} + l_s \\
&\text{圆曲线长 } L_Y = R(\alpha - 2\beta_0)\frac{\pi}{180°} \\
&\text{外距 } E_H = (R+P)\sec\frac{\alpha}{2} - R \\
&\text{切曲差 } D_H = 2T_H - L_H
\end{aligned}
\right\}
\tag{11.4.13}
$$

3. 曲线主点里程计算及主点测设

$$
\left.\begin{array}{l}
\text{直缓点 } ZH = JD - T_H \\[4pt]
\text{缓圆点 } HY = ZH + l_s \\[4pt]
\text{圆缓点 } YH = HY + L_Y \\[4pt]
\text{缓直点 } HZ = YH + l_s \\[4pt]
\text{曲中点 } QZ = HZ - \dfrac{L_H}{2} \\[8pt]
\text{交 点 } JD = QZ + \dfrac{D_H}{2}（\text{校核}）
\end{array}\right\}
\tag{11.4.14}
$$

根据交点的里程和曲线测设元素，可计算出主点里程。

主点 ZH、HZ 和 QZ 的测设方法同圆曲线的主点测设方法相同。HY 和 YH 点可按式（11.4.10）计算出 x_0、y_0 后，用切线支距法测设。

11.4.3 带有缓和曲线的平曲线的详细测设

1. 切线支距法

切线支距法是以曲线的起点 ZH 点（或终点 HZ 点）为坐标原点，以过原点的切线为 x 轴，过原点的半径为 y 轴，利用缓和曲线和圆曲线上各点的坐标 x、y 来测设曲线。

如图 11.4.3 所示，曲线上各点的坐标按下式计算。

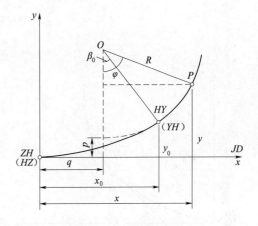

图 11.4.3 切线支距法

（1）在缓和曲线范围内，各点的坐标（x，y）可按缓和曲线的参数方程求得，即

$$
\left.\begin{array}{l}
x = l - \dfrac{l^5}{40R^2 l_s^2} \\[12pt]
y = \dfrac{l^3}{6R l_s} - \dfrac{l^7}{336R^3 l_s^3}
\end{array}\right\}
\tag{11.4.15}
$$

（2）在圆曲线范围内，各点的坐标（x，y）可按照式（11.4.3）中的几何关系求得。即

$$
\left.\begin{array}{l}
x = R\sin\varphi + q \\[4pt]
y = R(1 - \cos\varphi) + p \\[4pt]
\varphi = \dfrac{l - l_s}{R}\dfrac{180°}{\pi} + \beta_0
\end{array}\right\}
\tag{11.4.16}
$$

或 $\varphi = \dfrac{l}{R}\dfrac{180°}{\pi} + \beta_0$，$l$ 为该点到 HY 或 YH 的曲线长，仅为圆曲线部分的长度。

式中 l——测点至 ZH 或 HZ 曲线长；

  l_s——缓和曲线长；

  β_0——缓和曲线角，见式（11.4.7）。

（3）测设步骤。在算出缓和曲线和圆曲线上各点坐标后，即可按圆曲线的切线支距法的测设方法进行测设圆曲线上的各点，也可以 HY 点或 YH 点为原点，用切线支距法进行测设。但此时要找出 HY 点（或 YH 点）的切线方向。

如图 11.4.4 所示，计算出 T_d 长度，在 ZH 点（或 HZ 点）沿切线方向量出 T_d 之长，即可在 HY 点或 YH 点确定切线方向。

T_d 长度可按下式计算

$$T_d = x_0 - \frac{y_0}{\tan\beta_0} = \frac{2}{3}l_s + \frac{l_s^3}{360R^2} \tag{11.4.17}$$

2. 偏角法

缓和曲线也可以像圆曲线一样用偏角法来进行测设。如图 11.4.5 所示，设平曲线上任一点 P 的坐标为 x、y，则其偏角 δ 和弦长 c 的计算可由三角形得

$$\left. \begin{array}{l} \delta = \arctan \dfrac{y}{x} \\[2mm] c = \sqrt{x^2 + y^2} \end{array} \right\} \tag{11.4.18}$$

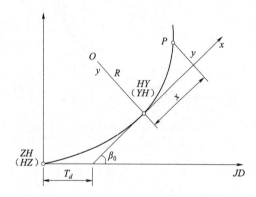

图 11.4.4　切线支距法测设带有缓和曲线圆曲线

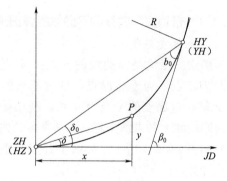

图 11.4.5　偏角法

可用式（11.4.18）计算偏角和弦长，然后根据圆曲线的偏角法测设曲线。另外，偏角的计算也可由下述方法确定：

根据图 11.4.5，设曲线上任一点 P 的偏角为 δ，至 ZH 点或 HZ 点的曲线长为 l，其弦近似与曲线长相等，亦为 l，由直角三角形得

$$\sin\delta = \frac{y}{l}$$

因 δ 很小，$\sin\delta \approx \delta$，考虑 $y = \dfrac{l^3}{6Rl_s}$，则

$$\delta = \frac{l^2}{6Rl_s} \tag{11.4.19}$$

当 $l = l_s$ 时的偏角即为缓和曲线的总偏角，用 δ_0 表示，即

$$\delta_0 = \frac{l_s}{6R} \tag{11.4.20}$$

考虑 $\beta_0 = \dfrac{l_s}{2R}$，所以

$$\delta_0 = \frac{1}{3}\beta_0 \tag{11.4.21}$$

计算出缓和曲线上任一点的偏角 δ 后，可将仪器置于 ZH 点或 HZ 点上，用与偏角法测设圆曲线相同的方法来测设缓和曲线。由于缓和曲线的弧长近似等于弦长。因而实际测量时，不是量弧长而是量弦长。当半径较小（一般 $R \leqslant 300\text{m}$ 或桩距大于等于 20m）时，应考虑弧弦差。

缓和曲线测设结束后，应将仪器搬至 HY 点（或 YH 点）进行圆曲线的测设。这时，问题的关键是找 HY 点（或 YH 点）的切线方向，即图 11.4.5 中的 b_0 角，由图中可以看出

$$b_0 = \beta_0 - \delta_0 = 2\delta_0 \tag{11.4.22}$$

测设时，将仪器安置于 HY 点（或 YH 点）上，照准 ZH 点（或 HZ 点），置度盘于 b_0。（右偏为 $360-b_0$），旋转照准部使水平度盘为 $0°$ 时倒镜，此时的视线方向即为 HY 点的切线方向。

虚交点的测设、复曲线的测设、回头曲线的测设内容，请参看拓展阅读。

11.5 道路中线逐桩坐标计算

目前，全站仪、RTK 测设中桩在工程实际中的应用已趋于普及，这些放样方法都要借助于已计算好的中线逐桩坐标。然而，在计算曲线和直线段的坐标时采用的坐标系与测量控制点所在的坐标系并非同一坐标系，曲线的中桩坐标计算一般先对各个线形元素建立相对坐标系，求出中桩点在该相对坐标系（或局部坐标系）中的坐标，然后利用二维平面内的坐标转换方法得到统一的全局（测量）坐标系的坐标。在高等级公路或铁路工程的设计文件中，要求编制中线逐桩坐标表，以便于实现施工放样。

在计算道路中桩（逐桩）坐标时，一般把一个平曲线与前后两条直线段作为一个计算单元，在计算单元中，通常包括后直线段、第一回旋曲线段、圆曲线段、第二回旋曲线段和前直线段五个段落。如图 11.5.1 所示，交点 JD 的坐标 X_{JD}、Y_{JD}（为区别于切线支距法坐标系之坐标，在此用大写）已经通过勘测手段测定或者获取，道路导线的坐标方位角 A 和边长 S 可按坐标反算求得，在选定各圆曲线半径 R 和缓和曲线长度 l_s 后，各里程桩号的坐标值 X、Y 即可按下述方法算出。

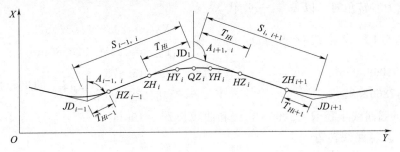

图 11.5.1 中桩坐标计算图

11.5.1 *HZ* 点（包括路线起点）至 *ZH* 点之间的中桩坐标计算

如图 11.5.1 所示，此段为直线段，桩点的坐标按下式计算

$$\left.\begin{array}{l}X_i = X_{HZi-1} + D_i \cos A_{i-1,\,i}\\ Y_i = Y_{HZi-1} + D_i \sin A_{i-1,\,i}\end{array}\right\} \tag{11.5.1}$$

式中　　$A_{i-1,\,i}$——路线导线 JD_{i-1} 至 JD_i 的坐标方位角；

D_i——桩点至 HZ_{i-1} 点间的距离，即桩点里程与 HZ_{i-1} 点里程之差；

X_{HZi-1}、Y_{HZi-1}—— HZ_{i-1} 点的坐标。

HZ_{i-1}点的坐标可由下式计算

$$\left.\begin{array}{l}X_{HZi-1} = X_{JDi-1} + T_{Hi-1} \cos A_{i-1,\,i}\\ Y_{HZi-1} = Y_{JDi-1} + T_{Hi-1} \sin A_{i-1,\,i}\end{array}\right\} \tag{11.5.2}$$

式中　　X_{JDi-1}、Y_{JDi-1} 为交点 JD_{i-1} 的坐标；T_{Hi-1} 为切线长。

ZH 点位直线的终点，除可按式（11.5.1）计算外，也可按下式计算

$$\left.\begin{array}{l}X_{ZHi} = X_{JDi-1} + (S_{i-1,\,i} - T_{Hi}) \cos A_{i-1,\,i}\\ Y_{ZHi} = Y_{JDi-1} + (S_{i-1,\,i} - T_{Hi}) \sin A_{i-1,\,i}\end{array}\right\} \tag{11.5.3}$$

式中　　$S_{i-1,\,i}$——路线导线 JD_i 的边长。

11.5.2 *ZH* 点至 *YH* 点之间的中桩坐标计算

此段包括第一缓和曲线及圆曲线，可按式（11.4.9）和式（11.4.11）分别算出第一缓和曲线上和圆曲线上的切线支距法坐标 x、y，然后通过坐标变化将其转换为测量坐标 X、Y。坐标变换公式为

$$\begin{bmatrix}X_i\\ Y_i\end{bmatrix} = \begin{bmatrix}X_{ZHi}\\ Y_{ZHi}\end{bmatrix} + \begin{bmatrix}\cos A_{i-1,\,i} & -\sin A_{i-1,\,i}\\ \sin A_{i-1,\,i} & \cos A_{i-1,\,i}\end{bmatrix}\begin{bmatrix}x_i\\ y_i\end{bmatrix} \tag{11.5.4}$$

在运用式（11.5.4）计算时，当曲线为左转角，应以 $y_i = -y_i$ 代入。

11.5.3 *YH* 点至 *HZ* 点之间的中桩坐标计算

此段为第二缓和曲线，仍可按式（11.4.9）计算第二缓和曲线上的切线支距法坐标，再按下式转换为测量坐标：

$$\begin{bmatrix}X_i\\ Y_i\end{bmatrix} = \begin{bmatrix}X_{HZi}\\ Y_{HZi}\end{bmatrix} - \begin{bmatrix}\cos A_{i,\,i+1} & -\sin A_{i,\,i+1}\\ \sin A_{i,\,i+1} & \cos A_{i,\,i+1}\end{bmatrix}\begin{bmatrix}x_i\\ y_i\end{bmatrix} \tag{11.5.5}$$

当曲线为右转角时，以 $y_i = -y_i$ 代入。

【例 11.5.1】　路线交点 JD_2 的坐标：$\begin{cases}X_{JD2} = 2688711.270\text{m}\\ Y_{JD2} = 22478702.880\text{m}\end{cases}$；$JD_3$ 的坐标：$\begin{cases}X_{JD3} = 2691069.056\text{m}\\ Y_{JD3} = 22478662.850\text{m}\end{cases}$；$JD_4$ 的坐标：$\begin{cases}X_{JD4} = 2694145.875\text{m}\\ Y_{JD4} = 22481070.750\text{m}\end{cases}$；$JD_3$ 的里程桩号为 K10 +790.306，圆曲线半径 $R = 2000\text{m}$，缓和曲线长 $l_s = 100\text{m}$。

解：1. 计算路线转角

$$\tan A_{32} = \frac{Y_{JD2} - Y_{JD3}}{X_{JD2} - X_{JD3}} = \frac{+40.030}{-2357.786} = -0.016977792$$

$$A_{32} = 180° - 0°58'21.6'' = 179°01'38.4''$$

$$\tan A_{34} = \frac{Y_{JD_4} - Y_{JD_3}}{X_{JD_4} - X_{JD_3}} = \frac{+2407.900}{+3076.819} = 0.78259397$$

$$A_{34} = 38°02'47.5''$$

右角 $\quad\quad \beta = 179°01'38.4'' - 38°02'47.5'' = 140°58'50.9''$

$$\beta < 180°，为右转角$$

转角 $\quad\quad \alpha = 180° - 140°58'50.9'' = 39°01'09''$

2. 计算曲线测设元素

$$\beta_0 = \frac{l_s}{2R} \frac{180°}{\pi} = 1°25'56.6''$$

$$p = \frac{l_s^2}{24R} = 0.208$$

$$q = \frac{l_s}{2} - \frac{l_s^3}{240R^2} = 49.999$$

$$T_H = (R + p)\tan\frac{\alpha}{2} + q = 758.687$$

$$L_H = R\alpha\frac{\pi}{180°} + l_s = 1462.027$$

$$L_Y = R(\alpha - 2\beta_0)\frac{\pi}{180°} = 1262.027$$

$$E_H = (R + p)\sec\frac{\alpha}{2} - R = 122.044$$

$$D_H = 2T_H - L_H = 55.347$$

3. 计算曲线主点里程

$$
\begin{array}{lr}
JD_3 & K10+790.306 \\
-T_H & 758.687 \\
\hline
ZH & K10+031.619 \\
+l_s & 100 \\
\hline
HY & K10+131.619 \\
+L_Y & 1\,262.027 \\
\hline
YH & K11+393.646 \\
+l_s & 100 \\
\hline
HZ & K11+493.646 \\
-L_H/2 & 731.014 \\
\hline
\end{array}
$$

$$\begin{array}{lll} QZ & & K10+762.632 \\ +D_H/2 & & 27.674 \end{array}$$

$$\overline{\qquad\qquad\qquad\qquad\qquad\qquad}$$

$$JD_3 \qquad\qquad K10+790.306$$

4. 计算曲线主点及其他中桩坐标

ZH 点的坐标按式 (11.5.3) 计算

$$S_{23}=\sqrt{(X_{JD3}-X_{JD2})^2+(Y_{JD3}-Y_{JD2})^2}=2358.126$$
$$A_{23}=A_{32}+180°=359°01'38.4''$$
$$X_{ZH3}=X_{JD2}+(S_{23}-T_{H3})\cos A_{23}=2690310.479$$
$$Y_{ZH3}=Y_{JD2}+(S_{23}-T_{H3})\sin A_{23}=22478675.729$$

第一缓和曲线上的中桩坐标计算：

(1) 如中桩 K10+100 处，$l=10100-10031.619$（ZH 桩号）$=68.381$，代入式 (11.4.9) 计算支距法坐标

$$x=l-\frac{l^5}{40R^2l_s^2}=68.380$$

$$y=\frac{l^3}{6Rl_s}=0.226$$

按式 (11.5.4) 转换坐标

$$X=X_{ZH3}+x\cos A_{23}-y\sin A_{23}=2690378.854$$
$$Y=Y_{ZH3}+x\sin A_{23}+y\cos A_{23}=22478674.834$$

(2) HY 点的中桩坐标按式 (11.4.10) 先算出支距法坐标

$$x_0=l_s-\frac{l_s^3}{40R^2}=99.994$$

$$y_0=\frac{l_s^2}{6R}=0.833$$

按式 (11.5.4) 转换坐标

$$X_{HY3}=X_{ZH3}+x_0\cos A_{23}-y_0\sin A_{23}=2690410.473$$
$$Y_{HY3}=Y_{ZH3}+x_0\sin A_{23}+y_0\cos A_{23}=22478674.864$$

圆曲线部分的中坐标计算：

(1) 如中桩 K10+500，按式 (11.4.11) 计算支距法坐标

$$l=10500-10131.619（HY 桩号）=368.381$$

$$\varphi=\frac{l}{R}\frac{180°}{\pi}+\beta_0=11°59'08.6''$$
$$x=R\sin\varphi+q=465.335$$
$$y=R(1-\cos\varphi)+p=43.809$$

代入式 (11.5.4) 得 K10+500 的坐标

$$X=X_{ZH3}+x\cos A_{23}-y\sin A_{23}=2690776.491$$
$$Y=Y_{ZH3}+y\sin A_{23}+y\cos A_{23}=22478711.632$$

（2）QZ 点位于圆曲线部分，故计算步骤与 K10+500 相同

$$l = \frac{L_Y}{2} = 631.014$$

$$\varphi = 19°30'34.6''$$

$$x = 717.929$$

$$y = 115.037$$

$$X_{QZ_3} = 2691030.257$$

$$Y_{QZ_3} = 22478778.562$$

（3）HZ 点的坐标计算按式（11.5.2）计算

$$X_{HZ_3} = X_{JD_3} + T_{H_3}\cos A_{34} = 2691666.530$$

$$Y_{HZ_3} = Y_{JD_3} + T_{H_3}\sin A_{34} = 22479130.430$$

（4）YH 点的支距法坐标与 HY 点完全相同

$$x_0 = 99.994$$

$$y_0 = 0.833$$

按式（11.5.5）转换坐标，并顾及曲线为右转角，y 以 $-y_0$ 代入

$$X_{YH_3} = X_{HZ_3} - x_0\cos A_{34} + (-y_0)\sin A_{34} = 2691578.270$$

$$Y_{YH_3} = Y_{HZ_3} - x_0\sin A_{34} - (-y_0)\cos A_{34} = 22479069.460$$

第二缓和曲线上的中桩坐标计算：

如中桩 K11+450，$l = 11493.646$（HZ 桩号）$-11450 = 43.646$，代入式（11.5.1）计算支距法坐标

$$x = 43.646$$

$$y = 0.069$$

按式（11.5.5）转换坐标，y 以负值代入得

$$X = 2691632.116$$

$$Y = 22479103.585$$

直线上中桩坐标计算：

如 K11+600，$D = 11600 - 11493.646$（HZ 桩号）$= 106.354$，代入式（11.5.1）即可求得

$$\left. \begin{array}{l} X = X_{HZ_3} + D\cos A_{34} = 2691750.285 \\ Y = Y_{HZ_3} + D\sin A_{34} = 22479195.976 \end{array} \right\}$$

由于一条路线的中桩数目很多，因此设计和施工单位的道路中线逐桩坐标通常可用专业勘测设计软件（如纬地道路、海地道路）等批量化生成或借助计算工具如 CASIO-fx 系列编程计算器计算获得。

11.6 全站仪、RTK 测设道路中线

当前，随着计算机辅助设计和全站仪的普及，能够同时进行定线测量和中桩测设的全站仪极坐标法已成为进行中线测量的一种简便、迅速、精确的方法，在道路测量中得以应用。

11.6.1　全站仪极坐标法中桩测设原理

全站仪极坐标法测设中桩，是将仪器安置在控制点（导线点）上，利用极坐标法中的极角 β 和极径 D 两个量来表达二维平面的点位，即通过坐标反算求得放样点与置镜点的水平距离和与后视方向间的夹角，实现道路上各点中边桩的测设。

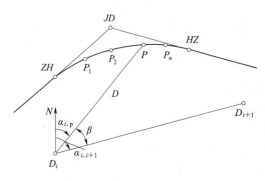

图 11.6.1　全站仪极坐标法中桩测设

如图 11.6.1 所示，当要测设道路上 P 点中桩时，首先计算出 P 点在测量坐标系中的坐标（X_P，Y_P），之后根据坐标反算求得测量坐标系中控制点 D_i、D_{i+1} 和 P 点夹角 β 和距离 D。利用极角 β 和极径 D 进行点位的测设。

$$\alpha_{i,\,i+1}=\arctan\frac{\Delta y_{i,\,i+1}}{\Delta x_{i,\,i+1}}\,,\ \alpha_{i,\,p}=\arctan\frac{\Delta y_{i,\,p}}{\Delta x_{i,\,p}} \tag{11.6.1}$$

$$\beta=\alpha_{i,\,i+1}-\alpha_{i,\,P}$$

$$D=\sqrt{(X_P-X_{Ci})^2+(Y_P-Y_{Ci})^2} \tag{11.6.2}$$

11.6.2　全站仪测设道路中线的步骤

用全站仪测设道路中线，一般应沿路线方向布设导线控制，然后依据导线进行中线测设。

（1）导线控制。对于高等级的道路工程，布设的导线一般应与附近的高级控制点进行联测，构成附合导线。联测一方面可以获得必要的起始数据——起始坐标和起始方位角；另一方面可对观测的数据进行校核。

理论与实践已经证明，用全站仪观测高程，如果采取对向（往返）观测，竖直角观测精度 $m_2\leqslant\pm2''$，测距精度不低于 $(5+5\times10^{-6}D)$ mm，边长控制在 0.5km 之内，即可达到四等水准的限差要求。因此，在导线测量时通常都是观测三维坐标，将高程的观测结果作为路线高程的控制。以代替路线纵断面测量中的基平测量。

（2）全站仪中桩放样。在导线点 D_i 安置仪器，后视 $D_{i,\,i+1}$ 点，旋转方位角 $\alpha_{i,\,i+1}$ 与 $a_{i,\,p}$ 形成的夹角 β 得到 $D_{i,\,p}$ 方向，沿此方向前测距并指挥前后移动棱镜，反复几次，直至实测距离 $D_{测}$ 与理论距离 $D_{理}$ 的差值 $\Delta D=0$ 时，即得到放样点 p_i 的准确位置。重复上述步骤，可得 p_1、p_2、p_n 点。在测设过程中，往往需要在已有导线的基础上加密一些测站点，以便把中桩逐个定出。如图 11.6.2 所示，K5+520 至 K6+180 之间的中桩，在导线点 D_7 和 D_8 上均难以测设，可在 D_7 测设结束后，于适当位置选一 M 点，钉桩后，测出 M 点的三维坐标，移动仪器到 M 点，重新计算测设数据，放样各点。完成放样后，应参照规范要求进行点位校核，在限差范围内，方可使用。当中桩位置定出后，随即测出该桩的地面高程（Z 坐标）。如此，纵断面测量中的中平测量无须单独进行，大大简化了测量工作。

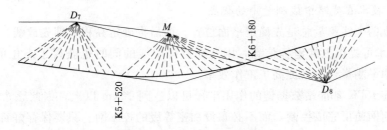

图 11.6.2 全站仪中线测设

若是利用全站仪的坐标放样功能测设点位，只需批量化输入控制点和待放样点（逐桩点）的坐标值，现场完成后视定向工作，无须任何手工计算，可利用仪器程序自动计算的放样数据轻松实现点的放样。具体操作可参照全站仪使用手册。

11.6.3 GPS-RTK 技术在中线放样中的应用

1.GPS-RTK 技术在中线放样中的应用

GPS-RTK 是能够在野外实时得到厘米级定位精度的测量方法，它采用了载波相位动态实时差分方法，是 GPS 测量技术与数据传输技术的结合，目前该技术已经被广泛应用于控制测量、施工放样及地形碎步测量等诸多工程测量中。

进行定位放样时，在沿线布设控制网并精确得到控制点坐标和高程，作为定线测量设置基准站的条件，然后便可开始坐标放样。为了快速而准确地放样曲线，利用 RTK 技术，选择某一控制点作为基准站，用手持 RTK 接收机作为流动站，沿着线路曲线按照一定间隔进行测设，就可将线路曲线准确的在实地标定出来。

RTK 测量系统中至少包含两台 GPS 接收机，其中一台安置在基准站上，另一台或若干台分别安置在不同的流动站上。基准站应尽可能设在测区内地势较高，且观测条件良好的已知点上。在作业中，基准站的接收机应连续跟踪全部可见 GPS 卫星，并将观测数据通过数据传输系统实时发送给流动站。

应用 GPS-RTK 技术进行曲线放样时，可以根据现有的各种线形中桩坐标计算软件，计算出公路中线上各桩点的坐标，然后将中桩点坐标传输到 GPS 控制手簿，然后现场调用 RTK 系统中的实时放样功能，可以很方便地根据操作面板的图形提示，快速放样出中桩点的点位。由于每个点测量都是独立完成的，不会产生累积误差，各点放样精度基本一致。

也可以利用 RTK 系统中自带的道路放样模块进行操作。放样时，首先将路线的平面定线元素（起点里程、起始方位角、直线段距离、圆曲线半径、缓和曲线等）输入电子手簿，背着 GPS 接收机，按里程桩号进行放样。这种方法简单迅速，随机性强，加桩方便，比起传统的极坐标法测设要快得多。目前的 RTK 系统内部都内嵌有道路放样模块，因此就采用第二种方法，直接输入道路曲线要素进行中桩定位。

定线放样时，一般采用 1+1 或 1+2 的作业模式，将基准站接收机设在线路控制点上，另一台或二台流动站接收机按设计坐标进行放样。放样时从电子手簿上可随时看到所在位置与放样点的偏距、方位及放样精度，满足要求时可获得放样点的高程。

2. RTK 技术在线路中线测量中的优点

（1）常规的中线测量总是先确定平面位置，而后再确定高程。即先放线，后做中平测量。RTK 技术可提供三维坐标信息，因此在放样中线的同时也获得了点位的高程信息，无需再进行中平测量，大大提高了工作效率。

（2）目前 RTK 基准站数据链的作用半径可以达到 10km 以上，因此整个线路上只要布设首级控制网便可完成控制，而不必布设加密等级的控制网。只要保存好首级点，即可随时放样中线或恢复整个线路，因此也不必担心桩位的遗失而给线路测量带来困难等。

（3）在 RTK 定线测量中首级控制网直接与中线桩点联系，点位精度可达厘米级，不存在中间点的误差积累问题，因此能达到很高的精度，适合高等级线路工程的要求。

（4）RTK 基准站发出的数据链信息，可供多个流动站应用，而基准站只需 1 个人单独操作，大大节省了人力，提高了功效。

（5）应用 RTK 技术进行线路定测工作比较轻松，流动站作业员只要进入放样模式，并调出放样点，手簿软件中的电子罗盘就会引导作业员到达放样点。当屏幕显示流动站杆位和设计点位重合时，检查精度，记录放样点坐标和高程，然后标记地面点位（如打桩）。

RTK 技术可与常规全站仪相结合，充分发挥 GPS 无须通视及常规全站仪灵活方便的优点，可满足公路、铁路工程各种场合测量工作的需要，并大大加快观测速度，提高观测质量，形成新一代的线路勘测系统。

11.7 道路纵断面测量

纵断面测量又称中线水准测量，它的任务是测定道路中线里程桩的高程，用以表示沿道路中线位置地势的高低起伏，为绘制路线纵断面图提供基础资料，主要用于路线纵坡设计。纵断面测量又分为基平测量（水准点高程测量）和中平测量（中桩高程测量）。

11.7.1 基平测量

1. 水准点的设置

用水准测量的方法设置的高程控制点称为水准点，在勘测阶段、施工阶段及竣工验收时都要使用。

在设置水准点时，根据需要和用途可布设永久性水准点和临时性水准点，一般规定，在路线的起、终点、大桥两岸、隧道两端、垭口以及一些需要长期观测高程的重点工程附近均应设置永久性水准点，一般地区应每隔一定的长度（5km 左右）设置一个永久性水准点。为便于引测，还需沿路线方向布设一定数量的临时性水准点，临时性水准点的密度，一般情况下，水准点间距宜为 1～1.5km；山岭重丘区可根据需要适当加密至 0.5～1km。

水准点点位应选在稳固、醒目、易于引测、施工时不易遭受破坏的地方，一般应在距路线中线 50～200m 的地方。水准点一般以 BM_i 表示，为了避免混乱和便于寻找，应逐个编号，用红油漆连同符号（BM_i）一起写在水准点旁，水准点设置好后，并将其距中线上某里程桩的距离、方位以及与周围主要地物的关系等内容记录下来，以供外业结束后编制水准点一览表和绘制路线平面图时之用。当路线附近没有国家水准点或引测困难时，可选择一个假定高程系。

2. 基平测量的方法

（1）水准测量的等级。我国高速、一级公路采用四等水准测量，二、三、四级公路采用五等水准测量。

（2）基平测量方案。

1）应将起始水准点与附近国家水准点进行联测，以获取绝对高程，并对测量结果进行检测。如有可能，应构成附合水准路线。

2）当路线附近没有国家水准点，或引测困难时，则可参考地形图或用气压表选定一个与实际高程接近的高程作为起始点水准点的假定高程。

3）水准点的高程测定，应根据水准测量的等级选定水准仪及水准尺类型，通常采用一台水准仪在水准点间作往返观测，也可用两台水准仪作单程观测。

4）基平测量时，采用一台水准仪往返观测或两台水准仪单程观测所得高差不符值应符合水准测量的精度要求，且不得超过容许值。各级公路及构造物的水准测量等级应按照表 11.7.1 选定。

表 11.7.1 公路及构造物的水准测量等级

高架桥、路线控制测量	多跨桥梁总长 L /m	单跨桥梁 L_K/m	隧道贯通长度 L_G/m	测量等级
—	$L \geqslant 3000$	$L_K \geqslant 500$	$L_G \geqslant 6000$	二等
—	$1000 \leqslant L < 3000$	$150 \leqslant L_K < 500$	$3000 \leqslant L_G < 6000$	三等
高架桥、高速、一级公路	$L < 1000$	$L_K < 150$	$L_G < 3000$	四等
二、三、四级公路				五等

11.7.2 中平测量

基平测量结束以后，即可进行中平测量。中平测量是根据基平测量提供的水准点高程，逐点测定各中桩的地面高程的测量工作。中平测量的方法通常有水准测量、全站仪三角高程测量和 GPS - RTK 测量。

1. 水准测量

以两相邻水准点为一测段，从一个水准点开始，逐个测定中桩的地面高程，直至闭合于下一个水准点上。在测量过程中可设置转点，仅起传递高程的作用，常用简写 ZD。由于转点起着传递高程的作用，在测站上应先观测转点，后观测中间点。在每一个测站上，除了传递高程，观测转点外，应尽量多的观测中桩。相邻两转点间所观测的中桩，称为中间点，其读数为中丝读数。转点读数至毫米，视线长不应大于 $150mm$，水准尺应立于尺垫、稳固的桩顶或坚石上。中间点读数可至厘米，视线也可适当放长，立尺应紧靠桩边的地面上。

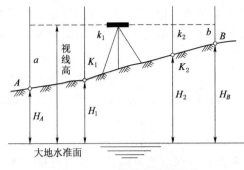

图 11.7.1　视线高法测高程

如图 11.7.1 所示，若以水准点 A 为后视点（A 点高程 H_A 已知），以 B 点为前视转点，则 K_i 点为中间点。施测时，在测站上将水准仪安置好后，首先观测立于 A 点的水准尺读数 a（后视读数），再观测立于转点 B 上的水准尺读数 b（前视读数），最后观测立于中间点 K 上的水准尺读数 k_i（中视读数）。则可用视线高法求得前视转点 B 和各中桩点的高程。每一测站的计算公式如下：

$$视线高程＝后视点高程（H_A）＋后视读数（a） \hspace{1cm} (11.7.1)$$
$$中桩高程（H_i）＝视线高程－中视读数（K_i） \hspace{1cm} (11.7.2)$$
$$转点高程（H_B）＝视线高程－前视读数（b） \hspace{1cm} (11.7.3)$$

【例 11.7.1】　图 11.7.2 所示为某段道路的中平测量示意图，由水准点 BM_3 开始，测定 K3＋200 至 K3＋420 中桩地面高程，表 11.7.2 为相应的路线中桩高程测量记录计算表。

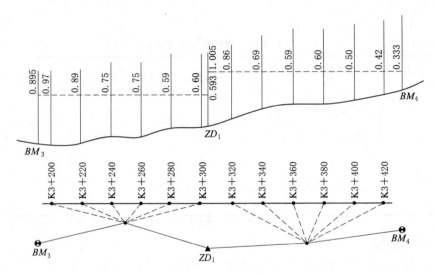

图 11.7.2　中平测量示意图

表 11.7.2　中平测量记录计算表

测点	水准尺读数			视线高	高程	备注
	后视	中视	前视			
BM_1	0.895			226.278	225.383	BM_1 高程为 225.383 BM_2 高程为 524.824
K3＋200		0.97			225.308	
＋220		0.89			225.388	
＋240		0.75			225.528	
＋260		0.75			225.528	

续表

测点	水准尺读数			视线高	高程	备注
	后视	中视	前视			
+280		0.59			225.688	
+300		0.60			225.678	
ZD_1	1.005		0.593	226.690	225.685	BM_1 高程
+320		0.86			225.83	为 225.383
+340		0.69			226.00	BM_2 高程
+360		0.59			226.10	为 524.824
+380		0.60			226.09	
+400		0.50			226.19	
+420		0.42			226.27	
BM_2			0.333		226.357	

复核：

$f_{h容} = \pm 50\sqrt{L} = \pm 50\sqrt{0.22} = \pm 23(\text{mm}) \ [L = K3+420-K3+200 = 220（\text{m}）]$

$\Delta h_{基} = 226.365 - 225.383 = 0.982 （\text{m}）$

复核：

$$\Delta h_{中} = 226.357 - 225.383 = 0.974 （\text{m}）$$

$$\sum a - \sum b = (0.895+1.005) - (0.593+0.333) = 0.974 （\text{m}）$$

$\Delta h_{基} - \Delta h_{中} = 0.982 - 0.974 = 0.008\text{m} = 8\text{mm} < f_{h容}$，精度符合要求。

一测段观测结束后，应计算测段高差 $\Delta h_{中}$。它与基平所测测段两端水准点高差 $\Delta h_{基}$ 之差，称为测段高差闭合差 f_h。测段高差闭合差应符合中桩高程测量精度要求，否则应重测。中桩高程测量的精度要求，其容许误差：高速公路、一级公路为 $\pm 30\sqrt{L}$ mm；二级及二级以下公路为 $\pm 50\sqrt{L}$。中桩高程检测限差；高速公路、一级公路为 ± 5cm；二级及二级以下公路为 ± 10cm。中桩高程测量，对需要特殊控制的建筑物、铁路轨顶等，应按规定测出其标高，检测限差为 ± 2cm。

2. 用全站仪进行中平测量

传统的中平测量方法是用水准仪测定中桩处地面高程，施测过程中测站多，特别是在地形起伏较大的地区测量，工作量相当繁重。全站仪由于具有三维坐标测量的功能，在中线测设时可以同时测量中桩高程（进行中平测量）。全站仪中平测量方法：

（1）中线测量中同时进行中平测量。此方法是将导线点同时作为水准点，在导线点上进行基平测量，中线测量一般在任意控制点安置全站仪，利用坐标测设法放样中桩点。在中线测设好以后，可将全站仪转到测图模式下，对放样好的中桩进行数据采集，测量其坐标和高程。

（2）任意设站进行中平测量。此法是在中线测量结束后，用全站仪进行中平测量，测站可设在任意位置。如图 11.7.3 所示，A 为已知高程的控制点，B 为待测高程的中桩点，全站仪置于任意测站 I 上。由图 11.7.3 可知

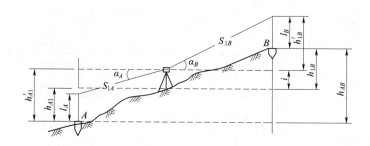

图 11.7.3　任意设站进行中平测量

$$h_{AB} = h_{A1} + h_{1B} = h_{1B} - h_{1A} \tag{11.7.4}$$

式中　　$h_{1A} = S_{1A} \sin_{aA} + i - l_A$ ；

$h_{1B} = S_{1B} \sin_{aB} + i - l_B$ 代入上式，得 $h_{AB} = S_{1B} \sin_{aB} - S_{1A} \sin_{aA} + l_A - l_B$ 。

施测中应注意事项：

1）应合理选择全站仪安置点，使其尽可能多观测中桩点，又能与已知高程控制点通视，以便获得后视高差。

2）安置全站仪只需整平，不需对中，不需量取仪器高。

3）对在一个测站上观测不到的中桩点，可适当移动仪器位置。

4）仪器位置移动后，必须重新对已知高程控制点进行观测，以获得新的后视高差，并作为新测站上的后视高差来计算中桩高程。

5）对必须设置转点方能观测到的中桩点，转点的设置应尽量使仪器至转点和至后视已知高程控制点的距离相等，以消除残余地球曲率、大气折光以及仪器竖盘指标差对高程观测的影响。对转点高程的观测应仔细，转点高程获得后，即可作为新的已知高程点来观测其他中桩点。

11.7.3　纵断面的绘制

在中平测量结束后，应绘制路线纵断面图——它表示沿路线中线方向的地面起伏状态及地表土壤地质情况，是设计路线纵坡的线状图，它反映出各路段纵坡的大小和中线位置处的填挖尺寸，是道路设计和施工中的重要资料。详见图 11.7.4。

1. 线纵断面图的组成

（1）路线地面线：是细的折线，表示中线方向的实际地面线，它是以里程为横坐标、高程为纵坐标，根据中平测量的中桩高程绘制的。

（2）路线设计线：是粗线，包含竖曲线在内的纵坡设计线，是在设计时绘制的。

以上两条线在图的上部从左到右贯穿全图。

（3）图的上部还注有水准点的位置和高程，桥涵的类型、孔径、跨数、长度、里程桩号和设计水位，竖曲线示意图及其曲线元素，同公路、铁路交叉点的位置、里程及有关说明。

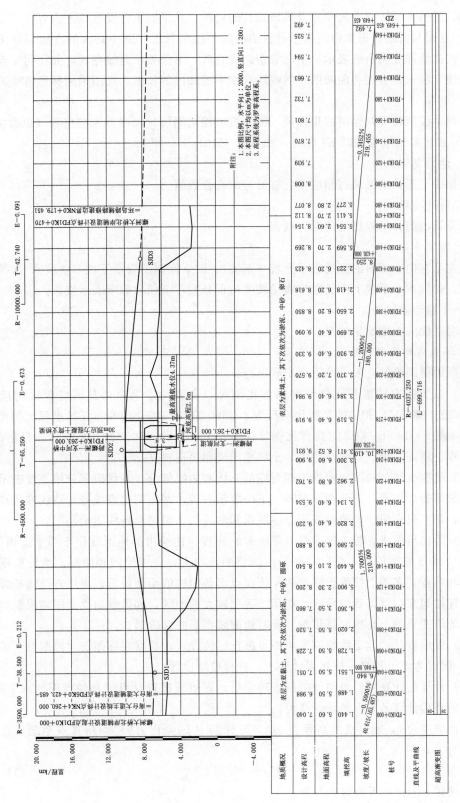

图 11.7.4 路线纵断面图

（4）图的下部注有有关测量及纵坡设计的资料，从下到上主要有以下内容：

1）直线与曲线。根据中线测量资料绘制的中线示意图。图中路线的直线部分用直线表示；圆曲线部分用折线表示，上凸表示路线右转，下凸表示路线左转，并注明交点编号和圆曲线半径；带有缓和曲线的平曲线还应注明缓和段的长度，在图中用梯形折线表示。

2）里程

根据中线测量资料绘制的里程数。图上按里程比例尺只标注百米桩里程（以数字 1～9 注写）和千米桩里程（以 Ki 注写，如 K9、K10）。

3）地面高程

根据中平测量成果填写相应里程桩的地面高程数值。

4）设计高程

即设计出的各里程桩处的对应高程。

5）坡度

从左至右向上倾斜的直线表示上坡（正坡），向下倾斜的表示下坡（负坡），水平的表示平坡。斜线或水平线上面的数字表示坡度的百分数，下面的数字表示坡长。

6）土壤地质说明

标明路段的土壤地质情况。

2. 路线纵断面图的绘制

纵断面图的绘制一般可按下列步骤进行：

（1）按照选定的里程比例尺和高程比例尺（一般对于平原微丘区里程比例尺常用 1：5000 或 1：2000，相应的高程比例尺为 1：500 或 1：200；山岭重丘区里程比例尺常用 1：2000 或 1：1000，相应的高程比例尺为 1：200 或 1：100）建立坐标系，打格制表，填写里程、地面高程、直线与曲线、土壤地质说明等资料。

（2）绘制直线与曲线，根据里程对应的直线和曲线部分，直线段部分用直线表示；圆曲线部分用折线表示，上凸表示左转，下凸表示右转，并注明交点编号、路线转角和圆曲线半径；带有缓和曲线的圆曲线还应注明缓和曲线长，用梯形折线表示。

（3）绘出地面线。首先选定纵坐标的起始高程，使绘出的地面线位于图上适当位置。一般是以 10m 整数倍数的高程定在 5cm 方格的粗线上，便于绘图和阅图。然后根据中桩的里程和高程，在图上按纵、横比例尺依次点出各中桩的地面位置，再用直线将相邻点一个一个连接起来，就得到地面线。在高差变化较大的地区，如果纵向受到图幅限制时，可在适当地段变更图上高程起算位置，此时地面线将形成台阶形式。

（4）纵坡设计，地面线绘制完毕即可进行纵坡设计，根据实际制定"控制点"或"经济点"，同时考虑工程量，按照设计要求，进行拉坡设计。

（5）计算设计高程。当路线的纵坡确定后，即可根据设计纵坡和两点间的水平距离，由一点的高程计算另一点的设计高程。

设计坡度为 i，起算点的高程为 H_0，待算点 P 的高程为 H_P，待算点至起算点的水平距离为 D，则

$$H_P = H_0 + iD \tag{11.7.5}$$

式中上坡时 i 为正，下坡时 i 为负。

（6）计算各桩的填挖尺寸。同一桩号的设计高程与地面高程之差，即为该桩处的填土高度（正号）或挖土深度（负号）。在图中填土高度标注在相应点的纵坡设计线之上、挖土深度则标注在相应点的纵坡设计线之下。

（7）在图上注记有关资料，如水准点、桥涵、竖曲线等。

在工程设计中，由于全站仪及计算机的普及，路线纵断面图的绘制已基本采用计算机绘制。

11.7.4　竖曲线测设

在路线纵坡变更处，考虑到行车的视距要求和行车的平稳，在竖直面内要用曲线衔接起来。这种曲线称为竖曲线，如图 11.7.5 所示，路线上有三条相邻的纵坡 i_1、i_2、i_3（规定上坡为正、下坡为负）；在 i_1 和 i_2 之间设置凸形竖曲线，在 i_2 和 i_3 之间设置凹形竖曲线。

图 11.7.5　竖曲线形式

竖曲线一般采用圆曲线，这是因为在一般情况下，相邻坡度差都较小，而选用的圆曲线的半径又较大，因此采用其他复杂曲线所得的结果，基本上与圆曲线相同。

如图 11.7.6 所示，两相邻纵坡的坡度分别为 i_1、i_2，则竖曲线的坡度转角差 α 为

$$\alpha = \arctan i_1 - \arctan i_2 \qquad (11.7.6)$$

由于 α 角很小，故上式可简化为

$$\alpha = i_1 - i_2 (\text{rad}) \qquad (11.7.7)$$

竖曲线半径为 R，切线长 T、曲线长 L 和外距 E，考虑到竖曲线半径及较大，而转角又较小，竖曲线测设元素可以按下列近似公式求得

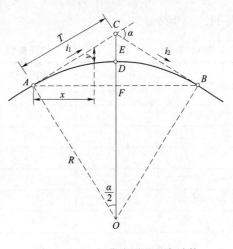

$$\left. \begin{aligned} T &= \frac{R}{2}\,|i_1 - i_2| = \frac{R\alpha}{2} \\ L &= R\,|i_1 - i_2| = R\alpha \\ E &= \frac{T^2}{2R} \end{aligned} \right\} \qquad (11.7.8)$$

图 11.7.6　竖曲线测设元素计算

又因 α 很小，故可认为 y 坐标轴与半径方向一致，y 值即是曲线上点与切线上的对应点的高程差，由图 11.7.6 不难得到

$$(R + y)^2 = R^2 + x^2$$

因 y^2 与 x^2 相比，其值甚微，可略去不计，故有

$$y_i = \frac{x_i^2}{2R} \tag{11.7.9}$$

求得坡度线与竖曲线上的高程改正差 y 后，即可按下式计算竖曲线上任一点的高程 $H_{\text{竖}}$，即

$$H_{\text{竖}} = H_{\text{坡}} \pm y_i \tag{11.7.10}$$

式中 $H_{\text{坡}}$——该点在切线上的高程，也就是该点在坡道线的高程；

y_i——该点的高程改正，当竖曲线为凸形曲线时，y_p 为负；反之为正。

计算出竖曲线上各点高程后，即可进行该点的高程放样。

【例 11.7.2】 设某竖曲线半径 $R = 5000\text{m}$，相邻坡段的坡度 $i_1 = -1.114\%$，$i_2 = +0.154\%$，为凹形竖曲线，变坡点的桩号为 K1+670.00m，高程为 48.60m，如果曲线上每隔 10m 设置一桩，试计算竖曲线上各桩点高程。

解：计算竖曲线元素，按上述近似公式求得

切线长：$T = R/2 \, |\, i_1 - i_2 \,| = 31.70$（m）

曲线长：$L = R \, |\, i_1 - i_2 \,| = 63.40$（m）

外距：$E = T^2/(2R) = 0.10$（m）

则：起点桩号 = K1+670.00 − 31.70 = K1+638.30

终点桩号 = K1+638.30 + 63.4 = K1+701.70

起点高程 = 48.60 + 31.70 × 1.114% = 48.95(m)

终点高程 = 48.60 + 31.70 × 0.154% = 48.65(m)

按 $R = 5000\text{m}$ 和相应的桩距，即可求得竖曲线上各桩的高程改正数 y_i，计算结果如表 11.7.3 所列。

表 11.7.3   竖曲线上桩点高程计算表

桩　号	桩点至曲线起终点平距 x/m	高程改正值 y/m	坡道高程 H'/m	曲线高程 H/m	备　注
K1+638.30	0.0	0.0	48.95	48.95	竖曲线起点
+650.00	11.7	0.01	48.82	48.83	$i = -1.114\%$
+660.00	21.7	0.05	48.71	48.76	
+K1+670.00	31.7	0.10	48.60	48.70	变坡点
+680.00	21.7	0.05	48.62	48.67	$i = +0.154\%$
+690.00	11.7	0.01	48.63	48.64	
+701.00	0.0	0.0	48.65	48.65	竖曲线终点

11.8 道路横断面测量

横断面测量是测定中桩两侧垂直于中线方向地面的高低起伏情况，并绘制横断面图，供路基、边坡、隧道等的设计和土石方计算及施工放样之用。

11.8.1　横断面方向的测定

由于公路中线是由直线段和曲线段构成的，而直线段和曲线段上的横断面标定方法是不同的，现分述如下。

1. 直线段上横断面方向的测定

直线段横断面方向与路线中线垂直，一般采用方向架测定。如图 11.8.1 所示，将方向架置于待标定横断面方向的桩点上，方向架上有两个相互垂直的固定片，用其中一个固定片瞄准该直线段上任一中桩，另一个固定片所指明方向即为该桩点的横断面方向。

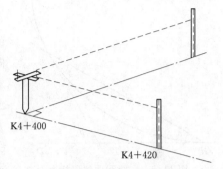

图 11.8.1　用方向架测定直线
段上横断面方向

2. 圆曲线段上横断面方向的测定

圆曲线段上中桩点的横断面方向为垂直于该中桩点切线的方向。由几何知识可知，圆曲线上一点横断面方向必定沿着该点的半径方向。测定时一般采用求心方向架法，即在方向架上安装一个可以转动的活动片，并有一固定螺旋可将其固定，如图 11.8.2 所示。

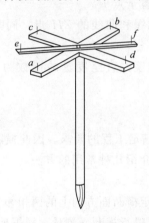

图 11.8.2　有活动片的方向架

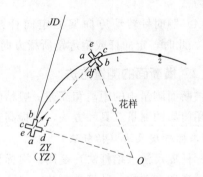

图 11.8.3　圆曲线上横断面方向的测定

用求心方向架测定圆曲线横断面方向，如图 11.8.3 所示。欲测定圆曲线上某桩点 1 的横断面方向，可按下述步骤进行：

（1）将求心方向架置于圆曲线的 ZY（或 YZ）点上，用方向架的一固定片 ab 照准交点（JD）。此时 ab 方向即为 ZY（或 YZ）点的切线方向，则另一固定片 cd 所指明的方向即为 ZY（或 YZ）点横断面方向。

（2）保持方向架不动，转动活动片 ef，使其照准点 1，并将 ef 用固定螺旋固定。

（3）将方向架搬至点 1，用固定片 cd 照准圆曲线的 ZY（或 YZ）点，则活动片 ef 所指明方向即为点 1 的横断面方向，标定完毕。

在测定点 2 的横断面方向时，可在点 1 的横断面方向上插一花杆，以固定片 cd 照准花杆，ab 片的方向即为切线方向。此后的操作与测定点 1 的横断面方向完全相同，保持方向架不动，用活动片 ef 瞄准点 2 并固定之。将方向架搬至点 2，用固定片 cd 瞄准点 1，

活动片 *ef* 方向即为点 2 的横断面方向。如果圆曲线上的桩距相同，在定出点 1 的横断面后，保持活动片 *ef* 角度不变，将其搬到点 2 上，以固定片 *cd* 瞄准点 1，则活动片 *ef* 即为点 2 的横断面方向。以此类推可得到圆曲线上其他各点的横断面位置。

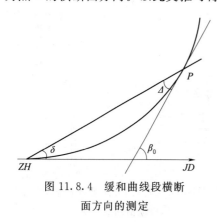

图 11.8.4　缓和曲线段横断
面方向的测定

3. 缓和段上横断面方向的测定

缓和曲线段上一中桩点处的横断面方向是通过该点指向曲率半径的方向，即垂直于该点切线的方向。可采用下述方法进行测定：

利用缓和曲线的弦切角 Δ 和偏角 δ 的关系：$\Delta = 2\delta$，定出中桩点处曲率切线的方向，有了切线方向，即可用带度盘的方向架或经纬仪标定出法线（横断面）方向。如图 11.8.4 所示，*P* 点为待标定横断面方向的中桩点。具体步骤如下：

（1）按公式 $\delta = \left(\dfrac{l}{l_s}\right)^2 \delta_0 = \dfrac{1}{3}\left(\dfrac{l}{l_s}\right)^2 \beta_0$，计算出偏角 δ，并由 $\Delta = 2\delta$ 计算弦切角 Δ。

（2）将带度盘的方向架（亦称圆盘仪）或经纬仪安置于点 *P*。

（3）操作方向架的定向杆或经纬仪的望远镜，照准缓和曲线的 *ZH* 点，同时使度盘读数为 Δ。

（4）顺时针转动方向架的定向杆或经纬仪的望远镜，直至度盘的读数为 90°（或 270°）。此时，定向杆或望远镜所指方向即为横断面方向。

11.8.2　横断面的测量方法

横断面测量中的距离和高差一般精确到 0.1m 即可满足工程的要求。因此横断面测量多采用简易的测量工具和方法，以提高工作效率。下面介绍几种常用的方法。

1. 标杆皮尺法（抬杆法）

标杆皮尺法（抬杆法）是用一根标杆和一卷皮尺测定横断面方向上的两相邻变坡点的水平距离和高差的一种简易方法。如图 11.8.5 所示，要进行横断面测量，根据地面情况选定变坡点 1、2、3、…。将标杆树立于点 1，皮尺一端在标杆、另一端靠在中桩地面拉平，量出中桩点至点 1 的水平距离，而皮尺截在标杆的高度即为两点间的高差。同法可测得 1 至 2、2 至 3 点间的平距与高差，直到需要的宽度为止。中桩一侧测完后再测另一侧。记录如表 11.8.1 所列，表中按路线前进方向分为左、右两侧，以分数形式表示高差与距离，分子表示高差，分母表示水平距离；高差标正、负号，正表示上坡、负表示下坡。横断面测量从路线起点按中桩由近及远逐段测量与记录。

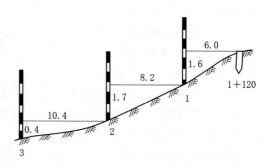

图 11.8.5　标杆皮尺法测量横断面

表 11.8.1	标杆皮尺法横断面测量记录表	
左　侧	桩　号	右　侧
…	…	…
…	…	…
… $\dfrac{-0.6}{11.0}\dfrac{-1.8}{8.1}\dfrac{-1.6}{6.0}$	K1+140	$\dfrac{+1.5}{4.6}\dfrac{+0.9}{4.4}\dfrac{+0.5}{10.3}$ …
… $\dfrac{-0.4}{10.4}\dfrac{-1.7}{8.2}\dfrac{-1.6}{6.0}$	K1+120	$\dfrac{+1.3}{5.2}\dfrac{+1.2}{11.8}\dfrac{-2.0}{8.8}$ …

2. 水准仪法

在平坦地区可采用水准仪测量横断面。水准仪法是利用水准仪和皮尺，按水准测量的方法测定各变坡点与中桩点间的高差，用皮尺丈量两点的水平距离的方法，如图 11.8.6 所示。

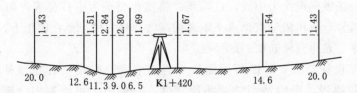

图 11.8.6　水准仪法测量横断面

实测时，选一合适地点安置水准仪，以中桩点为后视点，在横断面方向上的变坡点立尺进行前视读数，并用皮尺（或钢尺）量出各变坡点至中桩的水平距离。水准尺读数准确到厘米，水平距离准确到分米，记录格式如表 11.8.2 所列。此法适用于断面较宽的平坦地区，其测量精度较高。

表 11.8.2		水准仪法横断面测量记录表			
桩号	待测点至中桩的水平距离/m	后视读数/m	前视读数/m	待测点至中桩的高差/m	备注
K1+420		0.0	1.67	—	—
	左侧	6.5		1.69	−0.02
		9.0		2.80	−1.13
		11.3		2.84	−1.17
		12.6		1.51	+0.15
		20.0		1.43	+0.24
	右侧	14.6		1.54	+0.13
		20.0		1.43	+0.24

3. 坐标数据采集法

在中线测设时，利用全站仪或 GPS－RTK 的坐标测量方法，把断面上的特征点进行数据采集，然后内业处理成可应用的数据，这种方法效率高，速度快，是目前横断面测量的主要方法，尤其是 GPS－RTK，比较适合在高差较大或植被比较密集但不高大的地方使用。利用偏距测设功能设定横断面方向上的任一点偏距，以此点与中桩点的连线为参照方向。在与参考方向一致的方向线上逐点采集特征点的坐标与高程，即可得到横断面的地面线数据。

4. 利用数字地形模型获取横断面数据

当测图为数字测图的实时数据时，并且能够达到生成足够精度的数字高程模型（DEM），就可以利用数字高程模型直接获取横断面数据。

11.8.3　横断面图的绘制

1. 地面线的测绘

横断面的地面线一般在现场边测边绘，以便及时对横断面进行现场核对，减少差错。也可在现场记录，回到室内绘图。横断面图的比例尺一般是 1∶200 或 1∶100，横断面图绘在米方格纸上，图幅为 350mm×500mm，每厘米有一细线条，每 5cm 有一粗线条。

绘图时以一条纵向粗线为中线，以纵线、横线相交点为中桩位置，向左右两侧绘制。先标注中桩的桩号，再用铅笔根据水平距离和高差，将变坡点点在图纸上，然后用直线将这些点连接起来，就得到横断面的地面线。

为满足路基设计的需要，横断面测量一般要求测至路幅设计宽度外侧 10m，但遇陡坡或深填高挖路段，则应适当放宽测绘宽度。一幅图上可绘制多个断面图，一般规定绘图顺序是从图纸左下方起，自下而上、由左向右，依次按桩号绘制，如图 11.8.7 所示。

2. 测绘横断面设计线

横断面图画好后，经路基设计，先在透明纸上按与横断面图相同的比例尺分别绘出路堑、路堤和半填半挖的路基设计线，称为标准断面图，然后按纵断面图上该中桩的设计高程把标准断面图套在实测的横断面图上。也可将路基断面设计线直接画在横断面图上，绘制成路基断面图，该项工作俗称"戴帽子"。如图 11.8.8 所示，图中粗实线用来表示半填半挖的路基断面。根据横断面的填、挖面积及相邻中桩的桩号，可以算出施工的土、石方量。

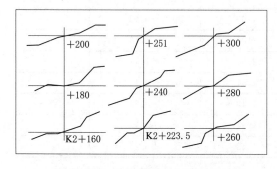

图 11.8.7　路线横断面的地面线

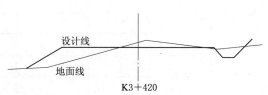

图 11.8.8　横断面图

目前，横断面绘图大多采用计算机，选用合适的软件进行绘制。

利用路线设计软件进行纬地道路纵横断面设计请参看拓展阅读。

11.9 道路施工测量

在施工阶段，道路施工测量的主要任务是将道路施工桩位的平面位置和高程测设于实地，工作主要包括恢复线路中线、测设施工控制桩、路基中线施工零点、测设路基边桩等。

11.9.1 线路中线的恢复

线路中线在线路施工中起平面控制作用，也是路基施工的主要依据。从路线勘测结束到开始施工的这阶段时间里，由于各种原因，往往有一部分勘测时所设的中桩被破坏或丢失，为了保证施工的进度和准确性，必须检查定测资料、进行复测，恢复中线桩，这项工作称为线路复测。常用全站仪和 GPS-RTK 坐标法联测平面控制点、恢复线路中线。用四等水准测量、全站仪三角高程等方法联测高程控制点，在某些情况下，还应增设一定数量的水准点，以满足施工需要。

施工复测前，施工单位应检核线路测量的有关图表资料，会同设计单位进行现场交接。主要交接桩有：直线转点（ZD）、交点（JD）、曲线主点、平面控制点和高程控制点等。线路复测工作的内容和方法与定测时基本相同，精度要求与定测一致。若复测结果与定测成果的互差在容许范围之内，则以定测成果为准；若超出容许范围，则应多方查找原因，确实证明定测资料错误或控制点位移时，审批后方可采用复测成果。具体可参照相关规范要求。

为了准确核实土石方数量，施工阶段对于纵横断面要测得更密些，其间隔应根据地形情况和控制土石方数量需要的精度而定。

11.9.2 施工控制桩的测设

中线桩在路基施工中需要被挖掉或堆埋。为了在施工中控制中线位置，应在不受施工干扰、易于桩位保存又便于施工引用桩位的地方测设施工控制桩。传统测设施工控制桩的方法主要有平行线法和延长线法两种，两种方法可相互配合使用。目前多用坐标法。

1. 平行线法

如图 11.9.1 所示，平行线法是在路基以外测设两排平行于中线的施工控制桩。为了施工方便，控制桩的间距一般取 10~20m。此法多用于直线段较长、地势较平坦的路段。

2. 延长线法

如图 11.9.2 所示，延长线法是在道路转折处的中线延长线上以及曲线中点至交点的延长线上测设施工控制桩。每条延长线上应设置两个以上的控制桩，量出其间距及与交点的距离，做好记录，据此恢复中线交点。延长法适用于直线段较短、地势起伏较大的山区路段，主要是为了控制交点（JD）的位置，需要量出控制桩到交点的距离。

3. 坐标法

根据中桩坐标，计算其相对应宽度为 D 的左右边桩坐标则变得更为容易，只需将中桩点切线方位角减去或加上 90°，即可得到线路边控制桩坐标方位角，据此则可用坐标正算方法算得左右边控制桩坐标，以下为坐标计算式。

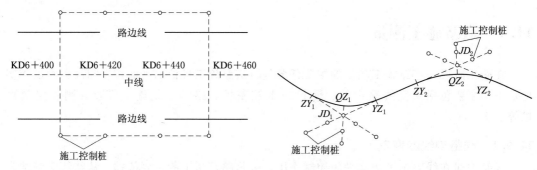

图 11.9.1 平行线法　　　　图 11.9.2 延长线法

（1）直线段路边控制桩计算。由于直线段坐标方位角不发生变化，也即该直线段上各点方位角都为 α，故直线段两边控制桩坐标计算式为

$$\left.\begin{array}{l}x = X + D\cos(\alpha \pm 90°)\\ y = Y + D\sin(\alpha \pm 90°)\end{array}\right\}\qquad(11.9.1)$$

式中 X、Y 为中桩坐标，D 为中桩到控制桩的宽度，α 为直线起始方位角，当取方位角为（$\alpha-90°$）时，其结果为左边控制桩坐标，当取为（$\alpha+90°$）时计算所得为右边控制桩坐标。

圆曲线段、缓和曲线段首先需要寻找出曲线上任意一点的横断面方向，并推算出横断面方向之方位角后，再利用式（11.9.1）计算路基宽度的边桩坐标，下面分别叙述。

（2）圆曲线段路边控制桩坐标计算。在圆曲线段上，如图 11.3.2 所示，由于曲线上点的切线方位角发生变化，因此起始方位角还应加上切线角才为该中桩点方位角，设该点对应切线角为 φ，该点坐标方位角为 $\alpha_P = \alpha \pm \varphi$，故边桩坐标计算式为

$$\left.\begin{array}{l}x = X + D\cos(\alpha_p \pm 90°)\\ y = Y + D\sin(\alpha_p \pm 90°)\\ \alpha_p = \alpha \pm \varphi\\ \varphi = \dfrac{l}{R}\dfrac{180°}{\pi}\end{array}\right\}\qquad(11.9.2)$$

式中 X、Y 为中桩坐标，D 为中桩到控制桩的宽度，α 为直线起始方位角，φ 为该点对应的切线角。当取方位角为（$\alpha_P-90°$）时，其结果为左边控制桩坐标，当取为（$\alpha_P+90°$）时，计算所得为右边控制桩坐标。右转角时，$\alpha_P = \alpha + \varphi$，左转角时，$\alpha_P = \alpha - \varphi$。$l$ 为切点到该点的弧长。

（3）标准曲线路边控制桩坐标计算。

1）缓和曲线段。如图 11.4.1 所示，缓和曲线上中桩点切线方向的方位角为 $\alpha_H = \alpha \pm \beta_H$，$\beta_H$ 为缓和曲线上中桩点切线角，故缓和曲线段控制桩坐标计算式为

$$\left.\begin{array}{l}x = X + D\cos(\alpha_H \pm 90°)\\ y = Y + D\sin(\alpha_H \pm 90°)\\ \alpha_H = \alpha \pm \beta_H\\ \beta_H = \dfrac{l^2}{2Rl_s}\dfrac{180°}{\pi}\end{array}\right\}\qquad(11.9.3)$$

式中 X、Y 为中桩坐标，D 为中桩到控制桩的宽度。当取方位角为（$\alpha_H - 90°$）时，其结果为左边控制桩坐标，当取为（$\alpha_H + 90°$）时，计算所得为右边控制桩坐标。右转角时，第一段缓和曲线时，α 为转角第一边方位角，则 $\alpha_H = \alpha + \beta_H$；第二段缓和曲线时，$\alpha$ 为转角第二边方位角，则 $\alpha_H = \alpha - \beta_H$。左转角时，第一段缓和曲线时，$\alpha$ 为转角第一边方位角，则 $\alpha_H = \alpha - \beta_H$；第二段缓和曲线时，$\alpha$ 为转角第二边方位角，则 $\alpha_H = \alpha + \beta_H$。$l$ 切点到该点的弧长。

2）缓和曲线上的圆曲线段。如图 11.4.4 所示，缓和曲线上的圆曲线段中桩点切线方向的方位角为 $\alpha_Y = \alpha \pm \beta_0 \pm \varphi$，$\beta_0$ 为缓和曲线的最大切线角。φ 为圆曲线的切线角（即圆心角），其正负号的取法和第一段缓和曲线相同，故缓和曲线段边桩坐标计算式为

$$
\left.
\begin{aligned}
x &= X + D\cos(\alpha_Y \pm 90°) \\
y &= Y + D\sin(\alpha_Y \pm 90°) \\
\alpha_Y &= \alpha \pm \beta_0 \pm \varphi \\
\beta_0 &= \frac{l_s}{2R} \frac{180°}{\pi} \\
\varphi &= \frac{l}{R} \frac{180°}{\pi}
\end{aligned}
\right\}
\tag{11.9.4}
$$

应用线路设计小程序，可快速的计算出控制桩坐标，运用全站仪或者 GPS - RTK 坐标放样功能，快捷方便地完成边桩放样。

11.9.3 路基边桩的测设

路基施工前，在地面上先把路基轮廓表示出来，即在地面上将每一个断面的路基边坡与原地面的交点用木桩标（称为边桩）定出来，以便路基的开挖与填筑。每个断面上在中桩的左、右两边各测一个边桩，边桩距中桩的水平距离取决于设计路基宽度、边坡坡度、填土高度或挖土深度以及横断面的地形情况。常用的方法如下。

1. 图解法

直接在路基设计的横断面图上，量出中心桩至边桩的距离。然后到现场直接量取距离，定出边桩位置，量距时，尺子要拉平，如横坡较大，则需分段丈量；在量得的点处钉上坡脚桩（A）或坡顶桩（B）。

每个断面都放出边桩后，用灰线将中线两侧的边桩连接起来，作为路基填挖边界。

此法一般用在低等级公路和填挖不大的地区，如图 11.9.3 所示。

2. 解析法

解析法是根据路基填挖高度、路基宽度、边坡坡度和断面地形情况，先计算出路基中桩至边桩的水平距离，然后在实地以中桩为起点，沿横断面方向往两边把水平距离在实地上

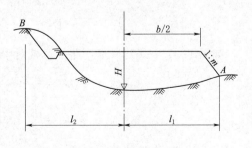

图 11.9.3 图解法放边桩

丈量出来，便可在地面上钉出边桩的位置。路基边桩的测段方法在地面平坦地段和地面倾斜地段各不相同。

（1）平坦地面路基边桩的测设。根据前面介绍，填方路基称为路堤，如图 11.9.4（a）所示；挖方路基称为路堑，如图 11.9.4（b）所示。

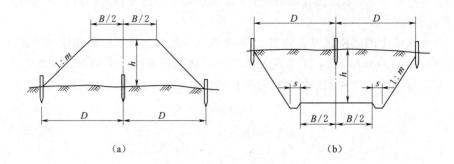

（a）   （b）

图 11.9.4　平坦地段路基边桩测设

由图 11.9.4 中可以看出

路堤
$$D = \frac{B}{2} + mh \tag{11.9.5}$$

路堑
$$D = \frac{B}{2} + s + mh \tag{11.9.6}$$

式中　D——路基中桩至边桩的距离；

B——路基宽度；

$1:m$——路基边坡坡度（m 为边坡率）；

h——填土高度或挖土深度；

s——路堑边沟顶宽。

上式为地面平坦、断面位于直线段时计算边桩至中桩距离的方法。如果该断面位于曲线段时，则路基外侧的加宽度应包括在路基宽度内。

（2）倾斜地段路基边桩的测设。在倾斜地段，计算 D 时应考虑地面横向坡度的影响。

如图 11.9.5（a）所示，路堤边桩至中桩的距离 D_s、D_x 为

$$\left. \begin{array}{l} D_s = \dfrac{B}{2} + m(h_Z - h_S) \\[2mm] D_x = \dfrac{B}{2} + m(h_Z + h_x) \end{array} \right\} \tag{11.9.7}$$

如图 11.9.5（b）所示，路堑边桩对中桩的距离 D_s、D_x 为

$$\left. \begin{array}{l} D_s = \dfrac{B}{2} + s + m(h_Z + h_S) \\[2mm] D_x = \dfrac{B}{2} + s + m(h_Z - h_x) \end{array} \right\} \tag{11.9.8}$$

式中　h_Z——中桩的填挖高度；

h_S、h_x——斜坡上、下侧边桩与中桩的高差，在边桩未定出之前为未知数；

B、s、m 的意义同前。

因此，实际工作中采用逐渐趋近法测设边桩，首先参考路基横断画图并根据地面实际情况，估计边桩位置。然后测出估计边桩与中桩的高差，试算边桩位置。若计算与估计边桩不符，应重复上述工作，直至计算值与估计值基本相符为止。当填挖高度很大时，为了防止路基边坡坍塌，设计时在边坡一定高度处设置宽度为 d 的坠落平台，计算 D 时也应加进去。

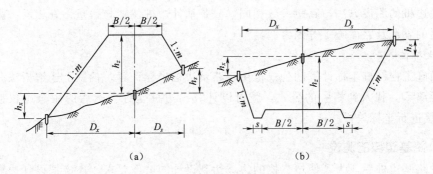

(a) (b)

图 11.9.5 倾斜地段路基边桩的测设

3. 逐点趋近法

在实际测设中先定出断面方向后可采用逐点趋近法测设边桩。如图 11.9.6 所示，设路基左侧与边沟顶宽之和为 4.7m；右侧需增加曲线的加宽，其和为 5.3m；中心挖深 5.0m；边坡坡度为 1∶1。现以左侧为例说明用逐点趋近法测设边桩的步骤如下：

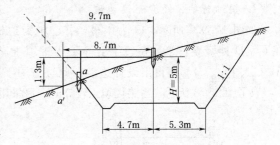

图 11.9.6 倾斜地段用逐点趋近法测设边桩

(1) 估计边桩位置。若地面水平，则左边桩与中桩之距离为

$$D_左 = 4.7 + 5.0 = 9.7 \text{（m）}$$

实际情况是左侧地面较中桩低，估计左边桩处比中桩处地面低 1m，$h_左 = 5 - 1 = 4$（m）。边桩与中桩距离为

$$D_左 = 4.7 + 4.0 = 8.7 \text{（m）}$$

在地面上于中桩处左侧量 8.7 m，得 a' 点。

(2) 测量高差。实测高差测得 a' 点与中桩地面之高差为 1.3 m，则 a' 距中桩的距离应为

$$D_左 = 4.7 + (5 - 1.3) = 8.4 \text{(m)}$$

此值比原估计值 8.7m 小，故正确的边桩位置应在 a' 点内侧。

(3) 重估边桩位置。正确边桩位置应在 8.4～8.7m 之间，重估距中桩 8.5m 处在地上定出 a 点。

(4) 重测高差。测出 a 点与中桩的高差为 1.2m，则 a 点与中桩之距离为

$$D_左 = 4.7 + (5 - 1.2) = 8.5 (m)$$

此值与估计值相符，故 a 点即为左侧边桩位置。

由上述情况可知，逐点趋近法测设边桩位置的步骤是，先根据地面实际情况，参照路基横断面图估计边桩位置；然后测出估计位置与中桩地面的高差，按其高差可以算出与其对应的边桩位置。若计算值与估计值相符，即为边桩位置；否则，再按实际资料进行估计，重复上述工作，逐点趋近，直至计算值与估计值相符或十分接近为止。

路堤边桩的测设方法与路堑大致相同，只是估计边桩位置与路堑正好相反。测设时需考虑路堤的下沉及路面施工等因素。

4. 坐标法

前面施工控制桩坐标计算的公式也用于路基边桩坐标计算，根据上述解析法获得道路的边桩距离 D，代入到相应的公式，就可以计算出边桩坐标。然后应用全站仪或 GPS-RTK 直接进行坐标放样。

11.9.4 路基边坡的测设

测设路基边桩后，为了使填、挖的边坡达到设计的坡度要求，还应把设计边坡在实地标定出来，以便于施工。

1. 用细竹竿、绳索测设边坡

如图 11.9.7 所示，O 为中桩，A、B 为边桩，CD 的水平距离为路基宽度。测设时在 C、D 处竖立竹竿，在竹竿上等于中桩填土高度 H 处作 C'、D' 的记号，用绳索连接 A、C'、D'、B，即得出设计边坡。此法适用于填土不高的路堤施工。

如图 11.9.8 所示，当路堤填土较高时，可采用分层填土，逐层挂线的方法进行边坡放样。

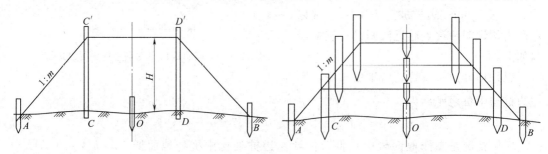

图 11.9.7　挂线法测设边坡　　　　图 11.9.8　分层挂线法测设边坡

2. 用边坡模板测设边坡

首先按照边坡坡度做好坡度模板，施工时比照模板进行测设。活动边坡模板（带有水准器的边坡尺）如图 11.9.9（a）所示，当水准器气泡居中时，边坡尺的斜边所指示的坡度为设计边坡坡度，借此可指示与检查路堤边坡的填筑。

固定边坡模板如图 11.9.9（b）所示，开挖路堑时，在坡顶边桩外侧按设计坡度设置固定边坡模板，施工时可随时指示并检核边坡的开挖与修整。

11.9.5 路面施工放样

路面施工是公路施工的最后一个环节。路面施工放样的精度要求较高。同样先要恢复

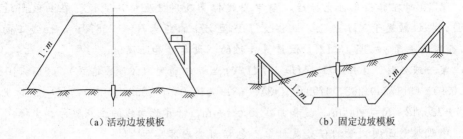

（a）活动边坡模板　　　　　　　　（b）固定边坡模板

图 11.9.9　用边坡模板测设边坡

中桩、边桩，一般均采用全站仪、GPS-RTK 利用坐标法实施桩位放样。一般均采用水准仪实施桩位高程放样。

　　桥梁施工测量内容请参看拓展阅读。

思考题与练习题

　　1. 道路中线测量的主要任务是什么？

　　2. 什么是路线的转角？如何确定转角是左转角还是右转角？

　　3. 什么是道路中线测量的转点，其与水准测量的转点有何不同？

　　4. 圆曲线和缓和曲线上的偏角各有什么特性？

　　5. 偏角法和极坐标法测设曲线各有什么优缺点？

　　6. 在路线右角测定之后，保持原度盘位置，若后视方向的读数为 $32°40'00''$，前视方向的读数为 $172°18'12''$，该弯道的转角是多少？是左转还是右转？并求出分角线方向的度盘读数。

　　7. 什么是整桩号法设桩？什么是整桩距法设桩？两者各有什么特点？

　　8. 已知交点的里程桩号为 K10＋400.18，测得转角 $\alpha_{左}=16°30'$，圆曲线半径 $R=500\mathrm{m}$，若采用切线支距法并按整桩号法设桩，试计算各桩坐标。并说明测设步骤。

　　9. 已知交点的里程桩号为 K10＋555.88，测得转角 $\alpha_{左}=24°28'$，圆曲线半径 $R=400\mathrm{m}$，若采用偏角法按整桩号设桩，试计算各桩的偏角及弦长（要求前半曲线由曲线起点测设，后半曲线由曲线终点测设）并说明测设步骤。

　　10. 什么是正拨？什么是反拨？如果某桩点的偏角值为 $3°18'14''$，在反拨的情况下，要使该桩点方向的水平度盘读数为 $3°18'14''$，在瞄准切线方向时，度盘读数应配置在多少？

　　11. 什么是缓和曲线？缓和曲线长度如何确定？

　　12. 已知交点的里程桩号为 K15＋558.99，转角 $\alpha_{右}=37°18'$，圆曲线半径 $R=300$，缓和曲线长 l_s 采用 70m，试计算该曲线的测设元素、主点里程以及缓和曲线终点的坐标，并说明主点的测设方法。

　　13. 第 15 题在钉出主点后，若采用切线支距法按整桩号详细测设，试计算各桩坐标。

　　14. 第 15 题在钉出主点后，若采用偏角法按整桩号详细测设，试计算测设所需要的数据。

15. 第16题在算出各桩坐标后，前半曲线打算改用极坐标法测设。在曲线附近选一转点 ZD，将仪器置于 ZH 点上，测得 ZH 点至 ZD 的距离 $S=15.670\text{m}$，切线正向顺时针与 S 直线的夹角 $\alpha=15°10'12''$。试计算各桩的测设角度和距离。

16. 某一级公路，已知 JD_1，JD_2，JD_3 的坐标分别为（X，Y 格式）（3116010.770，477565.039）、（3117249.262，479968.143）、（3116946.038，483280.499），JD_2 处的里程桩号为 K5+730.12，$R=2000\text{m}$，缓和曲线长为 100m，计算此曲线的主点桩号和坐标。

17. 路线纵断面图测量的任务是什么？包括哪些内容？

18. 中平测量中的中视读数和前视读数有何区别？

19. 路线横断面测量的任务是什么？有哪几种施测方法？

20. 设竖曲线半径 $R=3000\text{m}$，相邻坡段的坡度 $i_1=+3.1\%$、$i_2=+1.1\%$，变坡点桩号为 K16+770.00，变坡点高程为 396.67m，如果竖曲线上每隔 10m 设置一桩，试计算各桩的高程。

 拓展阅读

11.4.3（a）	11.4.3（b）	11.4.3（c）	11.8.3	11.9.5

第 12 章

建筑变形测量

学习目标

本章学习建筑变形测量的基本内容和观测方法。通过学习，了解建筑变形测量的目的、意义、任务和内容；熟悉建筑变形控制测量的工作内容；掌握建筑变形观测的基本方法，具有进行沉降、倾斜、裂缝、挠度、水平位移的观测和数据处理的一般能力。

12.1 建筑变形测量概述

建筑变形是指建筑的地基、基础、上部结构及其场地受各种作用力而产生的形状或位置变化现象。建筑变形测量是建筑变形进行观测，并对观测结果进行处理和分析的工作。《建筑变形测量规范》（JGJ 8—2016）规定以下建筑在施工和使用期间应进行变形测量：

（1）地基基础设计等级为甲级的建筑；

（2）复合地基或软弱地基上的设计等级为乙级的建筑；

（3）加层、扩建建筑；

（4）受邻近深基坑开挖施工影响或受场地地下水等环境因素变化影响的建筑；

（5）需要积累经验或进行设计反分析的建筑。

当建筑变形观测过程中发生下列情况之一时，必须立即报告委托方，同时应及时增加观测次数或调整变形测量方案：

（1）变形量或变形速率出现异常变化；

（2）变形量达到或超出预警值；

（3）周边或开挖面出现塌陷、滑坡；

（4）建筑本身、周边建筑及地表出现异常；

（5）由于地震、暴雨、冻融等自然灾害引起的其他变形异常情况。

12.1.1 建筑变形测量的目的和意义

随着国民经济及社会的快速发展，各种大型建筑物如水坝、高层建筑、大型桥梁、隧道及各种大型设备越来越多，城市建筑向高空和地下两个空间方向拓展，往往要在狭窄的场地上进行深基坑的垂直开挖，因变形而造成损失的也越来越多。这种变形总是由量变到质变从而造成事故，因而应及时地对建筑物进行变形测量，随时监视变形的发展变化，在未造成损失之前，及时采取补救措施，减少社会危害。

通过对变形体的动态监测，获得精确的观测数据，并对监测数据进行综合分析，及时对建筑物施工和运营过程中的异常变形可能造成的危害作出预报，以便采取必要的技术措施，避免造成严重后果。建（构）筑物变形监测的目的是：

（1）保证建筑物施工和运营的安全。通过变形观测取得的资料，可以监视工程建筑物的状态变化和工作情况。在发生不正常现象时，可以及时分析原因，采取措施，防止事故发生，以保证建（构）筑物施工过程及运营的安全。

（2）积累资料、优化设计和科学研究的需要。通过施工和运营期间对建筑物的观测，分析研究其资料，可以验证设计理论、所采用的各项参数与施工措施是否合理，为以后改进设计与施工方法提供依据；更好地了解建（构）筑物变形的机理，验证有关工程设计的理论和地壳运动的假说，建立正确的变形预报理论和方法；同时可对某种工程的新结构、新材料和新工艺的性能作出科学的客观评价。

为了以上目的，应在工程建筑物设计阶段，调查建筑物地基承载性能、研究自然因素对建筑变形影响的同时，就着手拟订变形观测的设计方案，并将其作为工程建筑物的一项设计内容，以便在施工时能将观测标志和设备埋置在设计位置上，从建筑物开始施工就进行观测，一直持续到变形终止为止。

12.1.2 建筑物产生变形的原因

（1）自然条件及其变化。建筑物地基的工程地质、水文地质、大气温度的变化，地震以及相邻建筑物的影响等外力作用的变化。例如，由于地基下的地质条件不同会引起建筑物的不均匀沉降，使其产生倾斜或裂缝；由于温度和地下水位的季节性和周期性变化，而引起建筑物的规律性变形；新建的相邻大型建筑物改变了原有建筑物周边的土壤平衡，使地面产生不均匀沉降甚至出现地面裂缝，从而给原有建筑物造成危害等。

（2）建筑物本身相联系的原因。建筑物本身的荷重、建筑物的结构、形式以及动荷载的作用、工艺设备的重量等与建筑物本身有关的内在因素而引起的变化。如设计不合理，材料选择不当，施工方法不当或施工质量低劣，就会使变形超出允许值而造成损失。建筑物在施工过程中，随着荷载的不断增加，不可避免地会产生一定量的沉降。

12.1.3 建筑变形测量的内容及技术要求

1. 建筑变形测量的主要内容

（1）变形控制测量。变形控制测量的主要内容是布设建筑沉降观测设置的高程基准点和位移观测的平面基准点，选择适当的方法完成初次观测计算和周期性复测，为变形观测提供可靠的基准。

（2）沉降观测。沉降观测主要包括基坑回弹测量、地基分层沉降观测、建筑场地沉降观测和建筑沉降观测。

（3）位移观测。位移观测主要包括建筑物倾斜观测、建筑物水平位移观测、基坑壁侧向位移观测、建筑场地滑坡观测和扰度观测。

（4）特殊变形观测。特殊变形观测主要包括测动态变形测量、日照变形观测、风振观测和裂缝观测。

（5）数据处理分析。数据处理分析主要包括平差计算、变形几何分析、变形建模与预报、成果整理和质量检查验收。

2. 变形监测等级和精度要求

变形测量按不同的工程要求分为四个等级，其精度要求见表12.1.1。

表 12.1.1　　　　　　　　　变形测量的等级划分及精度要求　　　　　　　　单位：mm

变形测量等级	垂直位移测量		水平位移测量	适　用　范　围
	变形点的高程中误差	相邻变形点高差中误差	变形点的点位中误差	
一等	±0.3	±0.1	±1.5	变形特别敏感的高层建筑、工业建筑、高耸构筑物、重要古建筑、精密工程设施等
二等	±0.5	±0.3	±3.0	变形比较敏感的高层建筑、高耸构筑物、古建筑、重要工程设施和重要建筑场地的滑坡监测等
三等	±1.0	±0.5	±6.0	一般性的高层建筑、工业建筑、高耸构筑物、滑坡监测等
四等	±2.0	±1.0	±12.0	观测精度要求较低的建筑物、构筑物和滑坡监测等

12.1.4　建筑变形测量的特点

1. 精度要求高

建筑变形测量和其他测量工作相比，要求测量的精度高，一般精度要求是 1mm 或相对精度要求为 10^{-6}。确定合理的测量精度是很重要的，过高的精度要求会使测量工作复杂，费用和时间增加，而精度定得太低又会增加变形分析的困难，使所估计的变形参数误差大，甚至得出不正确的结论。在生产实践中，按规范或计算得出必要的误差以后，根据本单位的仪器设备和技术力量，使设计达到精度要求的科学合理的作业方式。

2. 重复观测

建筑变形测量是一项长期的周期性观测测量活动，要按要求进行重复观测，重复观测的频率取决于变形的大小、速度以及观测的目的。在工程建筑物建成初期，变形的速度比较快，因此观测频率也要大一些，经过一段时间后，建筑物趋于稳定，可以减少观测次数，但要坚持定期观测。在施工过程中，频率一般有 3 天、7 天、半个月三种周期；也可以按荷载增加的过程进行观测，即从埋设的观测点稳定后进行第一次观测，当荷载增加到 25％时观测一次，以后每增加 15％观测一次。到了竣工投产以后，频率可一般有 1 个月、2 个月、3 个月、半年及 1 年等不同的周期。竣工后，一般第一年观测 4 次，第二年 2 次，以后每年一次。在掌握了一定规律或变形稳定之后，可减少观测次数。这种根据日历计划（或荷载增加量）进行的变形观测称为正常情况下的系统观测。

3. 综合应用各种观测方法

变形测量方法一般分为四类：①地面测量方法，包括几何水准测量、三角高程测量、方向和角度测量、距离测量等；②空间测量技术，例如全球导航卫星系统（GNSS），合成孔径雷达干涉（InSAR）；③摄影测量和地面激光扫描；④专门测量手段（主要是指各种准直测量，倾斜仪监测，应变计测量等）。

地面测量方法精度高，应用灵活，适用于各种不同的变形体和不同的监测环境，但野外工作量相对较大。空间测量技术可提供大范围的变形信息，但观测环境影响大。摄影测量和地面激光扫描外业工作量少，可以提供变形体表面上任意点的变形，但精度较低；地面激光扫描有类似于摄影测量的优点，精度也可达几毫米，在变形观测方面的应用刚刚开始。专门测量手段容易实现连续、自动监测以及遥测遥控，而且相对精度较高，但它们提供的是局部的变形信息。

4. 数据处理要求严密

变形量一般很小，有时甚至与观测精度处在同一量级，要从含有误差的观测值中分离出变形信息，需要严密的数据处理方法。观测值中经常含有粗差和系统误差，在估计变形模型之前要进行筛选，以保证结果的正确性。变形模型一般是预先不知道的，需要仔细地鉴别和检验。对于发生变形的原因还要进行解释，建立变形和变形原因之间的关系。变形监测资料可能是由不同的方法在不同的时间采集的，需要综合利用。再者，变形观测是重复进行的，多年观测积累了大量的资料，必须有效地管理和利用这些资料。

5. 需要多学科知识的配合

在确定变形监测精度，优化设计变形监测方案，合理地分析变形监测成果，特别是进行变形的物理解释时，变形测量工作者要熟悉所研究的变形体。研究地壳变形，需要有地球物理的知识；研究工程建筑物的变形，需要土力学和土木工程的知识；研究变形的机理，需要力学方面的知识。可以说，变形测量处于测绘学和地球物理、土木工程等科学的边缘。一个成功的变形测量工作者需要具备其他学科的知识，才能与其他学科方面的专家有共同语言，紧密地协作。

12.2 建筑变形控制测量

建筑变形控制测量是为变形观测提供基准点和工作基点的测量工作。为沉降观测的基准为高程基准点；为建筑位移和特殊变形观测设置的基准点为平面基准点。如果基准点离所测建筑距离较远致使变形测量作业不方便时，可设置工作基点，作为观测的基准点。

变形测量的基准点应设置在变形区域以外、位置稳定、易于长期保存的地方。基准点应定期复测，复测周期应视基准点所在位置的稳定情况确定，在建筑施工过程中一般 1～2 个月复测一次，点位稳定后宜每季度或每半年复测一次。当观测点变形测量成果出现异常，或当测区受到地震、洪水、爆破等外界因素影响时，应及时进行复测，按规定对其稳定性进行分析。

变形测量基准点的标石、标志埋设后，应达到稳定后方可开始观测。稳定期应根据观测要求与地质条件确定，一般少于 15 天。设置有工作基点时，每期变形观测时均应将其与基准点进行联测，然后再对观测点进行观测。

建筑变形测量的平面坐标系统和高程系统应采用国家平面坐标系统和高程系统或所在地区使用的平面坐标系统和高程系统，也可采用独立系统。当采用独立系统时，必须在技术设计书和技术报告中明确说明。

建筑变形测量工作开始前，应根据建筑地基基础设计的等级和要求、变形类型、测量目的、任务要求以及测区条件等进行施测方案设计，确定变形测量的内容、精度级别、基准点与变形点布设方案、观测周期、仪器设备及检定要求、观测与数据处理方法、提交成果内容等，编写技术设计书或施测方案。

变形控制测量的精度级别应不低于沉降或位移观测的精度级别。

12.2.1 高程基准点的布设与测量

1. 高程基准点的布设

特级沉降观测的高程基准点数不应少于 4 个；其他级别沉降观测的高程基准点数不应少于 3 个。高程工作基点可根据需要设置。基准点和工作基点应形成闭合环或形成由附合路线构成结点网。

高程基准点和工作基点位置的选择应避开交通主干道路、地下管线、仓库堆栈、水源地、河岸、松软填土、滑坡地段、机器振动区以及其他可能使标石、标志易遭腐蚀和破坏的地方，选设在变形影响范围以外且稳定、易于长期保存的地方。在建筑区内，其点位与邻近建筑的距离应大于建筑基础最大宽度的 2 倍，其标石埋深应大于邻近建筑基础的深度。高程基准点也可选择在基础深且稳定的建筑上。

2. 高程基准点的测量

高程控制测量应使用水准测量方法。对于二、三级沉降观测的高程控制测量，当不便使用水准测量时，可使用电磁波测距三角高程测量方法。当使用静力水准测量方法进行沉降观测时，用于联测观测点的工作基点宜与沉降观测点设在同一高程面上，偏差不应超过 $\pm1cm$，当不能满足这一要求时，应设置上下高程不同但位置垂直对应的辅助点传递高程。

（1）水准测量。

1）仪器要求。使用的水准仪、水准标尺应在项目开始前和项目结束后进行检验，项目进行中也应定期检验。当观测成果出现异常，经分析与仪器有关时，应及时对仪器进行检验与校正。对用于特级水准观测的仪器，i 角不得大于 $10''$；对用于一、二级水准观测的仪器，i 角不得大于 $15''$；对用于三级水准观测的仪器，i 角不得大于 $20''$。补偿式自动安平水准仪的补偿误差绝对值不得大于 $0.2''$。水准标尺分划线的分米分划线误差和米分划间隔真长与名义长度之差，对区格式木质标尺不应大于 0.5mm。对线条式钢瓦合金标尺不应大于 0.1mm，各等级水准测量使用的仪器型号和标尺类型要求见表 12.2.1。

表 12.2.1 各等级水准测量使用的仪器型号和标尺类型要求

级别	使用的仪器型号			标尺类型		
	DS05、DSZ05 型	DS1、DSZ1 型	DS3、DSZ3 型	因瓦尺	条码尺	区格式木制标尺
特级	√	×	×	√	√	×
一级	√	×	×	√	√	×
二级	√	√	×	√	√	√
三级	√	√	√	√	√	√

注 表中"√"表示允许使用；"×"表示不允许使用。

2）测量。水准测量应在标尺分划线成像清晰和稳定的条件下进行观测。不得在日出后或日落前约半小时、太阳中天前后、风力大于 4 级、气温突变以及标尺分划线的成像跳动而难以照准时进行观测。阴天可全天观测，观测前半小时，应将仪器置于户外的阴影下，使仪器与外界气温趋于一致。设站时，应使用测伞遮蔽阳光。使用数字水准仪前，还应进行预热。使用数字水准仪，应避免望远镜直接对着太阳，并避免视线被遮挡。仪器应在其生产厂家规定的温度范围内工作。振动源造成的振动消失后，才能启动测量键。当地面震动较大时，应随时增加重复测量次数。

每测段往测与返测的测站数均应为偶数，否则应加入标尺零点差进行改正。由往测转向返测时，两标尺应互换位置，并应重新整置仪器。在同一测站上观测时，不得两次调焦。转动仪器的倾斜螺旋和测微器时，其最后旋转方向均应为旋进。对各周期观测过程中发现的相邻观测点高差变动迹象、地质地貌异常、附近建筑基础和墙体裂缝等情况，应做好记录，并画出草图。变形监测水准测量的观测方式应符合表 12.2.2。

表 12.2.2　　　　　　　　　变形监测水准测量观测方式

级别	高程控制测量、工作基点联测及首次沉降观测			其他各次沉降观测		
	DS05、DSZ05 型	DSl、DSZ1 型	DS3、DSZ3 型	DS05、DSZ05 型	DSl、DSZ1 型	DS3、DSZ3 型
一级	往返测	—	—	往返测或单程双测站	—	—
二级	往返测或单程双测站	往返测或单程双测站	—	单程观测	单程双测站	—
三级	单程双测站	单程双测站	往返测或单程双测站	单程观测	单程观测	单程双测站

3）技术要求。水准观测的视线长度、前后视距差和视线高度应符合表 12.2.3。

表 12.2.3　　　　　　水准观测的视线长度、前后视距差和视线高　　　　　单位：m

级别	视线长度	前后视距差	前后视距差累积	视线高度（下丝）
特级	≤10	≤0.3	≤0.5	≤0.8
一级	≤30	≤0.7	≤1.0	≤0.5
二级	≤50	≤2.0	≤3.0	≤0.3
三级	≤75	≤5.0	≤8.0	≤0.2

当采用数字水准仪观测时，最短视线长度不宜小于 3m，最低水平视线高度不应低于 0.6m。

水准观测的限差应符合表 12.2.4 的规定。

表 12.2.4 　　　　　　　　　　　　水 准 观 测 的 限 差 　　　　　　　　　　　　单位：mm

级别		基辅分划读数之差	基辅分划所测高差之差	往返较差及附合或环线闭合差	单程双测站所测高差较差	检测已测测段高差之差
特级		0.15	0.2	$\leqslant 0.1\sqrt{n}$	$\leqslant 0.07\sqrt{n}$	$\leqslant 0.15\sqrt{n}$
一级		0.3	0.5	$\leqslant 0.3\sqrt{n}$	$\leqslant 0.2\sqrt{n}$	$\leqslant 0.45\sqrt{n}$
二级		0.5	0.7	$\leqslant 1.0\sqrt{n}$	$\leqslant 0.7\sqrt{n}$	$\leqslant 1.5\sqrt{n}$
三级	光学测微法	1.0	1.5	$\leqslant 3.0\sqrt{n}$	$\leqslant 2.0\sqrt{n}$	$\leqslant 4.5\sqrt{n}$
	中丝读数法	2.0	3.0			

（2）电磁波测距三角高程测量。对水准测量确有困难的二、三级高程控制测量，可采用电磁波测距三角高程测量，并按规定使用专用觇牌和配件。对于更高精度或特殊的高程控制测量确需采用三角高程测量时，应进行详细设计和论证。

电磁波测距三角高程测量的视线长度不宜大于 300m，最长不得超过 500m，视线垂直角不得超过 10°，视线高度和离开障碍物的距离不得小于 1.3m。

电磁波测距三角高程测量应优先采用中间设站观测方式，也可采用每点设站、往返观测方式。当采用中间设站观测方式时，每站的前后视线长度之差对于二级不得超过 1m，三级不得超过视线长度的 1/10；前后视距差累积，二级不得超过 30m，三级不得超过 100m。

三角高程测量边长的测定，采用符合相应精度等级的电磁波测距仪往返观测。限差见表 12.2.5。当采取中间设站观测方式时，前、后视各观测 2 测回。垂直角观测应采用觇牌为照准目标，采用中丝双照准法观测。当采用中间设站观测方式分两组观测时，垂直角观测的顺序为：

第一组：后视—前视—前视—后视（照准上目标）；

第二组：前视—后视—后视—前视（照准下目标）。

垂直角观测宜在日出后 2h 至日落前 2h 的期间内目标成像清晰稳定时进行。阴天和多云天气可全天观测，每次照准后视或前视时，一次正倒镜完成该分组测回数的 1/2。中间设站观测方式的垂直角总测回数应等于每点设站、往返观测方式的垂直角总测回数。

表 12.2.5 　　　　　　　　　　　　垂直角观测的测回数与限差

级别	二级		三级	
仪器类型	DJ_{05}	DJ_1	DJ_1	DJ_2
测回数	4	6	4	6
两次照准目标读数差/(″)	1.5	4	4	6
垂直角测回差/(″)	2	5	5	7
指标差较差/(″)	3			

仪器高、规标高应在观测前后用经过检验的量杆或钢尺各量测一次，精确读至

0.5mm，当较差不大于 1mm 时取用中数。采用中间设站观测方式时可不量测仪器高。

电磁波测距三角高程测量观测的限差应符合表 12.2.6 的要求。

表 12.2.6　　　　　　　　　电磁波测距三角高程测量观测的限差　　　　　　　　单位：mm

级别	附合线路或环线闭合差	检测已测边高差之差
二级	$\leqslant \pm 4\sqrt{L} \pm 12\sqrt{L}$	$\leqslant \pm 6\sqrt{D}$
三级	$\leqslant$	$\leqslant \pm 12\sqrt{D}$

注　 D 为测距边边长，以 km 为单位；L 为附合路线或环线长度，以 km 为单位。

12.2.2　平面基准点的布设与测量

1. 平面基准点的布设

各级别位移观测的基准点（含方位定向点）不应少于 3 个，工作基点可根据需要设置。基准点、工作基点应便于检核校验。

当使用 GPS 测量方法进行平面或三维控制测量时，基准点位置还应满足以下要求：①应便于安置接收设备和操作；②视场内障碍物的高度角不宜超过 15°；③离电视台、电台、微波站等大功率无线电发射源的距离不应小于 200m，离高压输电线和微波无线电信号传输通道的距离不应小于 50m，附近不应有强烈反射卫星信号的大面积水域、大型建筑以及热源等；④通视条件好，应方便后续采用常规测量手段进行联测。

一级位移观测的平面基准点、工作基点，应建造具有强制对中装置的观测墩或埋设专门观测标石，强制对中装置的对中误差不应超过 ±0.1mm。照准标志应具有明显的几何中心或轴线，并应符合图像反差大、图案对称、相位差小和本身不变形等要求。平面基准点的深埋式标志、兼作高程基准的标石和标志以及特殊土地区或有特殊要求的标石、标志及其埋设应另行设计。

各级测角、测边控制网宜布设为近似等边三角形网，其三角形内角不宜小于 30°，当受地形或其他条件限制时，个别角可放宽，但不应小于 25°。宜优先使用边角网，在边角网中应以测边为主，加测部分角度，并合理配置测角和测边的精度。

平面控制网技术要求见表 12.2.7。

表 12.2.7　　　　　　　　　　　　　　平面控制网技术要求

级别	平均边长/m	角度中误差/(″)	边长中误差/mm	最弱边边长相对中误差
一级	200	±1.0	±1.0	1∶200000
二级	300	±1.5	±3.0	1∶100000
三级	500	±2.5	±10.0	1∶50000

2. 平面基准点的测量

（1）水平角观测。水平角观测宜采用方向观测法，当方向数不多于 3 个时，可不归零；特级、一级网点也可采用全组合测角法。导线测量中，当导线点上只有两个方向时，应按测回法观测；当导线点上多于两个方向时，应按方向法观测。水平角观测的测回数见表 12.2.8。

表 12.2.8   **水 平 角 观 测 测 回 数**

级别	一级	二级	三级
DJ$_{05}$	6	4	2
DJ$_1$	9	6	3
DJ$_2$	—	9	6

观测应在通视良好、成像清晰稳定时进行。晴天的日出、日落前后和太阳中天前后不宜观测。作业中仪器不得受阳光直接照射，当气泡偏离超过一格时，应在测回间重新整置仪器。当视线靠近吸热或放热强烈的地形地物时，应选择阴天或有风但不影响仪器稳定的时间进行观测。当需削减时间性水平折光影响时，应按不同时间段观测。

控制网观测要采用双照准法，在半测回中每个方向连续照准 2 次，并各读数 1 次。每站观测中，应避免二次调焦，当观测方向的边长悬殊较大、有关方向应调焦时，宜采用正倒镜同时观测法，并可不考虑 2C 变动范围。对于大倾斜方向的观测，应严格控制水平气泡偏移，当垂直角超过 3°时，应进行仪器竖轴倾斜改正。

当观测成果超出限差时，应按规定进行重测。各级别水平角观测的限差见表 12.2.9。

表 12.2.9   **各级别水平角观测的限差**

仪器类型	两次照准目标读数差	半测回归零差	一测回内 2C 互差	同一方向值各测回互差
DJ$_{05}$	2	3	5	3
DJ$_1$	4	5	9	5
DJ$_2$	6	8	13	8

（2）距离测量。电磁波测距要进行往返测或不同时间段观测，并较差，应将斜距改化到同一水平面上方可进行比较；测距时应使用经检定合格的温度计和气压计；气象数据应在每边观测始末时在两端进行测定，取其平均值；测距边两端点的高差，对一、二级边可采用三级水准测量方法测定；对三级边可采用三角高程测量方法测定，并应考虑大气折光和地球曲率对垂直角观测值的影响；测距边归算到水平距离时，应在观测的斜距中加入气象改正和加常数、乘常数、周期误差改正后，化算至测距仪与反光镜的平均高程面上。电磁波测距仪测距的技术要求见表 12.2.10。

表 12.2.10   **电磁波测距仪测距技术要求**

级别	仪器精度等级 /mm	每边测回数 往	每边测回数 返	一测回读数间较差限值 /mm	单程测回间较差限值/ mm	气象数据测定的最小读数 温度/℃	气象数据测定的最小读数 气压/mmHg	往返或时段间较差限值
一级	≤1	4	4	1	1.4	0.1	0.1	$\sqrt{2}(a+b\times D\times 10^{-6})$
二级	≤3	4	4	3	5.0	0.2	0.5	
三级	≤5	2	2	5	7.0	0.2	0.5	
三级	≤10	4	4	10	15.0	0.2	0.5	

（3）GPS测量。在作业时，接收机在使用过程中应进行必要的检验。一、二级一般选用双频GPS接收机，标称精度在（$3mm+D\times10^{-6}$），采用静态作业模式，卫星截止高度角一般设为15°。有效观测卫星数一般6颗以上星座，采样间隔可设为10~30s，采集同步时长可根据基线长短在30~90min内设定，PDOP≤5。三级选用标称精度可在（$5mm+D\times10^{-6}$），可采用静态或快速静态作业模式，卫星截止高度角一般设为15°。有效观测卫星数一般4颗以上星座，采样间隔可设为10~30s，静态采集同步时长可根据基线长短在30~45min内设定，快速静态作业模式，同步时长一般为15min左右。

GPS测量的网形设计、作业的其他注意事项和解算等工作与GPS测图控制测量一致。

12.3 沉降观测

建筑沉降观测可根据需要分别或组合测定建筑的场地沉降、基坑回弹、地基土分层沉降以及基础和上部结构沉降。对于深基础建筑或高层、超高层建筑，沉降观测应从基础施工时开始。各类沉降观测的级别和精度要求应视工程的规模、性质及沉降量的大小及速度而确定。

12.3.1 沉降观测点的布设

沉降观测点是设立在建筑物上，能反映建筑物沉降量变化的标志性观测点。为了全面准确地反映整个建筑物的沉降变化情况，沉降观测点的布设应满足以下要求：

（1）沉降观测点的位置。沉降观测点应布设在能全面反映建筑物沉降情况的部位，如建筑物四角，沉降缝两侧，荷载有变化的部位，大型设备基础，柱子基础和地质条件变化处。

（2）沉降观测点的数量。一般沉降观测点是均匀布置的，它们之间的距离一般为10~20m。

（3）沉降观测点的设置形式（图12.3.1）。布设沉降观测点时，应结合建筑结构、形状和场地工程地质条件，并应顾及施工和建成后的使用方便。同时，点位应易于保存，标志应稳固美观。

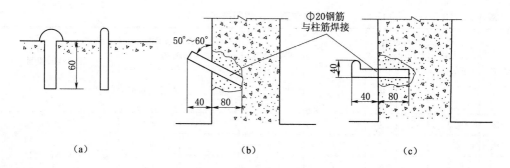

图 12.3.1　沉降观测点的布置形式

12.3.2 沉降观测

1. 观测周期

沉降观测时间和次数应根据建（构）筑物的性质、变形情况、工程地质条件等因素综合考虑。

（1）当埋设的沉降观测点稳固后，在建筑物主体开工前，进行第一次观测。

（2）在建（构）筑物主体施工过程中，一般每盖 1~2 层观测一次。如中途停工时间较长，应在停工时和复工时进行观测。

（3）当发生大量沉降或严重裂缝时，应立即并采取几天一次的连续观测。

（4）建筑物封顶或竣工后，一般每个月观测一次，如果沉降速度减缓，可改为 2~3 个月观测一次，直至沉降稳定为止。

2. 观测方法

一般性建筑物或中小型工业厂房，可采取三等水准测量的方法进行沉降观测。对于高层建筑或大型厂房，应采用精密水准测量的方法进行观测，按照国家二等水准测量要求施测，将各观测点组成闭合水准路线或附合水准路线。

观测时先后视水准基点，接着依次前视各沉降观测点，最后再次后视该水准基点，两次后视读数之差不应超过 $\pm1\text{mm}$。

沉降观测是一项长期、连续的工作，为了保证观测成果的正确性，应尽可能做到四点：

（1）固定观测人员。

（2）使用固定的水准仪和水准尺。

（3）使用固定的水准基点。

（4）按固定的施测路线和测站进行。

3. 精度要求

沉降观测的精度应根据建筑物的性质而定。

（1）多层建筑物的沉降观测可采用 DS3 水准仪，用普通水准测量的方法进行，其水准路线的闭合差不应超过 $\pm 2.0\sqrt{n}\,\text{mm}$（$n$ 为测站数）。

（2）高层建筑物的沉降观测则应采用 DS1 精密水准仪，用二等水准测量的方法进行，其水准路线的闭合差不应超过 $\pm 1.0\sqrt{n}\,\text{mm}$。

12.3.3 观测成果整理

在建筑物沉降观测中应随时收集有关资料，主要内容包括水准点的布置图、高程、位置和编号，变形观测点的布置图，施工过程中出现的地质和地下水情况、荷载增加情况、暴雨积水情况，为沉降情况分析和交工时提交资料做好准备。

沉降观测成果的整理包括以下内容。

1. 整理原始记录

每次建筑物沉降观测结束后，应检查记录的数据和计算是否正确，精度是否合格，然后调整高差闭合差，推算出各沉降监测点的高程。可以利用计算机的 Excel 表格计算功能，直接将观测日期、荷载情况、观测数据等填入"沉降观测记录表"内。表 12.3.1 为某建筑物的部分沉降观测成果表。

表 12.3.1　　　　　　　　　　某建筑物的部分沉降观测成果表

观测次数	观测时间	各观测点的沉降情况							施工进展情况	荷载 /(t/m²)
		1			2			3		
		高程 /m	本次下沉 /mm	累积下沉 /mm	高程 /m	本次下沉 /mm	累积下沉 /mm	…		
1	2005-01-10	50.454	0	0	50.473	0	0	…	一层平口	
2	2005-02-23	50.448	-6	-6	50.467	-6	-6		三层平口	40
3	2005-03-16	50.443	-5	-11	50.462	-5	-11		五层平口	60
4	2005-04-14	50.440	-3	-14	50.459	-3	-14		七层平口	70
5	2005-05-14	50.438	-2	-16	50.456	-3	-17		九层平口	80
6	2005-06-04	50.434	-4	-20	50.452	-4	-21		主体完	110
7	2005-08-30	50.429	-5	-25	50.447	-5	-26		竣工	
8	2005-11-06	50.425	-4	-29	50.445	-2	-28		使用	
9	2006-02-28	50.423	-2	-31	50.444	-1	-29		使用	
10	2006-05-06	50.422	-1	-32	50.443	-1	-30		使用	
11	2006-08-05	50.421	-1	-33	50.443	0	-30		使用	
12	2006-12-25	50.421	0	-33	50.443	0	-30		使用	

2. 计算沉降量

（1）在表格中，由相邻两次各沉降观测点的高程计算各沉降监测点的本次沉降量：

沉降观测点的本次沉降量＝本次观测所得的高程－上次观测所得的高程。

（2）由各次观测的各点的沉降量计算出累积沉降量：

沉降观测点的累积沉降量＝本次沉降量＋上次累积沉降量。

3. 绘制沉降曲线

为了更加形象地表达沉降、荷载和时间的相互关系，可以按照表 12.3.1 中的数据绘制沉降曲线图，如图 12.3.2 所示。

（1）绘制时间与沉降量关系曲线。首先，以沉降量 s 为纵轴，以时间 t 为横轴，组成直角坐标系。其次，以每次累积沉降量为纵坐标，以每次观测日期为横坐标，标出沉降观测点的位置。最后，用曲线将标出的各点连接起来，并在曲线的一端注明沉降观测点号码，这样就绘制出了时间与沉降量关系曲线。

（2）绘制时间与荷载关系曲线。首先，以荷载为纵轴，以时间为横轴，组成直角坐标系。其次，根据每次观测时间和相应的荷载标出各点，将各点连接起来，即可绘制出时间与荷载关系曲线。从沉降曲线图中可以预估下一次观测点的大致沉降量和沉降过程是否趋于稳定状态。

在高精度沉降观测中，还广泛采用液体静力水准测量的方法，它是利用静力水准仪，

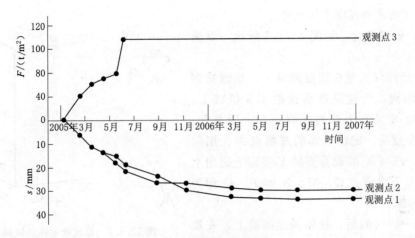

图 12.3.2 沉降曲线图

根据静止的液体在重力作用下保持在同一水准面的基本原理，来测定观测点的高程变化，从而得到沉降量。其测量精度不低于国家二等水准。

12.4 位移观测

建筑位移观测可根据需要，分别或组合测定建筑主体倾斜、水平位移、挠度和基坑壁侧向位移，并对建筑场地滑坡进行监测。位移观测应根据建筑的特点和施测要求做好观测方案的设计和技术准备工作，并取得委托方及有关人员的配合。

12.4.1 建筑物倾斜观测

由于基础不均匀沉降和外界不利影响，建（构）筑物会产生倾斜，建筑主体倾斜观测应测定建筑顶部观测点相对于底部固定点或上层相对于下层观测点的倾斜度、倾斜方向及倾斜速率。刚性建筑的整体倾斜可通过测量顶面或基础的差异沉降来间接确定。

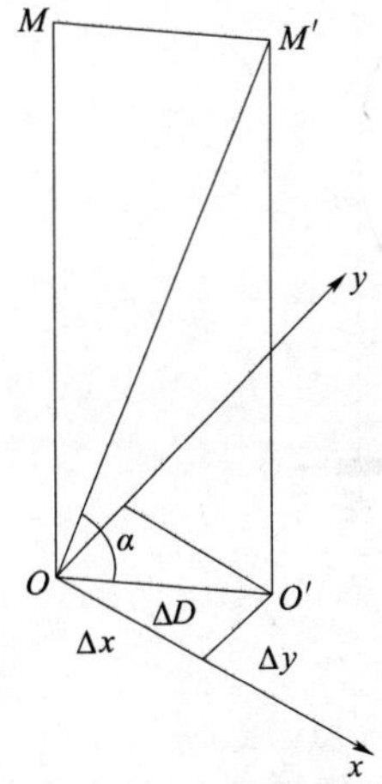

如图 12.4.1 所示，M 点与 O 点应位于同一铅垂线上。当建筑物因不均匀沉降而倾斜时，M 点相对于 O 点移动了一段距离后位于 M' 点；M' 在 xOy 平面上的铅垂投影点为 O'，O 到 O' 的水平距离为 ΔD，这时建筑物的倾斜度为

$$i = \tan\alpha = \frac{\Delta D}{H} \qquad (12.4.1)$$

图 12.4.1 倾斜分量

式中　i ——建筑物主体的倾斜度；

　　　ΔD ——建筑物顶部观测点相对于底部观测点的偏移值，m；

　　　H ——建筑物的高度，m；

　　　α ——倾斜角，（°）。

倾斜测量主要是测定建筑物主体的偏移值 ΔD。偏移值 ΔD 的测定一般采用经纬仪投影法。

1. 建筑物外部观测主体倾斜

（1）一般建筑物。如图 12.4.2 所示，观测方法如下：

1）将经纬仪安置在固定测站上，该测站到建筑物的距离，为建筑物高度的 1.5 倍以上。瞄准建筑物 X 墙面上部的观测点 M，用盘左、盘右分中投点法，定出下部的观测点 N。用同样的方法，在与 X 墙面垂直的 Y 墙面上定出上观测点 P 和下观测点 Q。M、N 和 P、Q 即为所设观测标志。

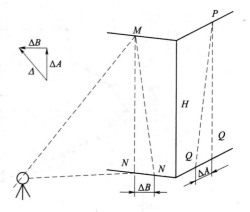

图 12.4.2 建筑物主体的倾斜观测

2）隔一段时间后，在原固定测站上，安置经纬仪，分别瞄准上观测点 M 和 P，用盘左、盘右分中投点法，得到 N' 和 Q'。如果，N 与 N'、Q 与 Q' 不重合，则说明建筑物发生了倾斜。

3）用尺子，量出在 X、Y 墙面的偏移值 ΔA、ΔB，然后用矢量相加的方法，计算出该建筑物的总偏移值 ΔD，即 $\Delta D = \sqrt{\Delta A^2 + \Delta B^2}$

根据总偏移值 ΔD 和建筑物的高度 H 即可计算出其倾斜度 i。

（2）圆形建筑物。对圆形建筑物的倾斜观测，是在互相垂直的两个方向上，测定其顶部中心对底部中心的偏移值。如图 12.4.3 所示，观测方法如下：

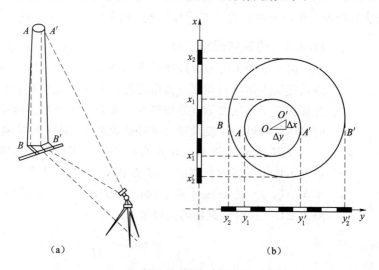

| (a) | (b) |

图 12.4.3 圆形建筑物主体的倾斜观测

1）在烟囱底部横放一根标尺，在标尺中垂线方向上，安置经纬仪，经纬仪到烟囱的距离为烟囱高度的 1.5 倍。

2）用望远镜将烟囱顶部边缘两点 A、A' 及底部边缘两点 B、B' 分别投到标尺上，得读数为 y_1、y_1' 及 y_2、y_2'。烟囱顶部中心 O 对底部中心 O' 在 y 方向上的偏移值 Δy 为

$$\Delta y = \frac{y_1 + y_1'}{2} - \frac{y_2 + y_2'}{2} \tag{12.4.2}$$

3）用同样的方法，可测得在 x 方向上，顶部中心 O 的偏移值 Δx 为

$$\Delta x = \frac{x_1 + x_1'}{2} - \frac{x_2 + x_2'}{2} \tag{12.4.3}$$

4）顶部中心 O 对底部中心 O' 的总偏移值 Δ 为

$$\Delta = \sqrt{\Delta x^2 + \Delta y^2} \tag{12.4.4}$$

倾斜度 i 为

$$i = \frac{\Delta}{H} \tag{12.4.5}$$

式中　H——烟囱的高度。

当塔形构筑物顶部中心不能设立观测标志时（如水塔避雷针、电视塔尖顶，或在施工过程需进行倾斜度观测时），因受场地限制，设立测站点 A、B 有困难时，也可测定 O 与 O' 的坐标来求倾斜量。

如图 12.4.4 所示，在烟囱附近确定两个控制点 A、B，可采用独立坐标系，但应使 $\angle OAB$ 在 $60°\sim$ $120°$ 之间，且两点通视（A、B 也可设在屋顶上），并有一控制点能观测到烟囱底座（如 A 点）。O' 坐标可用前方交会法求得；O 点坐标可用下法求得：

在测站 A 经纬仪，瞄准烟囱底部切线方向 Am 和 An，测得水平角 $\angle BAm$ 和 $\angle BAn$。将水平角度盘读数置于（$\angle BAm + \angle BAn$）/2 的位置，得 AO

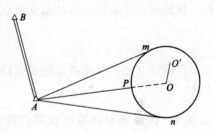

图 12.4.4　场地限制的主体倾斜观测

方向。沿此方向在烟囱上标出 P 点的位置（P 点与 m 和 n 点等高），测出 AP 的水平距离为 D_A。AO 的方位角为

$$\alpha_{AO} = \alpha_{AB} + \frac{\angle BAm + \angle BAn}{2} \tag{12.4.6}$$

O 点坐标为

$$\left.\begin{array}{l} x_O = x_A + (D_A + R)\cos\alpha_{AB} \\ y_O = y_A + (D_A + R)\sin\alpha_{AB} \end{array}\right\} \tag{12.4.7}$$

由 O 点和 O' 点坐标可求出烟囱的倾斜量。

2. 建筑物竖向通视观测主体倾斜

当利用建筑或构件的顶部与底部之间的位移进行主体倾斜观测时，可用激光铅垂仪法和吊垂球法。

（1）激光铅垂仪法。在顶部适当位置安置接收靶，其垂线下的地面或地板上安置激光铅垂仪或激光经纬仪，按一定周期观测，在接收靶上直接读取或量出顶部的水平位移量和位移方向。作业中仪器应严格置平、对中，应旋转 180°观测两次取其中数。对超高层建筑，当仪器设在楼体内部时，应考虑大气湍流影响。

（2）吊垂球法。在顶部或所需高度处的观测点位置上，直接或支出一点悬挂适当重量

的垂球，在垂线下的底部固定毫米格网读数板等读数设备，直接读取或量出上部观测点相对底部观测点的水平位移量和位移方向。

3. 相对沉降量间接确定建筑整体倾斜

（1）倾斜仪测记法。可采用水管式倾斜仪、水平摆倾斜仪、气泡倾斜仪或电子倾斜仪进行观测。倾斜仪应具有连续读数、自动记录和数字传输的功能。监测建筑上部层面倾斜时，仪器可安置在建筑顶层或需要观测的楼层的楼板上；监测基础倾斜时，仪器可安置在基础面上，以所测楼层或基础面的水平倾角变化值反映和分析建筑倾斜的变化程度。

（2）测定基础沉降差法。该法适用于建筑物基础倾斜观测，一般采用精密水准测量的方法，定期测出基础两端点的沉降量差值 Δh，再根据两点间的距离 L，即可计算出基础的倾斜度

$$i = \frac{\Delta h}{L} \tag{12.4.8}$$

对整体刚度较好的建筑物的倾斜观测，也可采用基础沉降量差值，推算主体偏移值。用精密水准测量测定建筑物基础两端点的沉降量差值 Δh，再根据建筑物的宽度 L 和高度 H，推算出该建筑物主体的偏移值 ΔD，即

$$\Delta D = \frac{\Delta h}{L} H \tag{12.4.9}$$

当建筑立面上观测点数量多或倾斜变形量大时，可采用激光扫描或数字近景摄影测量方法。

12.4.2　建筑物及深基坑水平位移测量

根据场地条件，可采用基准线法、小角法、全站仪坐标法等测量水平位移。

1. 基准线法

基准线法的原理是在与水平位移垂直的方向上建立一个固定不变的铅垂面，测定各观测点相对该铅垂面的距离变化，从而求得水平位移。基准线法适用于直线型建筑物。

在深基坑监测中，主要是对锁口梁的水平位移进行监测。如图 12.4.5 所示，在锁口梁轴线两端基坑的外侧分别设立两个稳定的工作基点 A 和 B，两工作基点的连线即为基准线方向。锁口梁上的观测点应埋设在基准线的铅垂面上，偏离的距离应小于 2cm。观测点标志可埋设直径 16～18mm 的钢筋头，顶部锉平后，做出"＋"字标志，一般每 8～10m 设置一点。观测时，将经纬仪安置于一端工作基点 A 上，瞄准另一端工作基点 B（后视点），此视线方向即为基准线方向，通过测量观测点偏离视线的距离变化，即可得到水平位移。

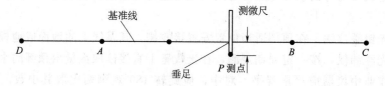

图 12.4.5　基准线法

2. 小角法

小角法测量水平位移的原理如图 12.4.6 所示。将经纬仪安置于工作基点 A，在后视点 B 和观测点 P 分别安置观测觇牌，用测回法测出 $\angle BAP$。设第一次观测角值为 β_1，后一次为 β_2，根据两次角度的变化量 $\Delta\beta = \beta_2 - \beta_1$，即可算出 P 点的水平位移量 δ，即

$$\delta = \frac{\Delta\beta}{\rho}D \qquad\qquad (12.4.10)$$

式中　ρ——206265"；

　　　　D——A 至 P 点距离。

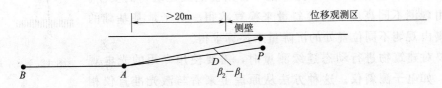

图 12.4.6　小角法测量水平位移

角度观测的 $\Delta\beta$ 根据测回数视仪器精度（应使用不低于 DJ_2 的经纬仪）和位移观测精度要求而定。位移的方向根据的符号确定。

工作基点在观测期间也可能发生位移，因此工作基点应尽量远离开挖边线，同时，两工作基点延长线上应分别设置后视检核点。为减少对中误差，有必要时工作基点可做成混凝土墩台，在墩台上安置强制对中设备。

观测周期视水平位移大小而定，位移速度较快时，周期应短；位移速度减慢时，周期相应增长；当出现险情如位移急剧增大、出现管涌或渗漏、割去支护对撑或斜撑等情况时，可进行间隔数小时的连续观测。

建筑物水平位移（滑动）观测方法与深基坑水平位移的观测方法基本相同，只是受通视条件限制，工作基点、后视点和检核点都设在建筑物的同一侧（图 12.4.7）。观测点设在建筑物上，可在墙体上用红油漆做"▼"标志，然后按基准线法或小角法观测。

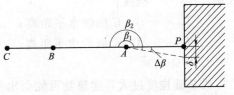

图 12.4.7　建筑物位移测量

3. 全站仪坐标法

基准线法和小角法监测深基坑和建筑物的水平位移是很方便的，但若受工程场地环境限制，不能采用这两种方法时，可用全站仪导线法、GPS-RTK 精测坐标和前方交会法观测水平位移。

首先在场地上建立水平位移监测控制网，然后用精密导线或前方交会的方法测出各观测点的坐标，将每次测出的坐标值与前一次测出的坐标值进行比较，即可得到水平位移在 x 轴和 y 轴方向的位移分量（Δx，Δy），则水平位移量为 $\delta = \sqrt{\Delta x^2 + \Delta y^2}$，位移的方向根据 Δx，Δy 求出的坐标方位角来确定。

12.4.3　挠度与裂缝观测

1. 挠度观测

在建筑物的垂直面内，各不同高程点相对于底点的水平位移称为挠度，如图 12.4.8 所示。

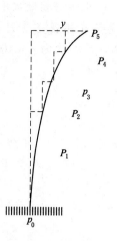

对于高层建筑物，由于它们相当高，故在较小的面积上有很大的集中荷载，从而导致基础与建筑物的沉陷，其中不均匀沉陷将导致建筑物倾斜，局部构件产生弯曲或引起裂缝。这种倾斜和弯曲又将导致建筑物的挠曲，对于塔式建筑物，在风力和温度的作用下，其挠曲会来回摆动，从而需要对建筑物进行动态观测。建筑物的挠度不应超过设计的允许值，否则会危及建筑物的安全。挠度可由观测不同高度处的倾斜量来换算求得。对于地基基础的挠度，则由观测不同位置处的沉降量来换算求得。

当要对建筑物进行动态连续测量时，需要使用专用的光电观测系统，如电子测斜仪。这种方法从原理上来看与激光准直仪相类似，只不过在方向上旋转了 90°。

图 12.4.8　挠度

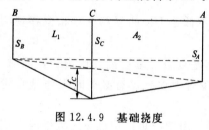

图 12.4.9　基础挠度

挠度是通过测量观测点的沉降量来进行计算的。如图 12.4.9 所示，A、B、C 为基础同轴线上的三个沉降点，由沉降观测得其沉降量分别为 S_A、S_B、S_C，A、B 和 B、C 的沉降差分别为 $\Delta S_{AB} = S_B - S_A$ 和 $\Delta S_{BC} = S_C - S_B$，则基础的挠度 f_C 按下式计算

$$f_c = \Delta S_{BC} - \frac{L_1}{L_1 + L_2} \Delta S_{AB} \tag{12.4.11}$$

式中　f_C ——挠度；

$\quad\quad L_1$ —— B、C 间的水平距离；

$\quad\quad L_2$ —— A、C 间的水平距离。

2. 裂缝观测

当基础挠度过大，建筑物可能会出现剪切破坏从而产生裂缝。建筑物出现裂缝时，除了要增加沉降观测的次数外，还应立即进行裂缝观测，以掌握裂缝的发展情况。

裂缝观测方法如图 12.4.10 (a) 所示。用两块白铁片，一片约为 150mm×150mm，固定在裂缝一侧，另一片约为 50mm×200mm，固定在裂缝另一侧，并使其中一部分紧贴在相邻的正方形白铁之上，然后在两块白铁片表面均涂上红色油漆。当裂缝继续发展时，两块白铁片将逐渐拉开，正方形白铁片上便露出没有涂油漆的部分，其宽度即为裂缝增大的宽度，可用尺子直接量出。

观测装置也可沿裂缝布置成图 12.4.10 (b) 所示的测标，随时检查裂缝发展的程度。有时也可采用直接在裂缝两侧墙面分别作标志（画细"十"字线），然后用尺子量测两侧"十"字标志的距离变化，得到裂缝的变化。

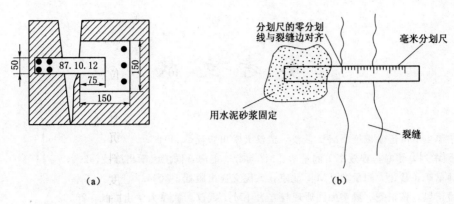

图 12.4.10　裂缝观测

? 思考题与练习题

1. 什么是建筑变形？建筑变形产生的原因是什么？

2. 什么情况下要进行建筑物变形监测？

3. 简述建筑变形测量的特点。

4. 简述建筑变形测量的内容和技术要求。

5. 简述高程基准点的要求和测量方法。

6. 简述平面基准点的要求和测量方法。

7. 简述沉降观测的方法步骤。

8. 为什么要进行建筑物变形测量？变形测量主要包括哪些内容？

9. 水平位移的观测方法主要有哪些？各适合于什么场合？

10. 什么是挠度？如何观测和计算挠度？

参 考 文 献

［1］ 宁津生 . 测绘学概论 ［M］. 武汉：武汉大学出版社，2004.

［2］ 顾孝烈，鲍峰，程效军 . 测量学 ［M］.4 版 . 上海：同济大学出版社，2011.

［3］ 钟孝顺，聂让 . 测量学 ［M］. 北京：人民交通出版社，2004.

［4］ 潘正风，杨正尧 . 数字测图原理与方法 ［M］. 武汉：武汉大学出版社，2002.

［5］ 许娅娅，雒应，沈照庆，等 . 测量学 ［M］.4 版 . 北京：人民交通出版社，2014.

［6］ 覃辉 . 土木工程测量 ［M］. 上海：同济大学出版社，2006.

［7］ 王劲松，李士涛 . 轨道工程测量 ［M］. 北京：人民交通出版社，2013.

［8］ 张正禄，黄全义，文鸿雁，等 . 工程的变形监测分析与预报 ［M］. 北京：测绘出版社，2007.

［9］ 李青岳，陈永奇 . 工程测量学 ［M］. 北京：测绘出版社，1995.

［10］ 徐绍铨，张华海，杨志强 . GPS测量原理及应用 ［M］.3 版 . 武汉：武汉大学出版社，2008.

［11］ 孔祥元，梅是义 . 控制测量学 ［M］. 北京：测绘出版社，2006.

［12］ 杨少伟，等 . 道路勘测设计 ［M］.3 版 . 北京：人民交通出版社，2011.

［13］ 谢爱萍，高始慧 . 建筑工程测量 ［M］. 武汉：武汉大学出版社，2015.

［14］ 张丕，裴俊华 . 建筑工程测量 ［M］. 北京：人民交通出版社，2008.

［15］ 蓝善勇 . 建筑工程测量技术 ［M］. 北京：中国水利水电出版社，2015.

［16］ 周建郑 . GPS定位测量 ［M］. 郑州：黄河水利出版社，2010.

［17］ 中华人民共和国建设部 . 工程测量规范：GB/T 50026—2007 ［S］. 北京：中国计划出版社，2007.

［18］ 中国国家标准化管理委员会 . 全球定位系统（GPS）测量规范：GB/T 18314—2009 ［S］. 北京：中国标准出版社，2009.

［19］ 中华人民共和国住房和城乡建设部 . 城市测量规范：CJJ/T 8—2011 ［S］. 北京：中国建筑工业出版社，2011.

［20］ 中华人民共和国国家技术监督局 . 精密工程测量规范：GB/T 15314—1994 ［S］. 北京：中国标准出版社，1994.

［21］ 中华人民共和国交通部 . 公路勘测规范：JTC C10—2007 ［S］. 北京：人民交通出版社，2007.

［22］ 中华人民共和国建设部 . 建筑变形测量规范：JGJ/T 8—2007 ［S］. 北京：中国建筑工业出版社，2007.

［23］ 中国国家标准化管理委员会 . 国家基本比例尺地图图式 第 1 部分：1：500 1：1000 1：2000 地形图图式：GB/T 20257.1—2007 ［S］. 北京：中国标准出版社，2007.

［24］ 中国国家标准化管理委员会 . 中、短程光电测距规范：GB/T 16818—2008 ［S］. 北京：中国标准出版社，2008.

［25］ 国家测绘局 . 全球定位系统实时动态（RTK）测量技术规范：CH/T 2009—2010 ［S］. 北京：测绘出版社，2010.

［26］ 中国国家标准化管理委员会 .1：500 1：1000 1：2000 外业数字测图技术规程：GB/T 14912—2005 ［S］. 北京：中国标准出版社，2005.

[27] 中国国家标准化管理委员会．国家基本比例尺地形图分幅和编号：GB/T 13989—1992［S］．北京：中国标准出版社，1992.

[28] 中国国家标准化管理委员会．数字测绘成果质量检查与验收：GB/T 18316—2008［S］．北京：中国标准出版社，2008.

[29] 中国国家标准化管理委员会．数字测绘成果质量要求：GB/T 17941—2008［S］．北京：中国标准出版社，2008.

[30] 北京市测绘设计研究院．全球定位系统城市测量技术规程：CJJ 73—97［S］．北京：中国建筑工业出版社，1997.